U0251022

离心泵空化理论与技术

王 勇 袁寿其 刘厚林 著

科 学 出 版 社
北 京

内 容 简 介

空化问题一直是离心泵行业的关键核心问题，空化的产生不仅会影响离心泵的运行效率，还会产生振动噪声，当空化严重时还会破坏离心泵的过流部件，影响离心泵运行的稳定性和可靠性。因此，对离心泵空化特性进行深入研究显得尤为重要。

本书以实验测试和数值计算相结合的方法系统研究了离心泵空化诱导不稳定特性和对策，主要内容包括：离心泵空化特性的同步测试方法、叶轮主要几何参数对离心泵空化特性的影响、离心泵空化性能预测模型、离心泵空化可视化测试与空蚀预测方法、离心泵空化流数值计算及计算模型改进、诱导轮设计方法及参数化软件开发等。

本书注重研究体系的完整性、系统性和实用性，提供了大量离心泵空化特性的实验测试图片和数据，可供从事流体机械技术和离心泵设计工作的工程技术人员及高校相关专业师生参考。

图书在版编目(CIP)数据

离心泵空化理论与技术/王勇，袁寿其，刘厚林著. —北京：科学出版社，2017.12

ISBN 978-7-03-055543-4

Ⅰ. ①离… Ⅱ. ①王… ②袁… ③刘… Ⅲ.①离心泵-空化 Ⅳ.①TH311

中国版本图书馆 CIP 数据核字 (2017) 第 286440 号

责任编辑：惠 雪 曾佳佳 邢 华／责任校对：彭 涛
责任印制：张 伟／封面设计：许 瑞

科学出版社 出版
北京东黄城根北街 16 号
邮政编码：100717
http://www.sciencep.com

北京凌奇印刷有限责任公司 印刷

科学出版社发行 各地新华书店经销

*

2017 年 12 月第 一 版 开本：720×1000 1/16
2022 年 2 月第三次印刷 印张：13 1/2
字数:267 000

定价：89.00 元

(如有印装质量问题，我社负责调换)

前　言

随着科学技术的发展，离心泵的应用领域不断扩大，已广泛应用于航空航天、核电站、城市供水、石油化工和船舶等国民经济的各个领域。然而，空化问题一直是离心泵领域的重大难题之一，空化的发生会引起离心泵性能下降、过流部件破坏、振动和噪声等一系列问题，不仅限制了离心泵的高效运行范围和小型化的实现，还影响了离心泵的安全稳定和可靠运行。在这种背景下，对离心泵空化特性进行系统深入的研究显得尤为重要。

本书系统总结空化流动、空蚀、空化诱导振动噪声和泵空化控制的研究进展；建立离心泵空化及其诱导振动噪声同步实验测试系统；提出基于神经网络的离心泵空化性能预测模型，研究叶片数、叶片进口冲角和包角等叶轮主要几何参数对离心泵空化特性的影响规律；建立离心泵进口空化可视化实验测试系统，测试离心泵空化初生、发展和溃灭的演变过程，发展离心泵空蚀预测方法，并通过实验验证方法的准确性；建立离心泵空化数值计算自动运行方法，提出离心泵空化流数值计算湍流模型和空化模型的改进方法；建立基于泵装置的诱导轮设计方法，研究叶栅稠密度和角度变化系数对诱导轮性能的影响规律，并开发诱导轮二维水力设计软件和三维造型软件。

本书得到了国家自然科学基金重点项目“水力机械空化特性与对策”(51239005)和江苏省高校优势学科建设工程项目的资助。全书由江苏大学王勇、袁寿其、刘厚林撰写。本书的撰写得到了江苏大学国家水泵及系统工程技术研究中心领导和同事的大力支持，王健、庄宿国、刘东喜、谈明高、王凯、董亮、罗凯凯为本书的编写和出版做了大量工作，在此一并致以由衷的感谢。

限于作者水平和研究条件，书中难免存在不足之处，恳请读者批评指正，作者邮箱 wylq@ujs.edu.cn。

作　者

2017 年 7 月

目　　录

第1章　绪　　论

1.1　空化的概念

在液流中，当流场压力降低到饱和蒸汽压力以下时，液体的热力学状态就会发生改变，生成充满蒸汽的空泡，这种现象称为空化[1]。空化现象的研究始于 18 世纪，1753 年，Euler 指出:“在水管中，若某处的压强降到负值时，水即与管壁分离，在该处会形成一个真空空间，该现象应予以避免”。19 世纪后期，随着蒸汽机船的迅速发展，人们发现当螺旋桨转速提高到一定程度时，航行速度反而会下降。1873 年，Reynolds 解释这种现象是由于螺旋桨上的压强降低到真空时吸入了空气。1897 年，在多艘蒸汽机船及“果敢号”鱼雷艇相继发生推进器性能严重下降的事件之后，Barnaby 和 Parsons 提出了“空化”的概念，并同时指出当物体和液体间存在较高的相对运动速度时就可能会发生空化[2]。

1.2　空化的分类

空化有多种不同的分类方法，按其外貌特征可分为[3,4] 附着空化、游移泡状空化、云状空化和旋涡空化，按其发展的阶段特征可以简单地分为初生空化、片状空化、云状空化和超空化。

(1) 附着空化 (图 1-1 和图 1-2)。附着空化形成的空泡通常附着在水翼、叶片等固壁面上。在绕水翼空化流中该类空化又可分为局部空化和超空化：图 1-1 所示的空化类型为局部空化 (即片状空化)，此时空泡仅覆盖了水翼上游的部分区域；图 1-2 所示的空化类型为超空化，空泡完全覆盖了水翼吸力面，甚至靠近水翼尾端

图 1-1　水翼局部空化流

图 1-2　水翼超空化流

的液体中都充满了大量的空泡。

(2) 游移泡状空化(图 1-3 和图 1-4)。游移泡状空化是一种在水中形成的不稳定的球形空泡，这些空泡会随水流一起运动，当其流经低压区时，空泡尺寸增大；而运动到压强较高的区域时，又会迅速收缩，以致溃灭。

图 1-3 水翼吸力面两个大空泡

图 1-4 大攻角下游移泡状空化

(3) 云状空化(图 1-5)。云状空化有多种多样的形式，图 1-5 给出了一个非定常局部云状脱落的例子。云状空化也可以在其他一些具有短暂周期性的流场中观察到，例如，在离心泵中，叶轮和蜗壳之间的耦合作用导致的波动可能会引发这种周期性。

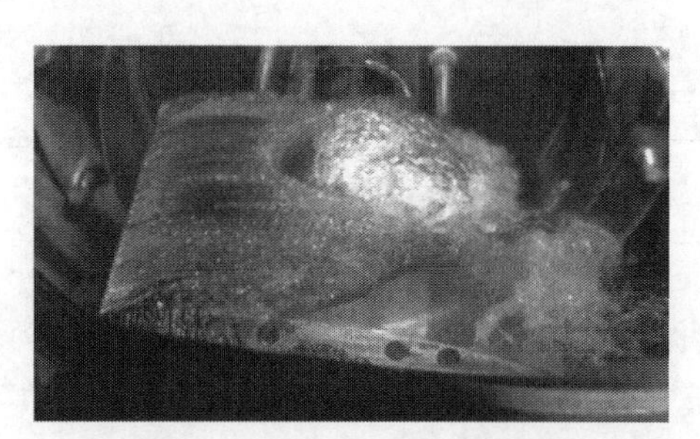

图 1-5 非定常局部云状脱落

(4) 旋涡空化(图 1-6 和图 1-7)。旋涡空化在船舶工程中十分常见，多出现在

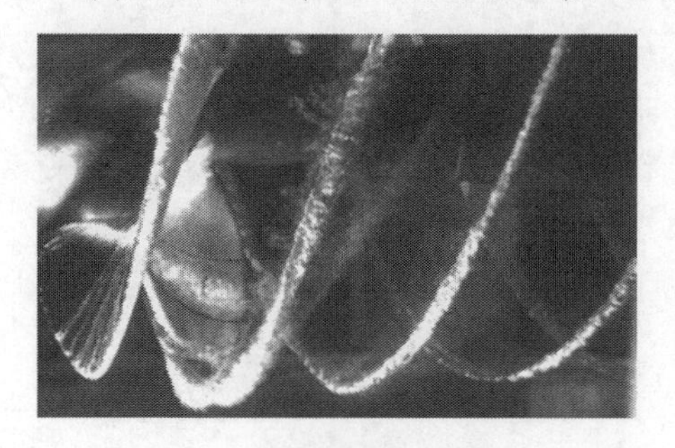

图 1-6 螺旋桨梢涡空化

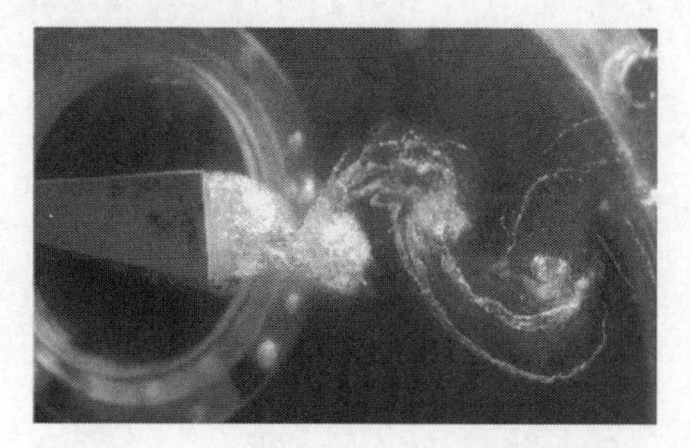

图 1-7 钝体湍流尾迹中的旋涡空化

螺旋桨叶梢附近的梢涡中 (即梢涡空化)，如图 1-6 所示；另外，在钝体湍流尾迹中 (图 1-7) 及螺旋桨的毂涡中 (即毂涡空化) 也常出现此种空化。显然，旋涡空化的空化特性与旋涡的强度密切相关。

1.3 空化的发生机理、危害及利用

1. 空化的发生机理

空化的发生机理是指流场中空泡的生成、发展与溃灭过程的物理本质。影响上述过程的主要因素有：液体的固有特性，如温度、密度、黏性、可压缩性、抗拉强度、表面张力、饱和蒸汽压、不可压缩气体含量、空化核的尺寸和含量等；液体的流体动力学特性，如热传导、湍流强度、气体扩散效应和流场中的压力梯度等；流场中物体表面的物化特性，如壁面粗糙度等。国内外学者对空化的发生机理进行了很多研究，其中最具代表性的是由柯乃普等提出的“气核理论”[5]。该理论认为液体中存在着微小的气泡 (称为核子)，这些核子使液体的抗拉强度降低；当液体的压强低于汽化压强时，这些核子将迅速膨胀形成气泡，从而导致空化发生。关于核子存在特性人们还未完全了解，许多学者对此提出了各种假设和设想。一是 Harvey 等[6] 提出的：未溶解的气核可存在于非亲水性的固体缝隙中，因为在这样的情况下，表面张力将起着减小而不是增加压力的作用，所以气体并不是被迫溶解，而仍可能保持气相。二是福克斯等提出的：微小气核之所以不会溶解，是因为气核被有机薄膜所包围。三是认为当核内气体溶解时，足以改变液体中溶解气体的浓度，从而可以达到某种平衡，目前为止此种方法还只能说明在液体中可以稳定存在半径相同的空间均匀分布的泡群。随着科学技术的发展、测量仪器和测量手段的提高，超声波法[7]、激光散射法[8] 和水动力学法[9] 等测量方法均证实了气核的存在。从而进一步说明了气核是诱发空泡、导致空化发生的直接原因之一。此外，高秋生[10] 应用热力学原理，对气泡核子作了进一步探讨，并指出在平面平衡条件下，气核在憎水性裂隙中可以稳定存在。

2. 空化的危害

空化问题一直制约着泵行业的发展，它的危害主要表现在以下几个方面。

(1) 使泵的性能下降。泵内部空化的发生破坏了介质的连续性，使泵叶轮与介质的能量交换受到干扰，泵的扬程和效率下降，增加泵运行的能耗，空化严重时会使液流中断，导致泵不能工作，影响泵运行的稳定性。

(2) 破坏过流部件。泵内部空化时，空泡随介质流动到高压区会溃灭，空泡溃灭时会产生微射流和冲击波，当空泡在过流部件表面附近溃灭时，会对过流部件表面产生破坏，影响泵运行的可靠性，并造成一定的经济损失。

(3) 产生振动和噪声。空泡在高压区的连续溃灭并伴随着强烈水击，会产生振动和噪声。噪声污染已经成为与空气污染和水污染并列的世界三大污染之一。空化是离心泵产生噪声的主要原因之一。离心泵的空化噪声已成为泵站、潜艇和舰船等的主要噪声源之一，严重影响着人的身体健康和精神状态，而且，不利于潜艇等国防设备的隐蔽性。

3. 空化的利用

近年来，随着对空化的理解与研究更加深入，研究人员发现若对空化的高湍流和高能量转换特性加以利用，空化可以成为一种具有广泛应用前景的技术手段：不但可以加速化学反应[11]、清洗管道[12]、处理污水[13]，还可以为鱼雷等水下兵器减阻[14]。尤其是目前社会经济高速发展，导致水污染情况不断加剧，使得人们对污水处理技术的发展更加重视。污水处理技术的提升不但有助于城市的基础建设，而且有助于生态环境的改善。现阶段普遍的污水处理方法大多都存在着高能耗、低效率的问题[15,16]，而空化特有的易实现、低能耗且相对廉价的特点，使其在相关领域得到越来越广泛的应用。然而，目前对于如何有效地产生空化、采用何种高效的空化设备等问题仍然处于初步研究阶段，因此对空化发生设备的系统研究有利于更好地掌握空化的实用价值。

1.4 空化流的研究进展

1. 实验研究

一直以来，实验方法始终是探究空化特性的基本方法。早在 18 世纪初期，Euler 就对空化现象进行了研究。1917 年，Rayleigh 研究了一定体积液体内单个球形空泡的溃灭过程。随后的近百年内，人们通过大量的实验观察各种形态的空化流。图 1-8 为空化流中典型的片状空化和云状空化[17]。片状空化近似于准稳态，其外观形态并不会随着时间的推进而改变。它与液体的交界面可能光滑透明，也可能像烧开的水一样粗糙。云状空化是周期性的，它会随着主流逐渐消散在下游高压区，其脱落溃灭的运动特性是引起大多数水力机械产生振动噪声甚至腐蚀破坏的最主要原因。

由于空化的多相流特性及不同时间尺度的复杂运动特征，国内外许多学者对空化的形态与非定常动力特性进行了实验研究。Le 等[18] 指出在几何结构不变的情况下，水翼攻角或者系统压力的改变是准稳态片状空化转变为周期性脱落云状空化的主要原因，且云状空化的脱落频率随着主流的流速和空穴长度的增加而增加。Kubota 等[19] 阐明了脱落空泡团的结构和运动特性，指出脱落空泡团由许多细小的空泡组成，而这些细小的空泡在随着主流运动的同时还围绕着一个处于空泡团中心的旋涡运动。Knapp[20] 采用高速相机揭示了空泡团脱落的机制，即近壁面反射流(re-entrant flow) 的存在。他同时指出，反射流是由于空泡团发展时沿翼弦方向的涡流扰动传播而形成的，且空泡的脱落位置大约发生在当反射流到达汽液交界面处[21]。Barre 等[22] 对文丘里管内的片状空化进行了研究，结果表明尽管片状空化是一种近似准稳态的结构，但是在空穴尾部仍然存在着反射流，会造成一小部分空泡的脱落。Kawanami 等[23] 通过在水翼压力面的不同位置布置凸起障碍，成功地抑制了反射流向上游传播，从而阻止了空泡脱落的发生且有效地降低了压力脉动和噪声。Laberteaux 和 Ceccio[24] 研究了三维水翼几何结构对空化流的影响，研究表明，相比二维水翼，即使空化数相同，当三维水翼的翼展结构不同时，空泡的形态也不尽相同，并且水翼的三维结构能够将反射流导向翼展方向，使反射流无法沿翼弦方向逆流到达汽液交界面导致空泡脱落，故空穴尾端的流动是无旋的。近年来，国内学者也对空化流进行了大量的研究。张敏弟等[25] 研究发现空穴尾部的涡旋运动与流场中的发卡型旋涡拟序结构有关，并建立了空泡的非定常形态与涡旋运动之间的关系。Feng 等[26] 采用实验手段对钝头体的空化流进行了研究，分析了局部压力脉动与小尺度特性。何友声等 [27] 对轴对称回转体进行了水洞实验研究，指出空泡的几何形态依赖于空化数、回转体结构及攻角等因素，研究结果为运载器的外形设计及水弹道数值模拟提供了实验依据。

(a) 片状空化

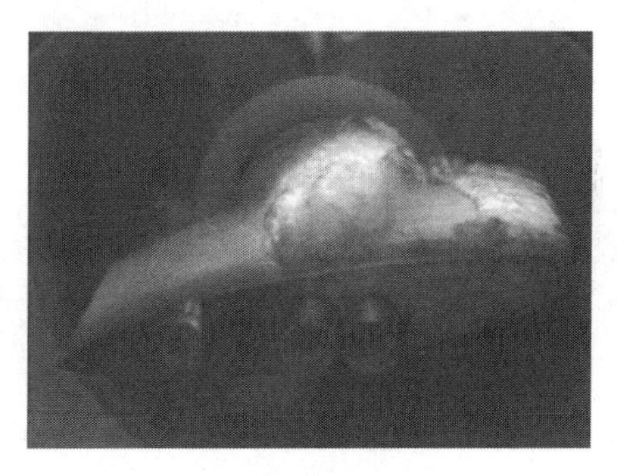

(b) 云状空化

图 1-8 空化流中典型的片状空化和云状空化

随着科技的进步，许多高精度仪器的研制成功使得空化的研究不再只局限于空泡形态等外观结构。空泡的含气量、流场速度、升阻力与压力脉动等空化流场参量的测量均已实现。Stutz 等[28,29] 利用探针法测量了文丘里管中空化流场的速度，但该方法只能在一个时刻下采集流场中一个点的速度数据，因此最终也只能得到一个平均速度流场。近年来，激光多普勒测速(laser Doppler velocimeter，LDV) 技术、粒子图像测速(particle image velocimetry，PIV) 技术的出现使得测量空化全流场速度矢量成为现实。Foeth 等[30] 采用 PIV 技术研究了三维绕水翼空化流在不同攻角时的演变及流场的速度矢量图，但由于汽液混合区域内荧光示踪粒子受周围细小空泡的干扰，并未能捕捉到反射流的形成。Brewer 和 Kinnas[31] 采用 LDV 技术针对绕水翼空化进行了类似的研究，同样也未能成功地捕捉到反射流现象。其他学者在使用这两种技术研究空化时也遇到了同样的问题[32,33]。因此，人们提出了一些基于 PIV 技术的流场测量改进方法，如数字粒子图像测速 (digital particle image velocimetry，DPIV) 法和激光诱导荧光粒子图像测速 (laser induced fluorescence particle image velocimetry，LIF-PIV) 法，这两种方法均可以有效地捕捉到空泡团的内部流场结构及旋涡区域[34,35]，但是这些方法操作复杂且成本较高。另外，一些学者还通过在研究对象的固壁表面安装高灵敏度的压力传感器用于测量空化的非定常动力特性。例如，Liu 等[36] 通过在水翼表面布置一系列微型压力传感器测量了空化状态时的固壁面压力分布情况。Farhat 等[37] 在水翼前段滞止点附近布置微型传感器，研究了空化由初生到断裂过程的水动力特性。

除了对水翼、文丘里管等结构简单的水力装置研究，对离心泵内部的空化研究也取得了显著的进展。离心泵内部空化流种类主要有进口回流空化流、叶片空化流及出口回流空化流等，其中叶片空化流为最典型的离心泵空化流[38]。

由于离心泵的结构比较复杂，目前对其内部空化结构与非定常动力特性的研究主要通过高速相机、压力传感器等设备实现。经过大量的实验观察，离心泵内空化结构主要为片状空化与云状空化，如图 1-9 所示[39]。

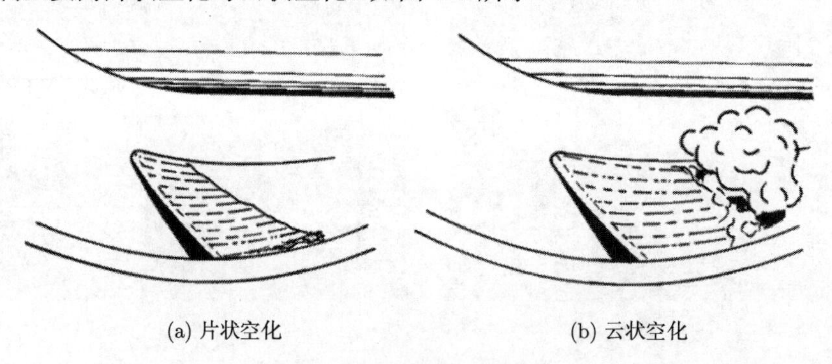

(a) 片状空化　　(b) 云状空化

图 1-9　离心泵内空化结构

Duplaa 等[40] 对一台离心泵快速启动时发生的空化非定常现象进行了研究，测量了隔舌、进口及出口等处的压力脉动值，并采用高速相机记录了空化由初生到完全发展的演变过程。然而，由于离心泵由轴向转向径向的流动特性，泵进口管路的存在影响了高速相机的拍摄，使得实验仅能从进口管侧面对叶轮流道内空化的发展进行观测。Bilus 和 Predin[41] 研究了进口管内安置整流器对离心泵空化性能的影响，也从进口管侧面对空化的发展进行了可视化研究。为了能够更加清晰地展示离心泵内空化的结构与演变规律，一些学者试图仅关注离心泵叶轮流道内局部区域的空化现象：Liu 等[42] 对一台水泵水轮机在水泵模式下的驼峰特性进行了研究，指出空化的产生是导致其扬程下降的原因，并通过高速相机研究了该水泵水轮机在不同流量下的空化形态。Coutier-Delgosha 等[43] 分析了一圆柱叶片离心泵内的附着空化与云状空化。另外，其他学者也进行了类似的研究[44−47]。尽管上述从进口管路侧面拍摄的方法能够观察到空泡在离心泵叶轮中不同工况下的形态，但是由于该方法将研究区域固定，仅关注了整个叶轮区域的一小部分，所以无法获得空泡在同一叶片流道内的演变规律。

尽管空化实验研究已经取得了巨大的成果，但仍然存在一定的问题，如空化速度流场以反射流形成的精确测量、脱落空泡的涡旋结构及其对流场非定常紊态效应的影响机制等。为了弥补这一缺陷，数值计算方法的发展在某种程度上较好地丰富了空化研究的手段，为更好地揭示空化与空蚀的机理创造了条件。

2. 理论分析与数值模拟研究

1) 理论分析

空化现象数学求解的关键是建立一种合适的能够同时描述空化两种不同时间尺度特性，以及汽液两相流间质量交换的空化模型。然而，由于空化复杂的特性，在实际应用中不得不在尽量保持精度的情况下，对空泡的生长及溃灭过程加以简化，以保证求解的稳定性。

空化现象的数学求解最早始于 Helmholtz[48] 和 Kirchhoff[49]，他们提出了自由流线理论(free stream line theory) 与速度图方法(hodograph method)。在这之后的学者基于该方法又衍生出其他一系列空化流理论计算方法，如映像模型[50]、回射流模型[51]、尾流模型[52] 和螺旋涡模型[53]。这类势流理论模型大多仅能用于平板、水翼、钝头体等简单几何结构水力装置的空泡绕流定常求解。这是由于这些模型将流体简化为不可压且无黏，并同时假设空泡内部的压力为常数，空泡面为自由流线，且未考虑空泡内部的流动。因此，上述方法在解析空泡的脱落、发展与溃灭的非定常过程时较为困难。

2) 空化模型

20 世纪 90 年代初期，随着科技的进步，计算机技术取得了长足的发展，使得计算流体动力学 (computational fluid dynamics，CFD) 方法日趋完善，研究人员得以提出更为优秀的空化模型来克服势流理论类模型的缺点。

现阶段对于空化的计算方法主要有界面跟踪法与两相流方法。界面跟踪法认为汽液两相间存在着清晰的界面，由于气体密度远远小于液体密度，所以只求解液相的控制方程。同时在汽液两相界面上设置通过方程迭代获得的动力学与运动学边界条件。边界元方法是界面跟踪法中发展较为成熟的一种方法，然而该方法在应用时经常需要假定空泡的脱体点位置和脱体角大小，但在实际情况中，尤其是三维情况中，脱体点位置并不是已知的，这就会导致计算无法准确地捕捉到空泡脱落与溃灭等非定常现象。因此，边界元方法经常用于计算二维定常附着空化流或是单空泡等情况[54,55]。Dang 和 Kuiper[56] 基于回射流模型，采用 Derichlet 运动学边界定义空泡面，在回射流截面与水翼湿面区域采用 Neumann 边界条件计算了二维水翼空化现象。由于无法预估空泡脱体点的位置，所以总是假设脱体点位于翼型前缘。

两相流方法则基于 Navier-Stokes(N-S) 方程或 Euler 方程着眼于整个流场，汽液两相间并没有明显的界面，空泡的形状和大小由空泡体积 (质量) 分数或液体体积 (质量) 分数决定。两相流方法又可分为双流体模型与均质平衡流模型 (homogeneous equilibrium flow model, HEM)，其中双流体模型将液相和汽相看成两种相互独立而又相互作用的流体，计算时需分别给出两相的质量、动量和能量方程，通过相间相互作用将两相的方程组耦合到一起求解；另外，还需要考虑汽、液间作用力和滑移系数等，这势必会延长计算时间，较为费时[57,58]。

均质平衡流模型则将汽液两相视为均一介质，两相间无滑移，汽液间没有明显的界面，通过一组偏微分方程来控制流体的运动和状态。这类基于均质平衡流方法的模型根据对混合相密度的定义可以分为基于状态方程的空化模型与基于输运方程的空化模型。

Delannoy 和 Kueny[59] 采用一个以压力值为变量的正压方程函数表达式来控制汽液混合相的密度，其函数曲线平滑地连接了纯汽相与液相密度之间的混合密度域。Iga 等[60] 通过质量分数与局部压力的函数关系定义了混合相密度，并考虑了流体的可压缩性。Merkle 等[61]、Huang 等[62]、Song 和 He[63] 也通过假设压力与密度之间的函数关系来解析空泡的演变过程。以上这类基于状态方程的空化模型结构简单，且无须额外的方程来封闭方程组，故应用较为便捷。然而，最近的研究表明，涡量的形成是空化的重要特征，尤其是在空穴闭合区域 [64]，斜压矩的生成是涡量传输的重要因素[65]。但是正压模型及其类似的状态方程模型计算所得的压力梯度与密度梯度几乎是平行的，无法产生斜压矩。因此，正压模型类空化模型无法准确地解析空化的非定常动力特性[66]。Aeschlimann 等[67] 采用正压模型对文丘里管内的片状空化进行了数值模拟，并与实验结果进行了对比，结果表明正压模型能够较好地反映全局的稳定片状空化形态，但无法捕捉到反射流的形成，因此未能获得片状空化尾端的局部空泡脱落现象。此外，由于状态方程类模型对压力密度有较高的依赖性，所以这类模型在处理非定常空化问题时很不稳定，且收敛性较差[68]。

输运类空化模型则通过输运方程来控制液相的汽化和汽相的凝结过程，流场中每一个节点的密度由汽相体积分数或液相体积分数的加权平均定义，并且该方程考虑了流动的对流特性，故可以模拟出空泡受惯性力的影响，如伸长、附着及漂移等。不同的输运类空化模型采用不同的蒸发项与凝结项，并辅以经验系数控制流体的蒸发量与汽泡的凝结量。Singhal 等[69] 基于 Rayleigh-Plesset(R-P) 方程，并考虑了湍流脉动与非可溶性气体的影响，建立了一种基于质量 (体积) 分数的完全空化模型 (full cavitation model，FCM)。Zwart 等[70] 通过假设单位体积内空泡核的数量对空泡体积分数进行了定义，空泡半径由简化的 R-P 方程推导得出，基于以上两点假设控制单位时间内汽液两相间的质量转换率。该模型由于计算稳定且收敛性较好，所以应用较为广泛[71−74]。Yuan 和 Schnerr[75] 假设流体单位体积内的空泡核数量与空泡体积分数存在某种函数关系，并据此定义空泡半径，建立了一种平衡空化模型，即方程中的蒸发项与凝结项相同。然而，在实际情况中空化的蒸发过程与凝结过程并不相同，往往凝结过程比蒸发过程慢很多[76]。以上这些空化模型的蒸发源项与凝结源项或多或少在形式上相近，且多基于 R-P 方程推导而来。Merkle 等[77] 采用一组基于人工可压缩法和伪时间步的欧拉方法求解二维翼型片状空化绕流，获得了流场压力分布及空泡长度；然而，该方法未考虑汽液两相的相变过程，故对于复杂结构的空化绕流问题收敛性较差。随后 Kunz 等[78,79] 在 Merkle 的研究基础上提出了一种用于研究片状空化与超空化的空化模型。值得一提的是，该模型的蒸发项与凝结项的形式并不相同，其蒸发项与 Merkle 的模型类似，而凝结项则采用了 Ginzburg-Landau 的势函数来表示。另外，在求解时辅以伪时间步的预处理方法进行计算，较好地解决了在求解高速流动且具备大液汽密度比流动时计算容易发散的问题，另外在处理网格纵横比较大的问题时也有较好的表现[80]。

综上所述，可以发现空化模型的研究呈多元化的发展趋势，且已成功运用于各行各业，其中一些优秀的模型更被商业软件所采用，如 FINE/TURBO™ 采用正压模型；完全空化模型同时被 FLUENT 与 PumpLinx 软件使用，FLUENT 还同时采用了 Zwart 模型与 Schnerr-Sauer 模型；ANSYS-CFX 则单独采用了 Zwart 模型。

3) 湍流模型

在水力机械的空化流数值计算中，除了需要空化模型控制汽液两相间的质量交换，还需要湍流模型对整个方程组进行封闭。湍流方程在空化流模拟中的作用可以说与空化模型是相当的。它不仅影响计算的精确度，关乎对反射流的预测，同时影响湍流涡团的运动，因此湍流模型的选择就显得尤为重要。现阶段的湍流计算方法主要有直接数值模拟 (direct numerical simulation，DNS) 方法、大涡模拟 (large eddy simulation，LES) 方法和雷诺时均 N-S(Reynolds averaged Navier-Stokes，RANS) 方法。

DNS 方法无需额外的湍流模型对流场进行补充，直接对 N-S方程进行求解。理论上 DNS 方法拥有最高的解析精度，故该方法也往往作为验证其他模型的可靠方法[81]。但是由于 DNS方法对网格的要求极为严苛，需要网格数量与雷诺数的三次幂成正比，导致其求解过程需要耗费大量的时间，限制了其在工程方面的应用，所以大多用于翼型、钝头体等结构较为简单的水力装置中。

由 Smagorinsky[82] 提出的 LES 方法试图仅求解流场中的大尺度运动，而各向同性的小尺度运动对大尺度湍流的影响通过亚格子尺度(subgrid scale, SGS) 模型来求解。近年来，由于计算机技术的高速发展，LES方法受到了越来越多的关注[83,84]。Ji 等[85] 采用大涡模拟对一个扭曲三维翼型的空化绕流问题进行了研究，通过对涡团传输方程中的伸长、膨胀收缩及斜压矩的分析揭示了空化流与涡团的相互作用关系。虽然 LES 方法在计算精确度方面有一定的优势，但是为了解析出近壁面的小尺度运动，需要在近壁面布置极细密的网格，网格数往往需要超过 1000 万，因此 LES 方法还存在一定的局限性。

RANS 方法最早由 Reynold 于 1895 年提出，他假设整个流场可以分解为一个时均项和一个波动项，并基于该假设对 N-S 方程进行求解，且其对网格的要求相比 DNS 方法和 LES 方法较为宽松。因此，RANS 方法由于较少的计算消耗、稳定的计算收敛以及较高的计算精度，成为实际工程应用最为广泛的湍流计算方法。各国学者以此为基础建立了许多优秀的湍流模型，其中以两方程模型的普适性最好，如标准 k-ε 模型、RNG k-ε 模型和 k-ω 模型等。黄剑峰等[86] 运用标准 k-ε 模型研究了喘振障碍对离心泵空化性能的影响。Lee 等[87] 基于 k-ω 模型对不同的空化模型在螺旋桨空化数值计算中的表现进行了评估。Tani 和 Tsuda[88] 采用 RNG k-ε 模型对火箭涡轮泵诱导轮的空化流进行了研究。Gao 等[89] 同样采用改进的 RNG k-ε 模型研究了提升阀内的空化现象，数值模拟结果与实验结果吻合较好。可以发现 RANS 方法在各行各业都得到了广泛的应用。

近年来，一些学者试图通过混合 RANS 方法与 LES 方法或者 DNS 方法以提升 RANS 模型的计算精度。Girimaji 等[90] 提出了一种局部时均化 N-S(partially-averaged Navier-Stokes, PANS) 模型。该模型通过调整两个模型中的滤波系数可以实现计算由 RANS 方法到 DNS 方法的平滑转换。Huang 和 Wang[91] 采用 PANS 对翼型的空化绕流问题进行了研究，分析了不同滤波系数对数值计算的影响；结果表明，当采用高滤波系数时，即接近 DNS 方法时，PANS 模型能够有效地降低湍流黏度，捕捉到空泡的非定常脱落现象。然而，Bashirinia 等[92] 将 PANS 模型应用于一个转轮系统时发现该模型易受边界层网格密度的影响，当 y^+ 值不同时计算结果差异较大。可见这类混合湍流模型 (hybird turbulence model) 仍然需要通过大量的案例进行验证。Johansen 等[93] 结合标准 k-ε 模型与 LES 方法建立了一种基于滤波函数的模型 (filter-based model，FBM)。该模型将湍流尺度小于滤波函数尺度的流动采用标准 k-ε 模型模拟，而大于滤波函数尺度的部分则转换为类似于单方程的大涡模拟。张睿和陈红勋[94] 对比了标准 k-ε 模型与 FBM 湍流模型模拟轴流泵空化绕流的表现，实验验证表明后者能够更为准确地描述空化场。这些模型的建立极大地丰富了空化模拟的手段，然而它们大多未考虑旋转类水力机械的旋转效应或大曲率结构的影响，因此建立一种适用于旋转类水力机械的空化数值计算湍流模型就显得尤为重要。

1.5　空蚀的研究进展

早在 1971 年，Rayleigh 就对舰船螺旋桨上的空蚀现象进行了研究[95]，并建立了无限理想不可压缩流体空泡轴对称溃灭的控制方程。然而，时至今日，空蚀的形成机理仍然存有争论，目前主要有微射流理论与冲击波压力理论。微射流理论假设空蚀是由空泡的非对称溃灭所引起的微射流冲击固体表面而形成的；冲击波压力理论则认为空蚀是由空泡溃灭后产生的冲击波辐射至固体表面而形成的。多年来，各国学者试图通过理论分析、数值计算与实验研究的方法揭示空蚀的形成机理。

Benjamin和 Ellis[96] 通过实验的方法证明了微射流的形成过程。随后 Plesset 和 Chapman[97] 在理论上也证明了微射流的存在。Hammitt[98] 进一步结合计算和实验测量方法指出游移型空泡溃灭时近壁处微射流速度可以达到 70~180m/s。Franc 等[99] 利用微型压力传感器对不锈钢孔板空化射流中空泡溃灭所形成的冲击波进行了测量，结果表明冲击压力幅值可以达到 500N。Soyama 等[100] 利用由 Momma 和 Lichtarowicz 开发的一种压电聚偏氟乙烯 (poly vinylidene fluoride，PVDF) 薄膜压力传感器测量了空泡喷射装置内的冲击压力，结果显示当射流速度为 126~155m/s 时，冲击压力最大可以达到 200N，其数量级与 Franc 等的研究结果相当。但是，Carnelli 等[101] 在与 Franc 等相同的实验条件下，采用球面纳米压痕法所测得的冲击压力幅值仅为 20N。另外，Hattori 等[102] 在一个最大射流速度为 184m/s 的空化射流设备中所测得的最大冲击压力同样约为 20N。可见采用不同的测量方法，不同的测量仪器在相同的实验条件下也会得到不同的结果，其中一个原因是：尽管用于测量冲击力的压力传感器设备尺寸很小，但空蚀所形成的腐蚀点半径大小通常仅有几微米至几百微米，相比微型压力传感器而言仍然很小。所以，往往同一时刻压力传感器测得的冲击压力可能是几个甚至几十个微小空泡同时溃灭所造成的。另外一个原因在于空泡的溃灭过程仅仅几十微秒甚至几微秒[103]，然而，不同的压力传感器响应频率不同，故所测得的压力值也不尽相同。

不同的空蚀破坏机理衍生出了不同形式的空蚀理论计算模型与数值模拟计算方法。Dular 和 Coutier-Delgosha[104] 根据 Plesset 和 Chapmann 的微射流理论建立了空蚀潜伏阶段下的计算模型，并应用于翼型的空蚀预测，数值模拟结果与实验结果吻合较好。Franc 等[105] 及 Patella 等[106] 基于冲击波压力理论，同时考虑了固体材料的应变力，提出了一种涵盖空蚀潜伏阶段与加速腐蚀阶段的计算模型，并结合实验所测得的冲击压力数据，通过有限元数值模拟成功地预测了空蚀过程。Bark 等[107] 试图利用能量传递的理论研究空蚀的形成机理，该理论假设微射流与冲击波是同时存在且相互影响的：当空泡云溃灭时，其势能转换为声压辐射波，随后转换为空蚀能量储存于靠近固体壁面的微小空泡内，打破了空泡内外的能量平衡，使得这些微小空泡向内爆裂形成微射流冲击固体壁面造成破坏。这一系列计算模型的建立，进一步拓展了研究人员对空蚀机理的理解。

从以上研究可以看出，尽管空蚀潜伏阶段固体材料不存在质量损失，许多学者仍然致力于研究该阶段的客观规律及现象。这是由于对空蚀潜伏阶段的研究所需的时间 (几微秒至几小时) 远远小于空蚀率加速等后续阶段 (几小时至几十小时)，且空蚀潜伏阶段的实验研究对试件及测量仪器的破坏最小。除此之外，空蚀潜伏阶段形成的蚀点也不会影响流场的流动性质以及空泡溃灭后的能量传播率。

蚀点测试法是研究空蚀潜伏阶段应用最为广泛且最为便捷的方法之一。该方法最早由 Knapp[108] 提出，其本质是利用固体试件本身作为传统压力传感器的替代品，将固体试件放置于空化流中一段时间后，即可直观地得到蚀点的分布情况，随后通过图像后处理技术不但可以获得蚀点的几何尺寸和数量等数据，还可利用这些数据反向推导空泡溃灭时所产生的冲击压力。Soyama 和 Futakawa[109] 在不同空化条件下对十几种不同材料进行了空化射流实验，建立了空蚀潜伏阶段下腐蚀率与试件测试时间的线性关系。Futakawa 等[110] 则建立了一种空蚀潜伏阶段下水银的空蚀预测理论模型。

值得注意的是，尽管利用试件本身进行空蚀潜伏阶段的研究具有很高的经济性，但久而久之空蚀的强大破坏力仍然会对固体试件及传感器等设备造成破坏。近年来，一种效率更高、经济性更好的金属薄膜蚀点测试法被广泛应用于空蚀实验中。该方法采用铜箔片或延展性更好的铝箔片等金属膜粘贴在水力机械固体表面，代替试件本身作为测试件。这一改变使得整个测量过程缩短到仅需几分钟或几秒钟。同时，由于测量时间大幅减少，研究人员可以利用高速相机对蚀点的形成过程进行记录。Dular 等[111] 对粘贴有铝箔片的试件在单空泡溃灭的环境下进行了空蚀实验，并采用一台高速相机记录了蚀点从单个到族群的形成过程，整个实验耗时仅 10s。

随着各种实验技术的发展与实验条件的改善，对空蚀的研究也更加细致，人们越来越注重于同时关注空化结构演变与空蚀之间的内在联系，而不再局限于单方面研究空化流动或空蚀程度。Rijsbergen 等[112] 采用两台高速相机从水翼侧面及顶部同时对空化流进行了拍摄，并采用油墨法测量了空蚀区域。另外，在水翼表面及水洞壁面安装了声发射传感器，用于测量空泡溃灭时的冲击压力及溃灭点与水翼表面的距离。研究表明，空蚀的程度与空泡破裂溃灭的方向有关：当溃灭方向指向固体壁面时，冲击压力最大，所造成的破坏也相对较大。除了针对空泡团溃灭的研究，一些学者也试图通过对单个空泡溃灭过程的研究精确分析能量的传播形式。Lee 等[113] 采用增强型高速相机细致研究了由激光脉冲激励产生的单空泡从形成至溃灭的时序过程。实验显示空泡在溃灭过程中会释放两次冲击波辐射。为了进一步揭示空化流场结构与空蚀之间的内在联系，往往需要两者的瞬态数据同步，这就对空化空蚀的实验手段提出了更高的要求：不仅要获得空化流场的演变规律，还需要同步获得与其相应的瞬态空蚀数据。

大量的实验研究也对实验数据的后处理技术提出了越来越高的要求。对于蚀点的深度、直径及数量等静态数据的测量方法主要有干涉法[114]、二维光学法[115]、光度仪[116]、三维激光轮廓测量技术[117] 及纳米压痕法[118] 等，而对空蚀率等瞬态数据则需通过二次计算间接获得。随着图像技术的发展，人们能够通过数学方法同时获得空蚀率等瞬态数据与蚀点数量和大小等静态统计数据。不过限于高速相机临时存储空间的大小，这类方法通常要求实验测量时间较短。

1.6 空化诱导振动噪声的研究进展

振动噪声是泵发生空化时的一个显著特征，所以国内外学者对泵空化诱导振动噪声的研究主要集中在应用振动噪声方法来检测泵的空化问题上。Alfayez 等[119] 介绍了声发射技术在检测离心泵初生空化和确定最优工况方面的应用。Leighton[120]、Fanelli[121]、Li[122] 对空化诱导噪声做了大量实验研究，提出了相应的数值算法，但他们提出的算法具有一定的局限性。Cudina[123,124] 通过实验发现一个固定离散频率对应着离心泵的初生空化，该频率可用来监控离心泵空化的初生，控制离心泵的运行，但该结论未在其他研究模型中得到验证。Rus 等[125] 为了解释声学信号和空化之间的关系，在空化工况下，实验测量了一个两叶片轴流式水轮机的辐射噪声和振动信号，实验表明辐射噪声、振动和噪声之间存在着一定的对应关系。Črnetič[126] 通过加速度传感器和麦克风测量动力泵的振动和噪声进而监测泵的初生空化余量。Chini等[127] 通过分析离心泵的噪声谱来寻找模型泵的初生空化特性，发现某一频率的声压级可以用来监测模型泵的初生空化。苏永生等[128] 通过获取非空化与空化状态下离心泵壳体的振动与出口压力信号的特征，来识别泵的空化初生。刘源等[129] 将小波熵方法引入空化诱导噪声的分析中，探讨了基于小波熵的空化初生检测和空化状态识别方法。张俊华等[130] 用宽频传感器测试不同空化程度下的声信号，分析声信号的频谱特征随空化发展的变化规律。戚定满和沈焕庭[131] 对瞬态的空化噪声信号进行小波变换，得到了小波系数随时间和频率的变化图像，直接地反映出空化噪声谱随时间的变化。蒲中奇等 [132] 提出了一种基于小波奇异理论的水轮机空化检测方法，该方法能够较好地检测出水轮机空化初生和空化形态转变。

目前对于空化诱导泵振动噪声的研究都是基于监测泵的空化初生，对不同空化程度下泵的振动噪声特性的研究还较少[133]。

1.7　泵空化控制的研究进展

1. 优化泵过流部件的水力设计

根据泵空化的基本理论，影响泵空化性能的主要因素是叶轮进口的几何形状，如叶轮进口直径、叶片进口宽度、叶轮盖板进口部分曲率半径、叶片进口厚度、进口边位置和叶片数等[134]。文献 [135] 研究了叶轮进口部分几何参数对泵空化性能的影响，得出改善进口部分流动均匀性是改善泵空化性能的重要因素。文献 [136] 研究了叶轮结构形状对离心泵空化性能的影响，并证明适当增大叶轮进口液流的过流面积可以提高泵的空化性能。文献 [137] 研究了叶轮进口边对泵空化性能的影响，得出在其他几何尺寸不变的条件下，当叶片进口边放在同一个轴面上时，进口边形状向叶轮吸入口方向凸出越小空化性能越好。文献 [138] 基于 CFD 模拟得到的泵内空化流动结果，对泵的水力设计进行优化。

2. 泵空化结构与工艺

改善泵的结构和工艺也可以控制泵的空化，从而提高泵的空化性能[139]。

提高叶轮入口前过流表面的精度和光洁度，以降低吸入液流的能量损失[140]；采用良好的抗腐蚀和抗冲击性能材料，以增加过流零件的抗空蚀性能[141−143]；采用双吸叶轮，来减少叶轮进口的流速，改善泵的空化性能[144]。

在泵进口加装诱导轮是控制泵空化的有效手段，诱导轮属于轴流式叶轮，可以在一定的空化状态下工作，其出口产生的扬程增加了主泵入口的能量，改善了泵的空化性能。国内外相关研究表明，诱导轮技术已成为目前改善离心泵空化性能的有效方法之一[145−151]。此外，诱导轮结构简单、易于制造安装，并且造价低、通用性强、维修方便。

在泵的入口增加引射装置可以提高泵的空化性能[152]。引射装置就是从泵的出口引回一部分高压液流回泵入口，将这部分高能液流的能量转化为入口液流的压力，使泵的空化性能得到改善，但是增加引射装置会使泵的效率下降。

参考文献

[1] 克里斯托弗·厄尔斯·布伦南. 空化与空泡动力学 [M]. 王勇，潘中永，译. 镇江: 江苏大学出版社，2013.

[2] 黄继汤. 空化与空蚀的原理及应用 [M]. 北京：清华大学出版社，1991.

[3] D'Agostino L，Salvetti M V. Fluid dynamics of cavitation and cavitating turbopumps[J]. CISM Courses and Lectures，2007，496：1-41.

[4] Franc J P. The Rayleigh-Plesset Equation: A Simple and Powerful Tool to Understand Various Aspects of Cavitation[M]. Udine: Springer Wien NewYork, 2007.

[5] Knapp R T，Daily J W，Hammitt F G. Cavitation[M]. New York: McGraw-Hill, 1970.
[6] Harvey E N，Mcelroy W D，Celroy W D，et al. On cavity formation in water[J]. Journal of Applied Physics，1947，18：162-172.
[7] 夏维洪，沈懋如，孙才良，等. 水中气核谱的测量 [J]. 水利学报，1983, (3): 59-64.
[8] Oba R，Yasu S. Spatial cavitation-nuclei measurement by means of laser velocimeter[J]. Reports of the Institute of High Speed Mechanics，1978，310(38)：47-54.
[9] Roland L，Gerhard R. Cavitation research at the institute of hydraulic engineering and water resources management[C]//Proceedings of the International Conference on Hydrodynamics，Wuxi，1994: 263-271.
[10] 高秋生. 对液体空化机理的进一步探讨 [J]. 河海大学学报，1999，27(5): 63-67.
[11] Pandit A B, Moholkar V S. Harness cavitation to improve processing[J]. Chemical Engineering Progress, 1996, 92(7): 57-69.
[12] 王萍辉. 空化射流在管道清洗中的应用 [J]. 电力科学与工程，2002，(4): 21-24.
[13] Sivakumar M, Pandit A B. Wastewater treatment: A novel energy efficient hydrodynamic cavitational technique[J]. Ultrasonics Sonochemistry, 2002, 9(3): 123-131.
[14] 曹伟，魏英杰，王聪，等. 超空泡技术现状：问题与应用 [J]. 力学进展，2006，36(4)：571-579.
[15] Fatta-Kassinos D, Meric S, Nikolaou A. Pharmaceutical residues in environmental waters and wastewater: Current state of knowledge and future research[J]. Analytical and Bioanalytical Chemistry, 2011, 399(1): 251-275.
[16] Kosjek T, Andersen H R, Kompare B, et al. Fate of carbamazepine during water treatment[J]. Environmental Science and Technology, 2009, 43(16): 6256-6261.
[17] Foeth E J. The structure of three-dimensional sheet cavitation[D]. Delft: Technische Universiteit Delft, 2008.
[18] Le Q, Franc J P, Michel J M. Partial cavities: Global behavior and mean pressure distribution[J]. Journal of Fluids Engineering, 1993, 115(2): 243-248.
[19] Kubota A, Kato H, Yamaguchi H, et al. Unsteady structure measurement of cloud cavitation on a foil section using conditional sampling technique[J]. Journal of Fluids Engineering, 1989, 111(2): 204-210.
[20] Knapp R T. Cavitation mechanics and its relation to the design of hydraulic equipment[J]. Proceedings of the Institution of Mechanical Engineers, 1952, 166(1): 150-163.
[21] Avellan F, Dupont P, Farhat M. Cavitation erosion power[C]//Proceedings of Cavitation, ASME FED, Portland, 1991, 116: 135-140.
[22] Barre S, Rolland J, Boitel G, et al. Experiments and modeling of cavitating flows in venturi: Attached sheet cavitation[J]. European Journal of Mechanics—B/Fluids, 2009, 28(3): 444-464.
[23] Kawanami Y, Kato H, Yamaguchi H, et al. Mechanism and control of cloud cavitation[J]. Journal of Fluids Engineering, 1997, 119(4): 788-794.

[24] Laberteaux K R, Ceccio S L. Partial cavity flows. Part 2. Cavities forming on test objects with spanwise variation[J]. Journal of Fluid Mechanics, 2001, 431: 43-63.

[25] 张敏弟，王国玉，董子桥，等. 绕水翼云状空化流动特性的研究 [J]. 工程热物理学报，2008，(1): 71-74.

[26] Feng X M, Lu C J, Hu T Q, et al. The fluctuation characteristics of natural and ventilated cavities on an axisymmetric body[J]. Journal of Hydrodynamics, Ser.B, 2005, 17(1): 87-91.

[27] 刘桦，朱世权，何友声，等. 系列头体的空泡实验研究 —— 初生空泡与发展空泡形态 [J]. 中国造船，1995，1(3): 98-102.

[28] Stutz B, Reboud J L. Experiments on unsteady cavitation[J]. Experiments in Fluids, 1997, 22(3): 191-198.

[29] Reboud J L, Stutz B, Coutier-Delgosha O. Two-phase flow structure of cavitation: Experiment and modelling of unsteady effects[C]//The Third International Symposium on Cavitation, CAV98, Grenoble, 1998.

[30] Foeth E J, Doorne C W H V, Terwisga T V, et al. Time resolved PIV and flow visualization of 3D sheet cavitation[J]. Experiments in Fluids, 2006, 40(4): 503-513.

[31] Brewer W H, Kinnas S A. Experiment and viscous flow analysis on a partially cavitating hydrofoil[J]. Journal of Ship Research, 1997, 41(3): 161-171.

[32] Gopalan S, Katz J. Flow structure and modeling issues in the closure region of attached cavitation[J]. Physics of Fluids, 2000, 12(4): 895-911.

[33] Zhang Y, Gopalan S, Katz J. On the flow structure and turbulence in the closure region of attached cavitation[C]//The 22th Symposium on Naval Hydrodynamics, Washington, 1998: 227-238.

[34] 黄彪，王国玉，王复峰，等. 绕水翼非定常空化流场的粒子成像测速系统实验研究 [J]. 兵工学报，2011，32(9): 24-29.

[35] Dular M, Bachert R, Stoffel B, et al. Experimental evaluation of numerical simulation of cavitating flow around hydrofoil[J]. European Journal of Mechanics—B/Fluids, 2005, 24(4): 522-538.

[36] Liu D M, Liu S H, Wu Y L, et al. LES numerical simulation of cavitation bubble shedding on ALE 25 and ALE 15 hydrofoils[J]. Journal of Hydrodynamics, Ser.B, 2009, 21(6): 807-813.

[37] Farhat M, Gennoun F A, Avellan F O. The leading edge cavitation dynamics[C]//ASME 2002 Joint US-European Fluids Engineering Division Conference, Montreal, 2002: 337-342.

[38] 王勇，刘厚林，王健，等. 离心泵叶轮进口空化形态的实验测量 [J]. 农业机械学报，2013，44(7): 45-49.

[39] Palgrave R, Cooper P. Visual studies of cavitation in pumping machinery[C]//Proceedings of the Third International Pump Symposium, College Station, 1986: 61-68.

[40] Duplaa S, Coutier-Delgosha O, Dazin A, et al. Experimental study of a cavitating centrifugal pump during fast startups[J]. Journal of Fluids Engineering, 2010, 132(2): 1-12.

[41] Bilus I, Predin A. Numerical and experimental approach to cavitation surge obstruction in water pump[J]. International Journal of Numerical Methods for Heat and Fluid Flow, 2009, 19(7): 818-834.

[42] Liu J T, Liu S H, Wu Y L, et al. Numerical investigation of the hump characteristic of a pump–turbine based on an improved cavitation model[J]. Computers and Fluids, 2012, 68: 105-111.

[43] Coutier-Delgosha O, Fortes-Patella R, Reboud J L, et al. Experimental and numerical studies in a centrifugal pump with two-dimensional curved blades in cavitating condition[J]. Journal of Fluids Engineering, 2003, 125(6): 970.

[44] Bachert B, Ludwig G, Stoffel B, et al. Experimental investigations concerning erosive aggressiveness of cavitation in a radial test pump with the aid of adhesive copper films[C]//Proceedings of the 5th International Symposium on Cavitation, CAV2003, Osaka, 2003.

[45] Timouchev S F, Panaiotti S S, Knyazev V A, et al. Validation of numerical procedure for assessment of centrifugal pump cavitation erosion[C]//Proceedings of 25th International Pump Users Symposium, Houston, 2009: 23-26.

[46] Friedrichs J, Kosyna G. Unsteady PIV flow field analysis of a centrifugal pump impeller under rotating cavitation[C]//Proceedings of the 5th International Symposium on Cavitation, CAV2003, Osaka, 2003.

[47] Shervani-Tabar N, Sedaaghi R, Mohajerin R, et al. Experimental and computational investigation on the cavitation phenomenon in a centrifugal pump[C]//Proceedings of the 8th International Symposium on Cavitation, CAV2012, Singapore, 2012.

[48] Helmholtz H. Über discontinuierliche flüssigkeitsbewegungen[J]. Philosophical Magazine, 1868, 36:337-346.

[49] Kirchoff G. Zur theorie freier flussigkeitsstrahlen[J]. Journal Für Die Reine Und Angewandte Mathematik, 1869, 70:289-298.

[50] Riabouchinsky D. On steady flow motions with free surfaces[J]. Proceedings of the London Mathematical Society, 1920, 19: 206-215.

[51] Kreisel G. Cavitation with finite cavitation numbers[R]. Teddington: Admiralty Research Laboratory Report, 1946.

[52] Joukowsky N E. I. A modification of Kirchhoff's method of determining a two-dimensional motion of a fluid given a constant velocity along an unknown streamline. II. Determination of the motion of a fluid for any condition given on a streamline[J]. Recreational Mathematics, 1890, 25: 121-278.

[53] Tulin M P. Supercavitating flows-small perturbation theory[J]. Journal of Ship Research, 1963, (3): 16-37.

[54] Lemonnier H, Rowe A. Another approach in modelling cavitating flows[J]. Journal of Fluid Mechanics, 1988, 195: 557-580.

[55] Uhlman J S. The surface singularity method applied to partially cavitating hydrofoils[J]. Journal of Ship Research, 1987, 31(2): 107-124.

[56] Dang J, Kuiper G. Re-entrant jet modeling of partial cavity flow on two-dimensional hydrofoils[J]. Journal of Fluids Engineering, 1999, 121(4): 773-780.

[57] 徐宇，吴玉林，刘文俊，等. 用两相流模型模拟混流式水轮机内空化流动 [J]. 水利学报，2002，8(1): 57-62.

[58] Saurel R, Lemetayer O. A multiphase model for compressible flows with interfaces, shocks, detonation waves and cavitation[J]. Journal of Fluid Mechanics, 2001, 431: 239-271.

[59] Delannoy Y, Kueny J L. Two-phase flow approach in unsteady cavitation modeling[C]//ASME Cavitation and Multi-Phase Flow Forum, Toronto, 1990, 109: 153-158.

[60] Iga Y, Nohmi M, Akira G, et al. Numerical study of sheet cavitation break-off phenomenon on a cascade hydrofoil[C]//The Fourth International Symposium on Cavitation, CAV2001, Pasadena, 2001.

[61] Merkle C L, Feng J, Buelow P E O. Computational modeling of the dynamics of sheet cavitation[C]//The Third International Symposium on Cavitation, CAV98, Grenoble, 1998: 307-313.

[62] Huang D, Zhuang Y, Cai R. A computational method for cavitational flows based on energy conservation[J]. Proceedings of the Institution of Mechanical Engineers, Part C: Journal of Mechanical Engineering Science, 2007, 221(11): 1333-1338.

[63] Song C, He J. Numerical simulation of cavitating flows by single-phase flow approach[C]//The Third International Symposium on Cavitation, CAV98, Grenoble, 1998: 295-300.

[64] Luo X W, Ji B, Tsujimoto Y. A review of cavitation in hydraulic machinery[J]. Journal of Hydrodynamics, 2016, 28(3): 335-358.

[65] 黄彪. 非定常空化流动机理及数值计算模型研究 [D]. 北京: 北京理工大学，2012.

[66] Senocak I, Shyy W. Evaluations of cavitation models for Navier-Stokes computations[C]//ASME 2002 Joint US-European Fluids Engineering Division Conference, Montreal, 2002: 395-401.

[67] Aeschlimann V, Barre S, Djeridi H. Unsteady cavitation analysis using phase averaging and conditional approaches in a 2D venturi flow[J]. International Journal of Multiphase Flow, 2013, 68(S3-4): 14-26.

[68] Olsson M. Numerical investigation on the cavitating flow in a waterjet pump[D]. Sweden: Chalmers University of Technology, 2008.

[69] Singhal A K, Athavale M M, Li H, et al. Mathematical basis and validation of the full cavitation model[J]. Journal of Fluids Engineering, 2002, 124(3): 617-624.

[70] Zwart P J, Gerber A G, Belamri T. A two-phase flow model for predicting cavitation dynamics[C]//The Fifth International Conference on Multiphase Flow, Yokohama, 2004.

[71] 刘厚林，刘东喜，王勇，等. 三种空化模型在离心泵空化流计算中的应用评价 [J]. 农业工程学报，2012，289(16): 54-59.

[72] 卢加兴，袁寿其，任旭东，等. 离心泵小流量工况不稳定特性研究 [J]. 农业机械学报，2015，46(8): 54-58.

[73] 王勇，刘厚林，袁寿其，等. 离心泵内部空化特性的 CFD 模拟 [J]. 排灌工程机械学报，2011，29(02): 99-103.

[74] Shi W D, Wang C, Wang W, et al. Numerical calculation on cavitation pressure pulsation in centrifugal pump[J]. Advances in Mechanical Engineering, 2014, 2014(11): 1-8.

[75] Yuan W X, Schnerr G N H. Numerical simulation of two-phase flow in injection nozzles: Interaction of cavitation and external jet formation[J]. Journal of Fluids Engineering, 2003, 125(6): 963-969.

[76] Mejri I, Bakir F, Rey R, et al. Comparison of computational results obtained from a homogeneous cavitation model with experimental investigations of three inducers[J]. Journal of Fluids Engineering, 2006, 128(6): 1308-1323.

[77] Deshpande M, Feng J, Merkle C L. Cavity flow predictions based on the Euler equations[J]. Journal of Fluids Engineering, 1994, 116(1): 36-44.

[78] Kunz R F, Boger D A, Chyczewski T S, et al. Multi-phase CFD analysis of natural and ventilated cavitation about submerged bodies[C]//Proceedings of FEDSM 99, San Francisco, 1999: 1-9.

[79] Kunz R F, Boger D A, Stinebring D R, et al. A preconditioned Navier–Stokes method for two-phase flows with application to cavitation prediction[J]. Computers and Fluids, 2000, 29(8): 849-875.

[80] 刘厚林，刘东喜，王勇，等. 基于 KunZ 模型的离心泵空化流数值计算 [J]. 华中科技大学学报 (自然科学版)，2012，40(8): 17-20.

[81] Raiesi H, Piomelli U, Pollard A. Evaluation of turbulence models using direct numerical and large-eddy simulation data[J]. Journal of Fluids Engineering, 2011, 133(2): 1-10.

[82] Smagorinsky J. General circulation experiments with the primitive equations: I. The basic experiment[J]. Monthly Weather Review, 1963, 91(3): 99-164.

[83] Dittakavi N, Chunekar A, Frankel S. Large eddy simulation of turbulent-cavitation interactions in a venturi nozzle[J]. Journal of Fluids Engineering, 2010, 132(12): 1-11.

[84] Wang G Y, Ostoja-Starzewski M. Large eddy simulation of a sheet/cloud cavitation on a NACA0015 hydrofoil[J]. Applied Mathematical Modelling, 2007, 31(3): 417-447.

[85] Ji B, Luo X W, Peng X X, et al. Three-dimensional large eddy simulation and vorticity analysis of unsteady cavitating flow around a twisted hydrofoil[J]. Journal of Hydrodynamics, Ser. B, 2013, 25(4): 510-519.

[86] 黄剑峰，张立翔，姚激，等. 混流式水轮机三维空化湍流场混合数值模拟 [J]. 中国电机工程学报，2011, 31(32): 115-121.

[87] Lee Y H, Tu J C, Chang Y C, et al. Performance assessments for various numerical cavitation models using experimental data[C]//Proceedings of the 8th International Symposium on Cavitation, CAV2012, Singapore, 2012.

[88] Tani N, Tsuda S I. Development and validation of new cryogenic cavitation model for rocket turbopump inducer[C]//Proceedings of the 7th International Symposium on Cavitation, CAV2009, Ann Arbor, 2009.

[89] Gao H, Fu X, Yang H Y, et al. Numerical investigation of cavitating flow behind the cone of a poppet valve in water hydraulic system[J]. Journal of Zhejiang University SCIENCE, 2002, 3(4): 395-400.

[90] Girimaji S S, Jeong E, Srinivasan R. Partially averaged Navier-Stokes method for turbulence: Fixed point analysis and comparison with unsteady partially averaged Navier-Stokes[J]. Journal of Applied Mechanics, 2006, 73(3): 422.

[91] Huang B, Wang G Y. Partially averaged Navier-Stokes method for time-dependent turbulent cavitating flows[J]. Journal of Hydrodynamics, Ser. B, 2011, 23(1): 26-33.

[92] Bashirinia S, Katadzic N, Malabakken K, et al. PANS simulations of the flow around a rotating weel[D]. Sweden: Chalmers University of Technology, 2011.

[93] Johansen S T, Wu J, Shyy W. Filter-based unsteady RANS computations[J]. International Journal of Heat and Fluid Flow, 2004, 25(1): 10-21.

[94] Zhang R, Chen H X. Numerical analysis of cavitation within slanted axial-flow pump[J]. Journal of Hydrodynamics, Ser. B, 2013, 25(5): 663-672.

[95] Rayleigh L. VIII. On the pressure developed in a liquid during the collapse of a spherical cavity[J]. The London, Edinburgh, and Dublin Philosophical Magazine and Journal of Science, 1917, 34(200): 94-98.

[96] Benjamin T B, Ellis A T. The collapse of cavitation bubbles and the pressures thereby produced against solid boundaries[J]. Philosophical Transactions of the Royal Society, 1966, (260): 221-240.

[97] Plesset M S, Chapman R B. Collapse of an initially spherical vapour cavity in the neighbourhood of a solid boundary[J]. Journal of Fluid Mechanics, 1971, (47): 283-290.

[98] Hammitt F G. Observations on cavitation damage in a flowing system[J]. Journal of Basic Engineering, 1963, 85(3): 347-356.

[99] Franc J P, Karimi A, Chahine G L, et al. Impact load measurements in an erosive cavitating flow[J]. Journal of Fluids Engineering, 2011, 133(12): 1-18.

[100] Soyama H, Lichtarowicz A, Momma T, et al. A new calibration method for dynamically loaded transducers and its application to cavitation impact measurement[J]. Journal of Fluids Engineering, 1998, 120(4): 712-718.

[101] Carnelli D, Karimi A, Franc J P. Application of spherical nanoindentation to determine the pressure of cavitation impacts from pitting tests[J]. Journal of Materials Research, 2011, 27(1): 91-99.

[102] Hattori S, Hirose T, Sugiyama K. Prediction method for cavitation erosion based on measurement of bubble collapse impact loads[J]. Wear, 2009, 269(7): 507-514.

[103] Turangan C, Ball G, Jamaluddin R, et al. Numerical studies of cavitation erosion on an elastic-plastic material caused by shock-induced bubble collapse[J]. Proceedings of the Royal Society a Mathematical Physical and Engineering Sciences, 2017, 473(2205): 1-20.

[104] Dular M, Coutier-Delgosha O. Numerical modelling of cavitation erosion[J]. International Journal for Numerical Methods in Fluids, 2009, 61(12): 1388-1410.

[105] Franc J P, Riondet M, Karimi A, et al. Material and velocity effects on cavitation erosion pitting[J]. Wear, 2012, (274): 248-259.

[106] Patella R F, Choffat T, Reboud J L, et al. Mass loss simulation in cavitation erosion: Fatigue criterion approach[J]. Wear, 2013, 300(1): 205-215.

[107] Bark G, Berchiche N, Grekula M. Application of Principles for Observation and Analysis of Eroding Cavitation—The EROCAV Observation Handbook[M]. 3rd ed. Sweden: Chalmers University of Technology, 2004.

[108] Knapp R T. Recent investigations of the mechanics of cavitation and cavitation damage[J]. Transactions of the ASME, 1955, 77: 1045-1054.

[109] Soyama H, Futakawa M. Estimation of incubation time of cavitation erosion for various cavitating conditions[J]. Tribology Letters, 2004, 17(1): 27-30.

[110] Futakawa M, Kogawa H, Tsai C C, et al. Off-line tests on pitting damage in mercury target[R]. Shinjuku: The Japan Society of Mechanical Engineers, 2003.

[111] Dular M, Delgosha O C, Petkovšek M. Observations of cavitation erosion pit formation[J]. Ultrasonics Sonochemistry, 2013, 20(4): 1113-1120.

[112] Rijsbergen M V, Foeth E J, Fitzsimmons P, et al. High-speed video observations and acoustic-impact measurements on a NACA 0015 foil[C]//The 8th International Symposium on Cavitation (CAV), Singapore, 2012.

[113] Lee H, Gojani A B, Han T, et al. Dynamics of laser-induced bubble collapse visualized by time-resolved optical shadowgraph[J]. Journal of Visualization, 2011, 14(4): 331-337.

[114] Belahadji B, Franc J P, Michel J M. A statistical analysis of cavitation erosion pits[J]. Journal of Fluids Engineering, 1991, 113(4): 700-706.

[115] Lohrberg H, Hofmann M, Ludwig G, et al. Analysis of damaged surfaces: Part II. Pit counting by 2D optical techniques[C]//Proceedings of the Third ASME/JSME Joints

Fluids Engineering Conference, San Francisco,1999.

[116] Fur B L, David F F. Comparison between erosion speeds deducedfrom pitting tests and mass loss tests for two stainless steels[C]//Proceedings of International Symposium on Cavitation,CAV95,Deauville, 1995.

[117] Patella R F, Reboud J L, Archer A. Cavitation damage measurement by 3D laser profilometry[J]. Wear, 2000, 246(1): 59-67.

[118] Carnelli D, Karimi A, Franc J P. Evaluation of the hydrodynamic pressure of cavitation impacts from stress-strain analysis and geometry of individual pits[J]. Wear, 2012, 289(5): 104-111.

[119] Alfayez L，Mba D，Dyson G. The application of acoustic emission for detecting incipient cavitation and the best efficiency point of a 60 kW centrifugal pump: Case study[J]. NDT and E International，2005，38: 354-358.

[120] Leighton T G. The Acoustic Bubble Academic[M]. Pittsburgh: Academic Press, 1994.

[121] Fanelli M. Some Present Trends in Hydraulic Machinery Research，Hydraulic Machinery and Cavitation[M]. London: Kluwer Academic, 1996.

[122] Li S C.Cavitation of Hydraulic Machinery[M]. London: Imperial College Press, 2000.

[123] Chudina M. Detection of cavitation phenomenon in a centrifugal pump using audible sound[J]. Mechanical Systems and Signal Processing，2003，17(6): 1335-1347.

[124] Chudina M. Noise as an indicator of cavitation in a centrifugal pump[J]. Acoustical Physics，2003，49(4)：463-474.

[125] Rus T，Dular M，Hocevar M，et al. An investigation of the relationship between acoustic emission，vibration，noise and cavitation structures on a kaplan turbine[J]. Joural of Fluids Engineering，ASME，2007，129(9)：1112-1122.

[126] Črnetič J.The use of noise and vibration signals for detecting cavitation in kinetic pumps[J]. Proceedings of the Institution of Mechanical Engineers, Part C：Journal of Mechanical Engineering Science，2009，233：1645-1655.

[127] Chini S F，Rahimzadeh H，Bahrami M. Cavitation detection of a centrifugal pump using noise spectrum[C]//ASME 2005 International Design Engineering Technical Conferences and Computers and Information in Engineering Conference, Long Beach, 2005: 13-19.

[128] 苏永生，张永祥，明廷锋. 基于并行组合模拟退火算法的水泵汽蚀初生故障识别 [J]. 武汉理工大学学报，2008，32(6): 1021-1024.

[129] 刘源，何永勇，陈大融. 基于小波熵的空化状态检测与识别 [J]. 机械强度，2009，31(1): 19-23.

[130] 张俊华，张伟，蒲中奇，等. 轴流转浆式水轮机空化程度声信号辨识研究 [J]. 中国电机工程学报，2006，26(8): 72-76.

[131] 戚定满，沈焕庭. 小波在瞬态空化噪声分析中的应用 [J]. 振动与冲击，2001，20(1): 83-85.

[132] 蒲中奇，张伟，施克仁，等. 基于小波奇异性理论的水轮机空化检测 [J]. 振动与冲击，2005，24(5): 71-74.

[133] 王勇，刘厚林，袁寿其，等. 离心泵非设计工况空化振动噪声的实验测试 [J]. 农业工程学报，2012，28(2): 35-38.

[134] 袁寿其，施卫东，刘厚林. 泵理论与技术 [M]. 北京: 机械工业出版社，2014.

[135] 罗先武，张瑶，彭俊奇，等. 叶轮进口几何参数对离心泵空化性能的影响 [J]. 清华大学学报 (自然科学版)，2008，48(5): 836-839.

[136] 吴仁荣. 叶轮的结构形状对离心泵汽蚀性能的影响 [J]. 机电设备，1995，(6): 18-21.

[137] 范宗霖，李文广，薛建欣. 叶轮进口边形状对离心泵NPSH的影响 [J]. 甘肃工业大学学报，1994，20(1): 44-47.

[138] Dupont P. Numerical prediction of cavitation improve pump design[J]. World Pumps, 2001, (422): 26-28.

[139] 吴仁荣. 离心泵的汽蚀和诱导轮设计 [J]. 机电设备，1998，(6): 3-7.

[140] 王勇，刘厚林，谈明高. 泵汽蚀研究现状及展望 [J]. 水泵技术，2008，(1): 1-4.

[141] 储训. 水泵抗汽蚀和磨蚀防护技术进展 [J]. 水泵技术，1999，(2): 20-25.

[142] 朱玉峰. 离心泵中的汽蚀及其防护技术 [J]. 河北科技大学学报，2004，25(3): 44-47.

[143] 陈怡，吴玉萍，梁伟灿，等. 超音速火焰喷涂 Fe 基合金涂层的抗汽蚀性能 [J]. 金属热处理，2011，36(6): 14-17.

[144] 孙寿. 水泵汽蚀研究的现状 [J]. 水泵技术，1995，(3): 39-48.

[145] Agostino L，Torre L，Pasini A，et al.On the preliminary design and noncavitating performance prediction of tapered axial inducers[J]. Journal of Fluids Engineering，2008, 130 (11): 1-8.

[146] 朱祖超，王乐勤，汪希萱，等. 高速泵变螺距诱导轮的设计分析 [J]. 农业机械学报，1997，28(4): 102-106.

[147] 刘厚林，王健，王勇，等. 角度变化系数对变螺距诱导轮性能的影响 [J]. 流体机械，2013，41(10): 19-24.

[148] Okita K，Ugajin H，Matsumoto Y.Numerical analysis of the influence of the tip clearance flows on the unsteady cavitating flows in a three-dimensional inducer[J].Journal of Hydrodynamics，2009，21(1): 34-40.

[149] 刘厚林，庄宿国，俞志君，等. Jw200-100-315 型离心泵诱导轮设计 [J]. 华中科技大学学报 (自然科学版)，2011，39(12): 14-17.

[150] Kimura T，Yoshida Y，Hashimoto T，et al.Numerical simulation for vortex structure in a turbopump inducer: Close relationship with appearance of cavitation instabilities[J].Journal of Fluids Engineering，2008，130(5):1-9.

[151] 郭晓梅，朱祖超，崔宝玲，等. 诱导轮内流场数值计算及汽蚀特性分析 [J]. 机械工程学报，2010，46(4): 122-128.

[152] 吴昱，朱祖超. 利用引射结构提高离心泵的汽蚀性能 [J]. 工程设计，2002，9(2): 86-88.

第2章　离心泵空化特性的实验研究

本章基于虚拟仪器数据采集系统和泵产品智能测试系统在离心泵闭式实验台上建立离心泵空化诱导振动噪声实验测试系统，实现泵性能参数和空化诱导振动噪声信号的同步采集。以一台中比转速离心泵为研究对象，研究离心泵不同空化状态下振动噪声特性，为建立低振动低噪声离心泵水力设计方法提供基础。

2.1　实验测试系统

离心泵空化诱导振动噪声实验测试系统由离心泵闭式实验装置和数据采集系统构成[1]。图 2-1 为测试系统的实物图。

图 2-1　实验测试系统实物图

2.1.1　实验装置

实验在江苏大学国家水泵及系统工程技术研究中心闭式实验台上进行。实验装置由空蚀筒、稳压罐、进出水管路、阀门、真空泵、电机、涡轮流量计和压力变送器等组成，图 2-2 为闭式实验装置示意图。

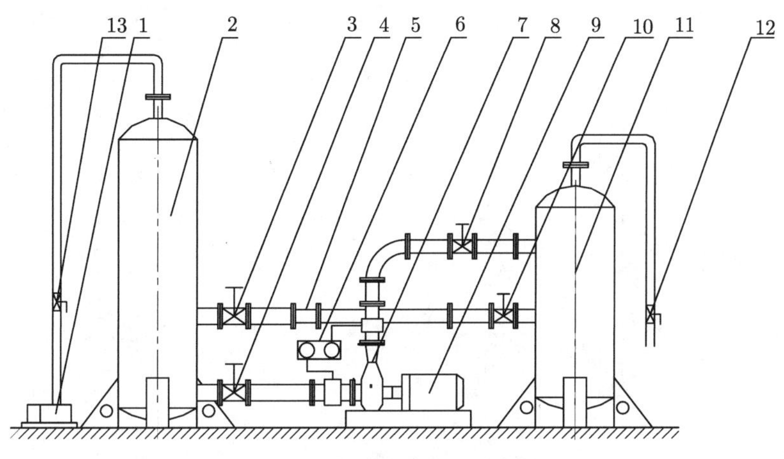

图 2-2 闭式实验装置示意图

1. 真空泵; 2. 空蚀筒; 3, 4, 8, 10. 蝶阀; 5. 涡轮流量计; 6. 压力变送器; 7. 模型泵; 9. 电机; 11. 稳压罐; 12, 13. 球阀

实验模型为一单级单吸离心泵，叶轮叶片数为 5，装配图如图 2-3 所示，叶轮和蜗壳的水力图如图 2-4 和图 2-5 所示。模型泵设计工况下的运行参数为：设计流量 Q_d=50m^3/h，扬程 H=30m，转速 n= 2900r/min。

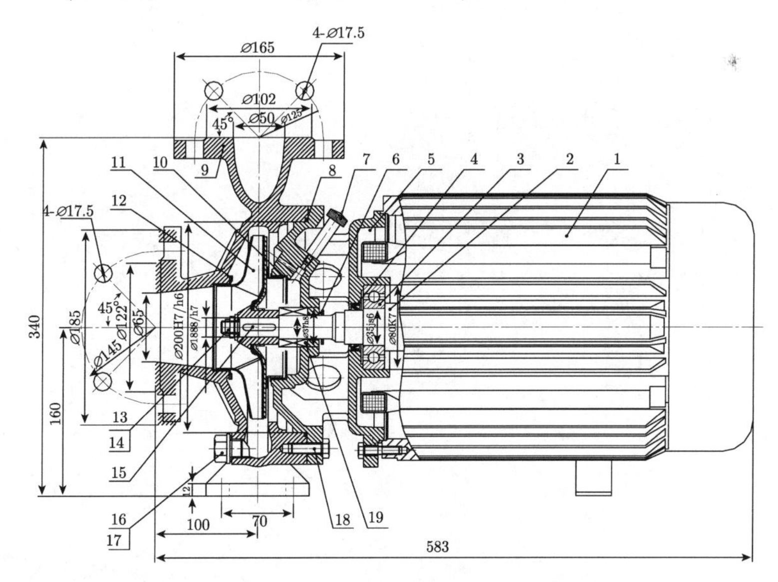

图 2-3 实验用泵的装配图 (单位: mm)

1. 电机；2. 轴伸；3. 轴承；4. 密封圈；5. 连接体；6. 挡水圈；7. 管堵；8.O 型圈；9. 泵体；10. 后密封环；11. 叶轮；12. 前密封环；13 螺母；14. 平垫；15. 键；16. 螺塞；17. 油圈；18. 螺栓；19. 机械密封

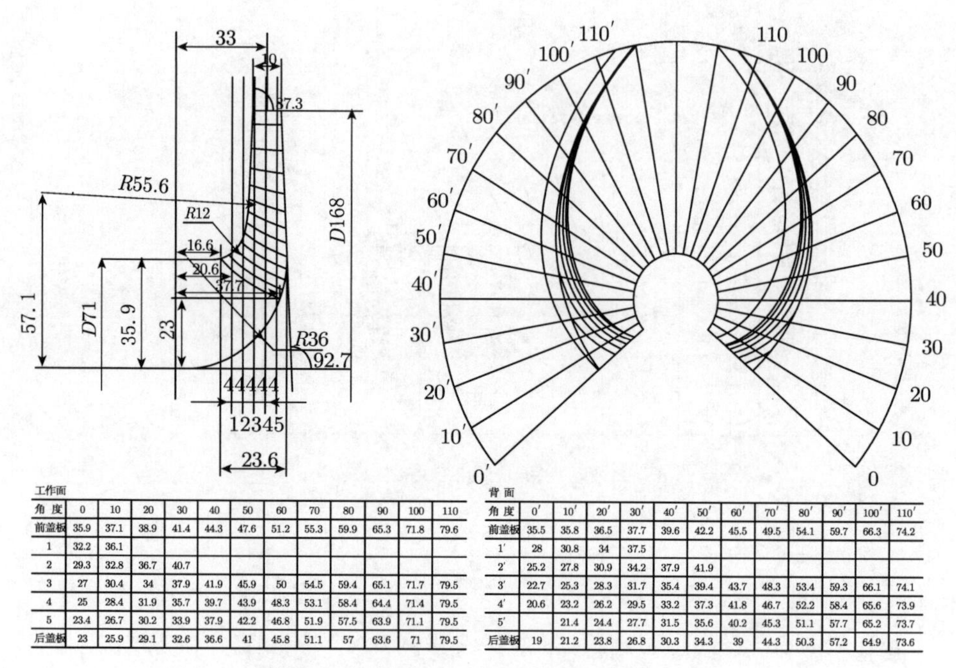

工作面

角 度	0	10	20	30	40	50	60	70	80	90	100	110
前盖板	35.9	37.1	38.9	41.4	44.3	47.6	51.2	55.3	59.9	65.3	71.8	79.6
1	32.2	36.1										
2	29.3	32.8	36.7	40.7								
3	27	30.4	34	37.9	41.9	45.9	50	54.5	59.4	65.1	71.7	79.5
4	25	28.4	31.9	35.7	39.7	43.9	48.3	53.1	58.4	64.4	71.4	79.5
5	23.4	26.7	30.2	33.9	37.9	42.2	46.8	51.9	57.5	63.9	71.1	79.5
后盖板	23	25.9	29.1	32.6	36.6	41	45.8	51.1	57	63.6	71	79.5

背 面

角 度	0′	10′	20′	30′	40′	50′	60′	70′	80′	90′	100′	110′
前盖板	35.5	35.8	36.5	37.7	39.6	42.2	45.5	49.5	54.1	59.7	66.3	74.2
1′	28	30.8	34	37.5								
2′	25.2	27.8	30.9	34.2	37.9	41.9						
3′	22.7	25.3	28.3	31.7	35.4	39.4	43.7	48.3	53.4	59.3	66.1	74.1
4′	20.6	23.2	26.2	29.5	33.2	37.3	41.8	46.7	52.2	58.4	65.6	73.9
5′		21.4	24.4	27.7	31.5	35.6	40.2	45.3	51.1	57.7	65.2	73.7
后盖板	19	21.2	23.8	26.8	30.3	34.3	39	44.3	50.3	57.2	64.9	73.6

图 2-4　实验用泵的叶轮水力图 (单位: mm)

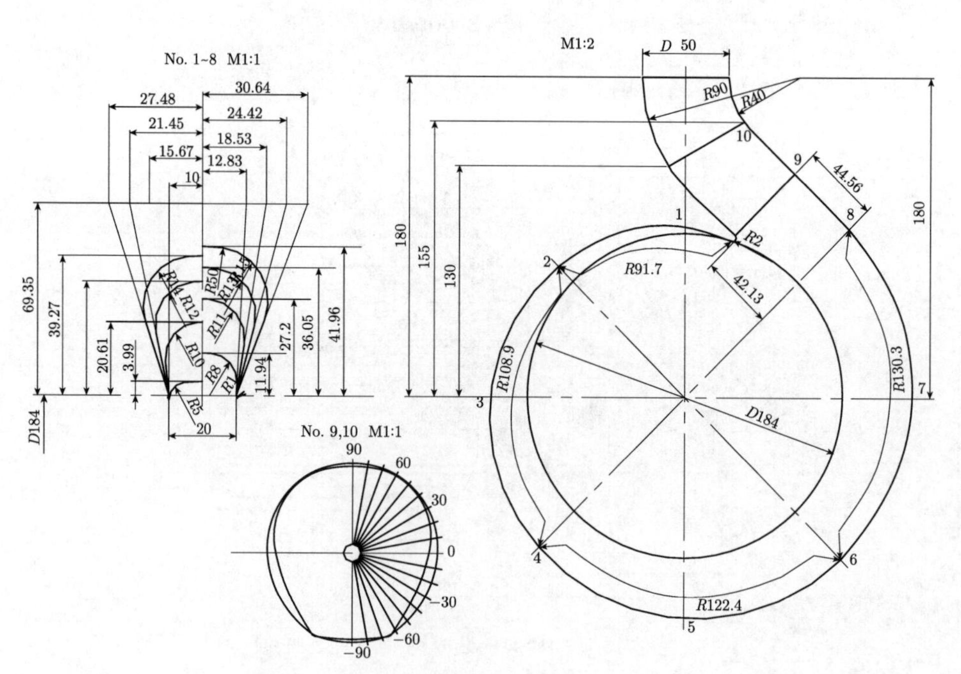

图 2-5　实验用泵的蜗壳水力图 (单位: mm)

2.1.2 数据采集系统

离心泵空化诱导振动噪声实验测试的数据采集系统包括振动噪声信号采集系统和泵参数智能测试系统两部分，实现了离心泵性能参数与振动噪声、压力脉动信号的同步采集，提高了实验测试的准确性。

1. 振动噪声信号采集系统

虚拟仪器技术由于具有性能高、扩展性强和开发时间少等优势而得到广泛应用[2,3]。采用美国 NI 有限公司的 PXI-4472B 动态信号采集模板来采集离心泵内部空化诱导的振动和噪声信号，振动信号和噪声信号分别用加速度传感器和水听器来测量，进出口的压力脉动信号采用 PXI-6251 多功能信号采集卡来采集，压力脉动信号采用压力传感器来测量。各传感器的输出信号通过采集模板硬件转换输入虚拟仪器驱动程序中，应用 LabVIEW 中的 DAQ Assistant 功能实现振动噪声信号的显示和采集[4]。LabVIEW 程序框图和信号采集前面板如图 2-6～图 2-9 所示，NI 虚拟仪器的控制器及信号采集卡如图 2-10 所示。

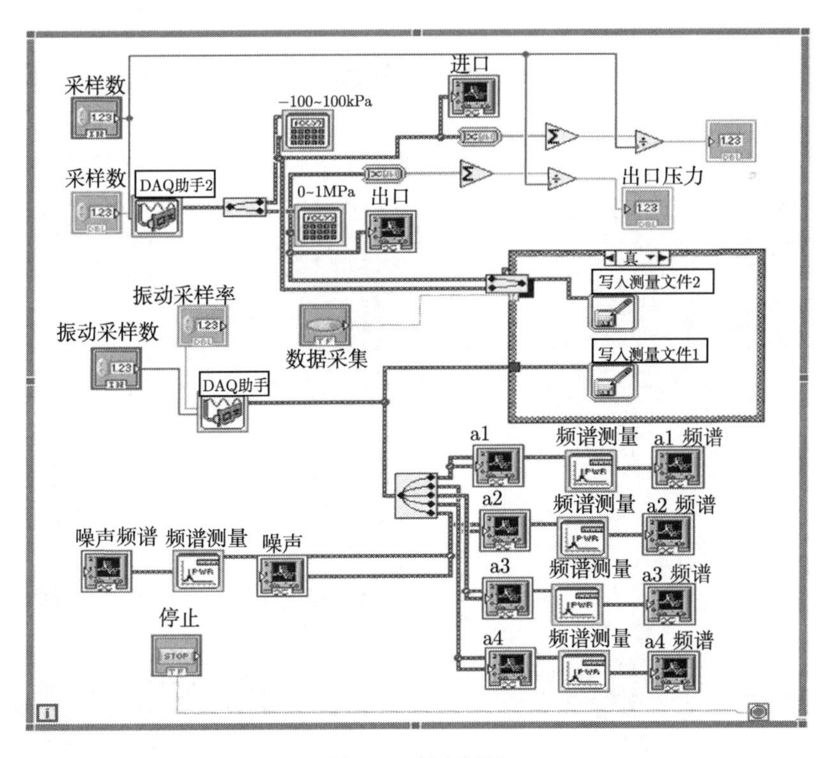

图 2-6 程序框图

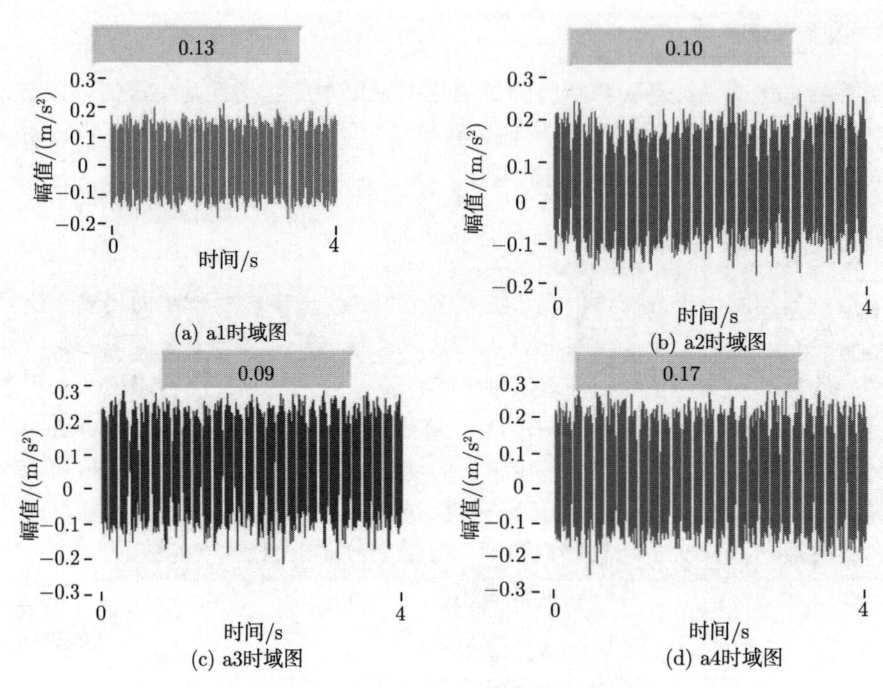

图 2-7　振动信号数据采集前面板

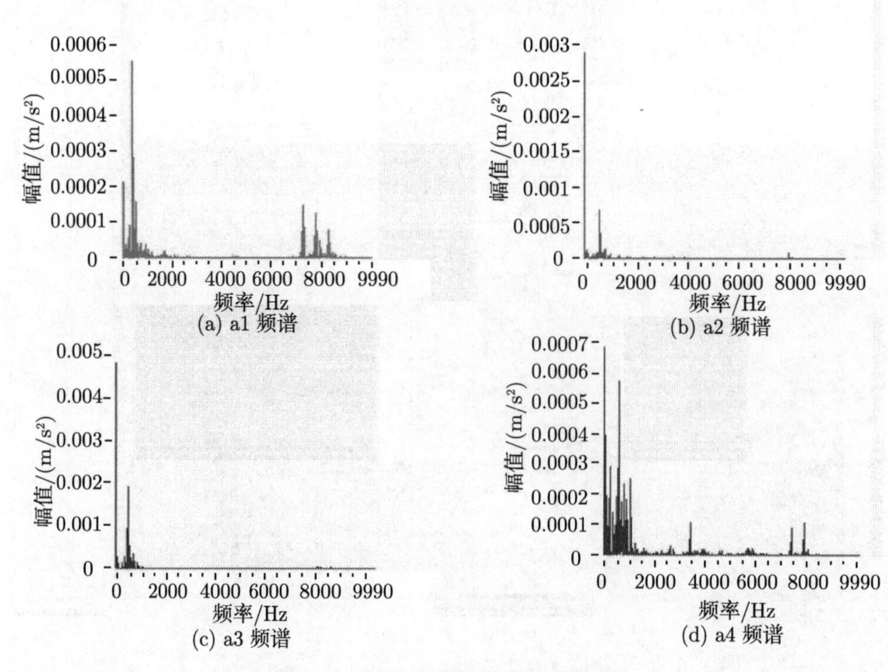

图 2-8　振动信号频域分析前面板

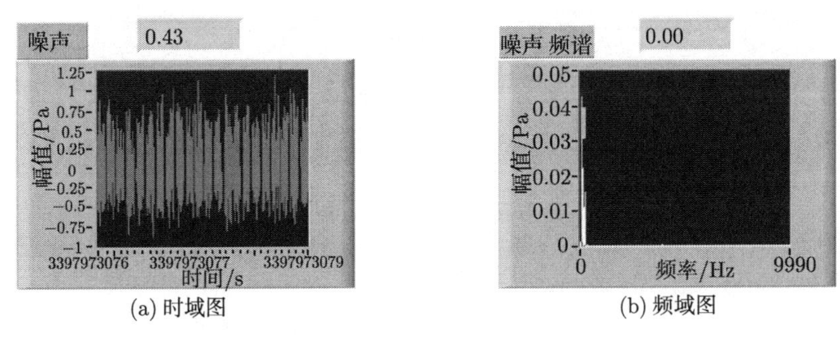

(a) 时域图 (b) 频域图

图 2-9 噪声信号时频域分析前面板

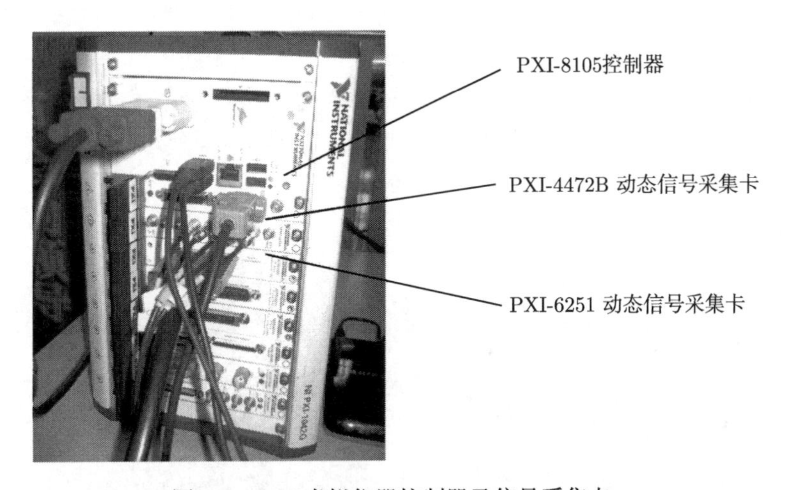

图 2-10 NI 虚拟仪器控制器及信号采集卡

1) 水听器

目前水听器的安装方式一般分为三种[5]：

(1) 内置式安装。将水听器直接固定于管路的流场中来测量管内的诱导噪声。这种测量方法会因水听器表面上的湍流区脉动压力而产生“伪声”，从而形成强烈的背景噪声，产生较大的测量误差。

(2) 齐平式安装。将水听器直接安装在管壁上，使传感器探头与测压点周围的壁面处于“齐平”的状态，直接测量管内的噪声信号。

(3) 管道-容腔式结构。即用连接管道和容腔构成的压力传输系统来测量管内的噪声信号；此压力测量系统的固有频率随传压管与容腔体积增大而减小，而随传压管面积的增大而增大，因此将减小测量噪声的频率范围。

本书采用齐平式安装，这样可以不干扰离心泵内的流动，较准确地测量离心泵内的噪声信号。水听器的测点位于泵出口 4 倍管径位置处。水听器的型号为 ST70，其特点为无方向性、耐水浸蚀，详细参数如表 2-1 所示。

表 2-1　ST70 水听器参数

项目	参数
型号	ST70
使用频率范围	50Hz~70kHz
元件材料/直径	PZT/15mm
元件高度	18mm
元件结构形式	“O”型
接收声压灵敏度	−204dB(re.1V/μPa)
自由电容 C	$4.2(1 \pm 15\%)$μF
外壳材料	不锈钢
声窗材料	聚氨酯

2) 加速度传感器

加速度传感器为美国 PBC 公司的产品，型号为 MA352A60，使用频率范围为 5Hz~70kHz，该传感器具有测量范围宽、体积小、重量轻和易安装等特点。采用 4 个加速度传感器测量离心泵内部空化诱导的振动信号，分别安装在泵体、进出口法兰及泵脚上，具体安放位置如图 2-11 所示。

图 2-11　加速度传感器测点位置

3) 高频压力传感器

高频压力传感器的型号为 CYG1401，该传感器为无管腔齐平结构，精度为 ±0.2%，输出信号为 4~20mA 标准电流，具有分辨率高、静态性能及动态响应能力优越的特点。进出口压力传感器的量程分别为：−100~100kPa 和 0~1MPa。

4) 信号采样频率

要使连续信号采样后得到的离散信号保留原信号的主要特征，既没有干扰，也不失真，就要选择合适的采样频率，采样频率过高，意味着对一定时间长度的波形抽取较多的离散数据，占用存储空间大、运算时间长，并且对信号进行傅里叶变化时，会导致频率分辨率下降。采样频率过低，则离散的时域信号可能不足以反映原来连续信号的波形特征，发生频率混淆现象。根据奈奎斯特采样定理，采样频率 f_s 必须高于信号最大频率 f_m 的 2 倍，即

$$f_s \geqslant 2f_m \tag{2-1}$$

在实际应用时，一般取采样频率为信号最高有用频率的 3~4 倍[6]，根据振动噪声和压力脉动的测试范围确定采集模块的采样时间间隔和采样数，振动噪声信号的采样时间间隔 $\Delta t=0.5\times10^{-5}$s，采样频率 f_s=20000Hz，采样数 N=2000；压力脉动信号的采样时间间隔 $\Delta t=0.5\times10^{-4}$s，采样频率 f_s=2000Hz，采样数 N=200。

2. 泵参数智能测试系统

模型泵和电机的测量参数由江苏大学自主开发的泵参数综合测量仪系统进行数据采集，并通过自带的测试分析软件进行数据处理，计算得到泵额定转速下的流量、扬程和效率。测量参数包括模型泵的进出口压力、流量和转速，以及电机的电压、电流和功率 7 个参数，泵参数智能测试系统示意图如图 2-12 所示。

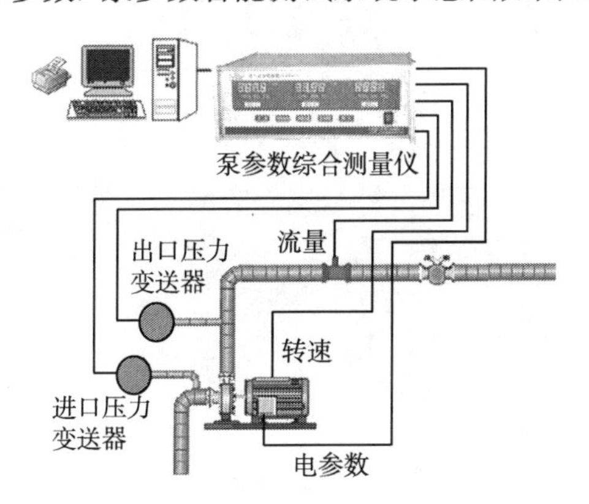

图 2-12 泵参数智能测试系统示意图

进出口压力变送器的量程分别为 −100~100kPa 和 0~600kPa。涡轮流量计的型号为 LW–80，流量计系数为 11.1346。

2.2 实验方案与实验步骤

2.2.1 实验方案

选择 $0.7Q_d$、$0.9Q_d$、$1.0Q_d$、$1.2Q_d$ 和 $1.3Q_d$ 五个工况，对各工况下不同空化余

量 NPSHa时模型泵的振动、噪声信号进行测量，并进行对比分析。

2.2.2 实验步骤

第一步：打开模型泵进口管路上的蝶阀，关闭泵出口蝶阀，闭阀启动模型泵，然后调节泵出口蝶阀，增加泵的流量，保证在 0~1.3Q_{d} 流量之间均匀布置 10 个以上的测点，待每个测点运行稳定后，采集泵的参数和振动、噪声信号。

第二步：调节泵出口蝶阀，使泵运行在设计流量工况下，启动真空泵，降低空蚀筒内压力，逐渐减少装置 NPSHa，并使得 NPSHa 测点在 8 个以上，在整个实验过程中保证泵的运行流量保持不变。待泵在不同 NPSHa 测点下运行稳定后，采集模型泵的参数和振动、噪声信号。

第三步：调节泵出口蝶阀，使泵运行在其他指定工况 (0.7Q_{d}、0.9Q_{d}、1.2Q_{d} 和 1.3Q_{d}) 下，重复第二步，进行非设计工况下不同空化状态时模型泵振动、噪声信号测量。

2.3 实验结果及分析

2.3.1 空化性能

图 2-13 为离心泵不同流量 (0.7Q_{d}、0.9Q_{d}、1.0Q_{d}、1.2Q_{d} 和 1.3Q_{d}) 下的空化性能曲线。从图 2-13 中可以看出，当 NPSHa 较大时，泵内无空化产生，泵的能量特性不受影响，扬程保持不变；随着 NPSHa 的逐步降低，泵内的空化程度将逐步恶化，导致泵的扬程下降。随着流量的增加，泵的扬程依次减小，空化性能逐渐变差。根据水力协会标准，取扬程下降 3%时所对应的 NPSHa 为泵的必需空化余量 NPSHr，则 0.7Q_{d}、0.9Q_{d}、1.0Q_{d}、1.2Q_{d} 和 1.3Q_{d} 的 NPSHr 分别为 1.93m、2.79m、3.41m、4.86m 和 5.84m。

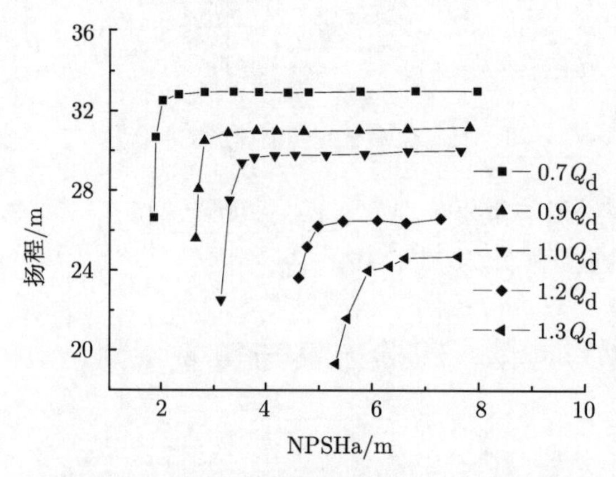

图 2-13 离心泵不同流量下的空化性能曲线

2.3.2 空化诱导振动特性

取振动加速度信号的均方根值 T 来表征振动信号的平均能量，则均方根值 T 的表达式为[6]

$$T=\sqrt{\frac{1}{N}\sum_{k=1}^{N}X_k^2} \tag{2-2}$$

式中，X_k 为振动信号的测量值，$k=1,2,\cdots,N$。

图 2-14 为实验泵在不同流量下各测点振动信号的均方根值 T 随 NPSHa 的变化曲线图。

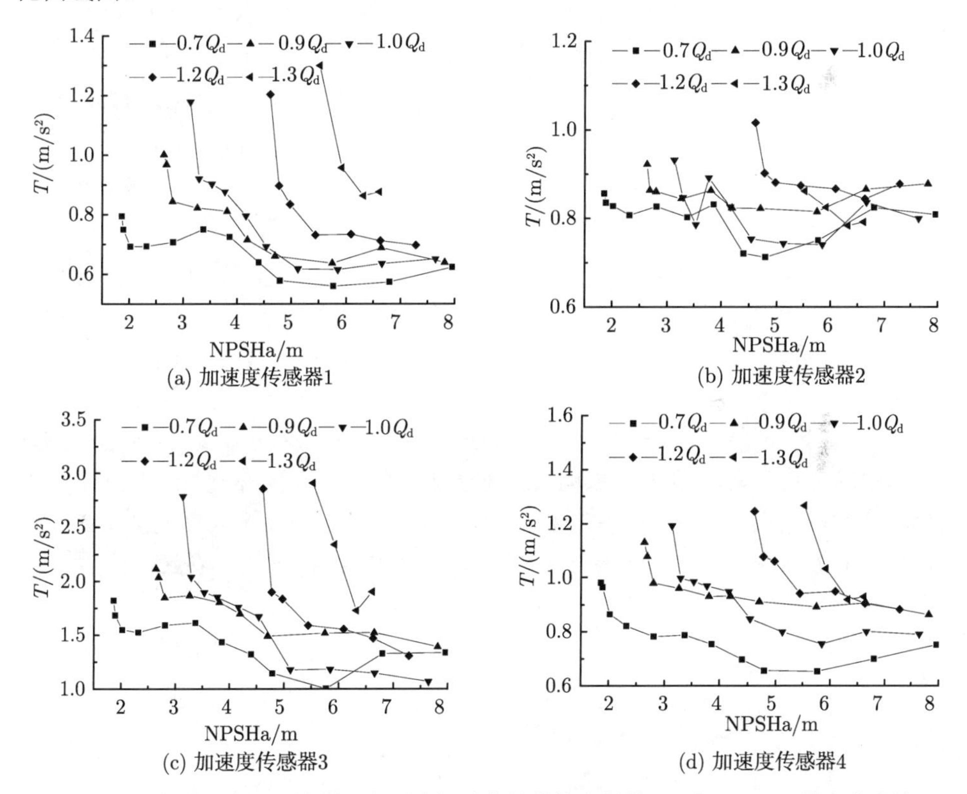

(a) 加速度传感器1　(b) 加速度传感器2　(c) 加速度传感器3　(d) 加速度传感器4

图 2-14 实验泵在不同流量下各测点振动信号的均方根值 T 随 NPSHa 的变化曲线

从图 2-14 中可以看出，不同流量下，4 个加速度传感器位置处的振动强度基本呈现随 NPSHa 的减少先保持微小波动再逐步上升的趋势。这是因为随着 NPSHa 的下降，泵内的空化程度逐步加剧，开始无空化产生，然后产生少量空泡，最后空化严重并影响泵的外特性。因此，根据图 2-14 中振动强度的变化规律，基本可以推断出泵在不同流量下运行时，其振动强度开始增加时的 NPSHa 即其初始空化余量。以设计流量为例，当 NPSHa 大于 5.12m 时振动能量基本保持不变，说明此时泵内无空泡产生，泵的振动不受影响；当 NPSHa 从 5.12m 下降到 3.53m 时，泵的振动能量增加，说明泵内发生空化，空泡的溃灭开始诱导泵体振动，但这些工况的振动能量相差不大；当 NPSHa 小于 3.53m 时，泵的振动能量增加明显，这是由于此时泵内的空化程度相当大，泵的扬程已开始显著下降。由此可以推断出 NPSHa 等于 5.12m 为实验泵的初始空化余量。

另外，除测量轴向振动的加速度传感器 2，其余加速度传感器上测得的振动强度均具有一定的规律性，即随着流量的增加泵的振动强度增大。4 个加速度传感器中，加速度传感器 3 处振动最为剧烈，相同流量下的振动强度均高于其他 3 个加速度传感器测得的振动强度，这主要是由于加速度传感器 3 的位置在泵蜗壳第八断面处，距离泵内空泡溃灭的位置较近，受空化影响较大。

为进一步分析实验泵在不同 NPSHa 工况下运行时，空化诱导振动特性的频谱特征，对实验泵在设计流量下运行时，NPSHa 分别为 7.65m、3.77m 和 3.29m 三个工况下加速度传感器 1~3 测得的振动信号进行频域分析。图 2-15 为实验泵在设计流量下不同NPSHa 时加速度传感器测得的振动信号的功率谱密度 (power spectral density, PSD) 图。

从图 2-15 中可以看出，加速度传感器 2 处的振动以轴频及其倍频为主，随着空化程度的加剧，在 3000~5000Hz 频段内的振动加剧，并在 1700Hz 和 2900Hz 附近出现高能量峰值。加速度传感器 3 上的振动信号遍布整个频段，振动信号较强，随着 NPSHa 的下降，高频段 (3000~5000Hz) 的振动能量明显增加，说明空化的发展会引起该方向高频率段上的振动；加速度传感器 1 的振动信号相对较弱，随着空化程度的增加振动信号主要集中在 0~2000Hz。由以上分析可知，空化的加剧对进口部分的振动影响很小，对出口的影响次之，对泵体部分的影响最大。信号的频率变化对于泵空化振动噪声的有源控制具有重要的指导意义。

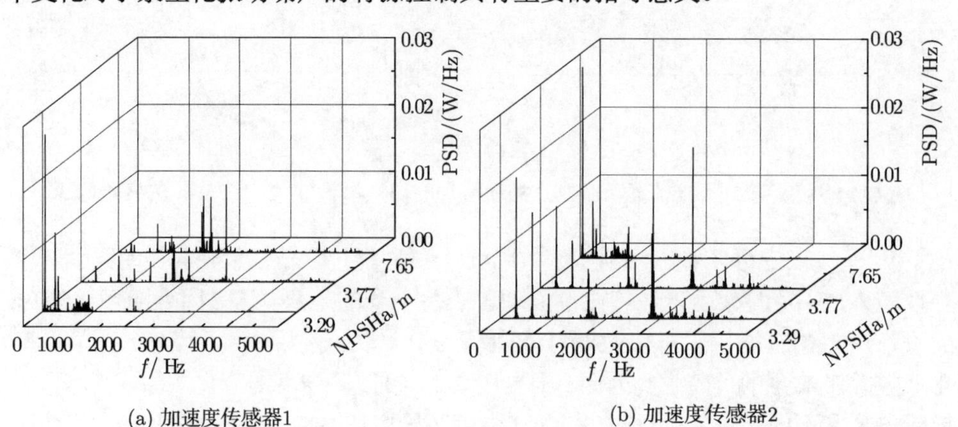

(a) 加速度传感器1　　(b) 加速度传感器2

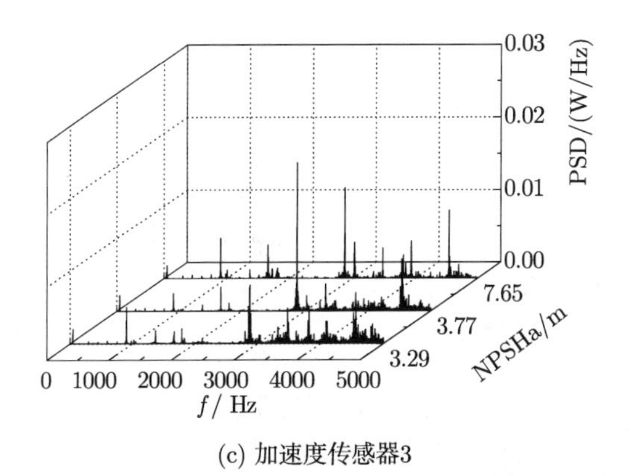

(c) 加速度传感器3

图 2-15 实验泵在设计流量下不同 NPSHa 时加速度传感器测得的振动信号的功率谱密度图

2.3.3 空化诱导噪声特性

在水声测量分析时，为了方便，往往将声压等量取对数转换成声压级 L_p，声压级 L_p 的计算公式如下[7]：

$$L_\mathrm{p}=10\lg\frac{p^2}{p_0^2}=20\lg\frac{p}{p_0} \tag{2-3}$$

式中，p 为声压的有效值；p_0 为基准声压，在水中的基准声压为 10^{-6}Pa。

图 2-16 为水听器测得的噪声信号的声压级随 NPSHa 的变化曲线。从图 2-16 中可以看出，不同流量工况下声压级随 NPSHa 下降的变化规律基本一致，开始保持在一定声压级下，然后随 NPSHa 的进一步下降而显著增加，这与泵振动强度的变化规律类似，说明空化诱导振动和噪声具有一定的内在联系。当 NPSHa 较大时，5 个流量工况下的噪声声压级接近，随着 NPSHa 的下降，声压级随流量的增加而明显增大。设计工况下随着泵内空化程度的加剧，声压级从 84dB 增加到 90dB。

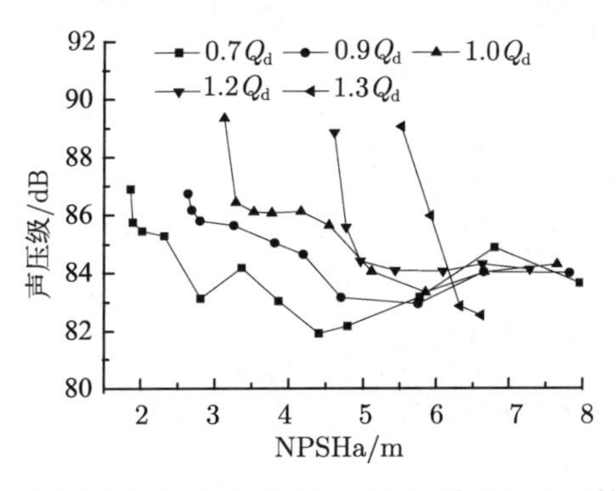

图 2-16 水听器测得的噪声信号的声压级随 NPSHa 的变化曲线

为进一步分析模型泵在不同 NPSHa 工况下运行时，空化诱导噪声特性的频谱特征，对实验泵在设计流量下运行时，NPSHa 分别为 7.65m、3.77m 和 3.29m 三个工况下水听器测得的噪声信号进行频域分析。图 2-17 为实验泵在设计流量下不同 NPSHa 时水听器测得的噪声信号的功率谱密度图。从图 2-17 中可以看出，噪声信号主要集中在 0~1000Hz 频率段内，轴频和叶频是引起模型泵离散噪声的主要原因。随着泵空化程度的加剧，在 500~1000Hz 频率段内的噪声信号发生明显变化，呈现能量先减少后增加的变化趋势。

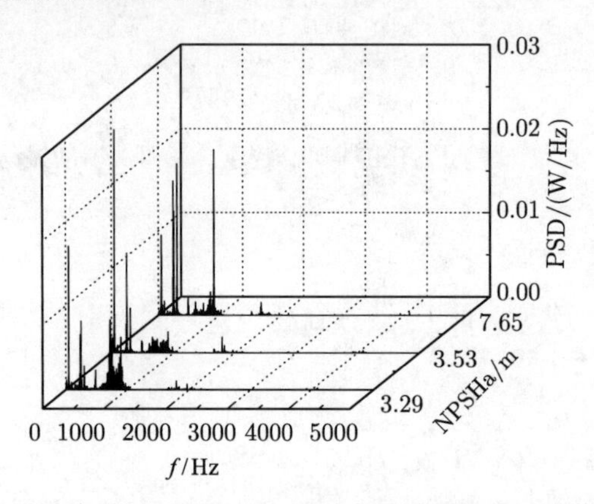

图 2-17　实验泵在设计流量下不同 NPSHa 时水听器测得的噪声信号的功率谱密度图

参 考 文 献

[1] 王勇，刘厚林，袁寿其，等. 离心泵非设计工况空化振动噪声的试验测试 [J]. 农业工程学报，2012，28(2): 35-38.

[2] 张京开. 基于虚拟仪器的绿篱机手柄三维振动测试 [J]. 农业工程学报，2010，26(4): 127-133.

[3] 尹慧敏，吴文福，付瑶，等. 基于虚拟仪器的谷物成分近红外检测仪设计与试验 [J]. 农业机械学报，2010，41(5)：115-119.

[4] 陈锡辉，张银鸿. LabVIEW8.20 程序设计从入门到精通 [M]. 北京：清华大学出版社，2007.

[5] 王勇. 离心泵空化及其诱导振动噪声研究 [D]. 镇江: 江苏大学，2011.

[6] 王济，胡晓. MATLAB 在振动信号处理中的应用 [M]. 北京：中国水力水电出版社，2006.

[7] 司乔瑞，袁寿其，袁建平，等. 基于 CFD/CA 的离心泵流动诱导噪声数值预测 [J]. 机械工程学报，2013，49(22): 177-184.

第3章　叶轮主要几何参数对离心泵空化特性的影响

根据离心泵空化的基本理论，叶轮的进口几何参数和叶片数等对离心泵的空化性能有着重要的影响，本章采用神经网络的方法建立离心泵几何参数与空化性能之间的关系。基于第 2 章建立的离心泵实验测试系统研究叶片数、叶片进口冲角和包角对离心泵空化特性的影响。

3.1　基于神经网络的离心泵空化性能预测模型

人工神经网络(artificial neural network，ANN) 也称为神经网络 (neural network，NN)，是由大量处理单元广泛互连而成的复杂网络，是对人脑的抽象、简化和模拟，反映人脑的基本特性。人工神经网络是在现代神经科学研究成果的基础上提出的，试图通过模拟大脑神经网络的功能及结构的若干基本特征，利用大量非线性并行处理关系模拟众多的人脑神经元，对输入进行处理，它是根植于神经科学、数学、统计学、物理学、计算机科学及工程等学科的一种技术[1−3]。

神经网络的模型多种多样，它们是从不同角度对生物神经系统不同层次的抽象和模拟。从功能特性和学习特性来分，典型的神经网络模型主要有感知器、线性神经网络、后向传递 (BP) 网络、径向基函数 (RBF) 网络、自组织映射网络和反馈神经网络等。一般来说，当神经元的模型确定之后，一个神经网络的特性及其功能主要取决于网络的拓扑结构及学习方法。从网络拓扑结构角度来看，神经网络可以分为前向网络、从输出到输入有反馈的前向网络、层内互连前向网络和互连网络 4 种基本形式。本章主要采用改进算法的 BP 网络和 RBF 网络来建立离心泵设计工况下的空化性能预测模型。

3.1.1　网络结构的确定

网络输入层和隐含层节点数对网络性能具有较大影响，但通常输入层节点数为样本变量个数。而隐含层节点数若选取得太多，网络训练时间长；若太少，误差精度又达不到要求。理论上已经证明：在不限制隐含层节点数的情况下，只有一个隐含层的 BP 网络可以实现任意非线性映射[4,5]。因此，BP 网络离心泵空化预测模型选用三层结构，输入层和隐含层采用 tansig 作为激活函数，输出层采用线性函数 purelin 作为激活函数。RBF 网络为三层结构，输入层和隐含层采用高斯函数 radbas 作为激活函数，输出层采用线性函数 purelin 作为激活函数。根据空化的基本理论，选取影响泵空化余量的几个叶轮几何参数和设计点流量作为网络的输入变量，其中叶轮的几何参数包括叶轮进口直径 D_j、叶片进口宽度 b_1、叶轮进口部分前盖板的曲率半径 R_1、叶片进口冲角 $\Delta\beta$ 和叶片数 z。需要说明的是，叶片进口的位置和形状对离心泵的空化性能影响也很大，但是无法用量值进行表示，故本书暂时没有考虑。对于转速，目前收集到的样本中主要是 2900r/min 和 1450r/min，经过对网络的反复实验发现两种网络对转速的变化都不敏感，因而在输入模式中去除转速，但是输入模式中的流量、叶轮进口直径等参数也能间接体现转速的影响。因此，确定 BP 网络和 RBF 网络的输入层神经元数目为 6，输出层神经元数目为 1，即泵的必需空化余量。BP 网络隐含层神经元数目的确定，采用实验试凑的方法 [6]，经过比较最终确定为 16 个神经元，最后网络的结构为 6-16-1 三层结构，如图 3-1 所示。

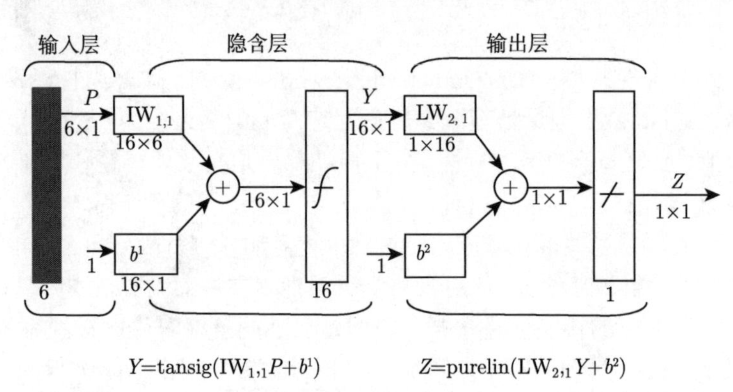

图 3-1　BP 网络结构图

RBF 网络隐含层神经元的数量为训练网络的迭代次数，网络每迭代一次，神经元数目增加一个，RBF 网络的结构如图 3-2 所示。

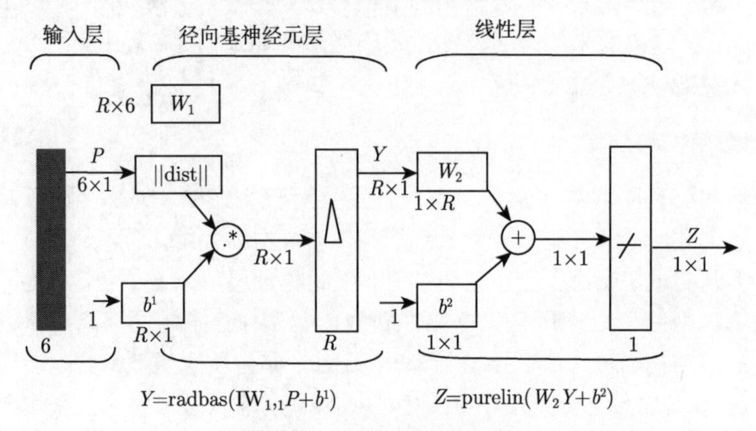

图 3-2　RBF 网络结构图

3.1.2 训练样本及其归一化处理

样本的质量、数量和代表性严重影响网络的泛化能力，训练样本越多，系统提供的信息越多，网络对系统的拟合程度越高，网络经学习和训练后对系统的模拟程度就越强，因此训练样本的选取十分重要。本书选用的样本来源于工程实践，数据准确，代表性较强。样本由泵的实验数据和设计参数组成，共 63 组。将这些样本分成两部分，一部分用于训练网络，剩余的用于检验网络，其中训练样本选取 57 组 (随机抽取)，如表 3-1 所示，用剩下的 6 组样本 (非训练样本) 来检验网络的泛化能力。

表 3-1 BP 网络训练样本数据

序号	$Q/(\mathrm{m}^3/\mathrm{h})$	z	$\Delta\beta/(°)$	b_1 /mm	R_1 /mm	D_j/mm	NPSHr/m
1	36.2	5	11	27.4	18	88	2.40
2	44.9	4	11	31.2	21	65	2.76
3	23.3	4	11	23.8	20.5	45	1.73
4	32.4	5	11	21.9	14	65	2.60
5	20.4	5	10	22.8	18	48	1.59
6	20.3	4	10	24.5	20	45	1.58
7	24.8	5	10	21.3	20	50	3.50
8	20.0	6	10	14.2	15	52	2.80
9	37.2	5	10	24.8	23.5	54	2.38
10	45.7	6	9	27.0	23	56	2.73
11	32.4	6	9	24.3	20	52	2.17
12	46.2	5	9	24.3	12	71	2.75
13	45.7	6	8	27.6	11	76	2.00
14	280.0	6	7	32.3	35	160	4.40
15	187.4	6	7	55.1	29	132	2.78
16	43.2	6	7	25.7	9	73	2.60
17	219.6	6	6	50.9	25	114	4.20
18	317.5	6	5	54.9	28	160	3.95
19	162.5	6	5	57.2	29	132	1.65
20	93.6	6	5	40.1	20	86	2.84
21	285.0	6	3	68.3	34	157	3.79
22	400.0	5	2	99.3	34	188	3.60
23	12.5	6	9	20.1	12	48	2.20
24	12.5	7	10	19.3	12	50	1.00
25	12.5	6	11	19.4	12	48	1.25
26	12.5	5	11	21.8	12	50	1.20
27	25.0	6	8	24.2	16	65	3.00
28	25.0	6	10	20.8	16	65	1.35
29	25.0	5	11	26.9	16	65	3.70
30	25.0	4	11	28.7	16	65	2.00

续表

序号	$Q/(\mathrm{m}^3/\mathrm{h})$	z	$\Delta\beta/(°)$	b_1 /mm	R_1 /mm	D_j/mm	NPSHr/m
31	50.0	6	7	30.3	19	76	2.85
32	50.0	4	8	32.6	19	76	2.30
33	50.0	6	9	29.5	18	75	2.25
34	50.0	7	10	29.8	20	80	1.75
35	100.0	6	4	44.1	22	89	4.00
36	100.0	6	7	38.7	22	90	3.30
37	100.0	6	8	39.1	23	100	3.28
38	100.0	6	9	39.9	25	102	3.58
39	200.0	6	7	54.0	31	125	4.00
40	200.0	5	8	54.2	31	125	3.70
41	200.0	6	9	46.6	31	125	4.00
42	200.0	5	9	53.4	31	125	2.70
43	200.0	6	7	65.9	37	150	2.55
44	200.0	6	8	56.6	37	150	3.80
45	200.0	5	9	63.3	37	150	2.60
46	400.0	7	4	59.3	43	172	2.95
47	400.0	7	7	71.1	47	190	2.80
48	400.0	7	8	100.3	43	175	3.25
49	25.1	4	10	21.2	11	45	1.83
50	32.9	6	10	25.3	15	60	2.19
51	32.7	5	10	24.1	13	54	2.18
52	30.0	6	9	26.9	13	55	2.06
53	54.3	5	8	26.9	17	71	3.06
54	60.8	6	8	30.5	17	70	3.30
55	64.9	6	5	34.1	18	72	3.45
56	99.8	6	4	43.4	23	92	4.60
57	442.4	6	2	68.7	22	195	4.92

由于样本数据变化范围大、量纲不同，而对神经网络来说输入和输出应限制在一定范围内，使比较大的输入仍落在神经元转化函数梯度大的地方，这样可以加快网络的训练速度，并使网络训练更加有效，所以对样本进行归一化处理。在 MATLAB7.0 中使用工具箱函数 premnmx 将训练样本的数据进行归一化，归一化后的数据将分布在 $-1\sim1$，对于检验网络样本的归一化则使用 tramnmx 函数，最后使用 postmnmx 函数恢复归一化的数据[7]。

3.1.3 预测模型的建立和训练

根据以上各网络参数的确定，基于 MATLAB7.0 使用工具箱中 newff 函数建立 BP 网络。训练函数采用基于 L-M 训练法的 trainlm 函数，能降低网络对于误差曲面局部细节的敏感性，有效地抑制网络陷入局部极小，并能提高网络的收敛速度和泛化能力[8]。应用 train 函数对建立好的 BP 网络进行训练，训练参数设置为：训练步数为 300，学习效率为 0.04，网络的目标误差为 10^{-3}，则 BP 网络 M 文件的源代码如下：

```
Swatch = [36.2 44.9 23.2 32.4 20.4 20.3 24.7 20.0 37.2 45.7 ···
          32.4 46.2 45.7 280 187.4 43.2 219.6 317.5 162.5 93.6 ···
          285 400 12.5 12.5 12.5 12.5 25 25 25 25 ···
          50 50 50 50 100 100 100 100 200 200 ···
          200 200 200 400 400 25.09 32.9 30 54.3 60.8 ···
          64.9 99.8 442.4 50 200 200 400 32.7; ···
          5 4 4 5 5 4 5 6 5 6 ···
          6 5 6 6 6 6 6 6 6 6 ···
          6 5 6 7 6 5 6 6 5 4 ···
          6 4 6 7 6 6 6 6 6 6 ···
          5 6 5 7 7 4 6 6 5 6 ···
          6 6 6 5 5 6 7 5;...
          11 11 11 11 10 10 10 10 10 9 ···
          9 9 8 7 7 7 6 5 5 5 ···
          3 2 9 10 11 11 8 10 11 11  ···
          7 8 9 10 4 7 8 9 7 9 ···
          9 8 9 7 8 10 10 9 8 8 ···
          5 4 2 11 8 7 4 10; ···
          27.4 31.2 23.8 21.9 22.8 24.5 21.3 14.2 24.8 27.0 ···
          24.3 24.3 27.6 32.3 55.1 25.7 50.9 54.9 57.2 40.1 ···
          68.3 99.3 20.1 19.3 19.4 21.8 24.2 20.8 26.9 28.7 ···
          30.3 32.6 29.5 29.8 44.1 38.7 39.1 39.9 54 46.6 ···
          53.4 56.6 63.3 71.1 100.3 21.2 25.3 26.9 26.9 30.5 ···
          34.1 43.4 68.7 31.7 54.2 65.9 59.3 24.1; ···
          18 2 20.5 14 2 20 2 15 23.5 23 ···
          20 12 11 35 29 9 25 28 29 20 ···
          34 34 12 12 12 12 16 16 16 16 ···
          19 19 18 20 22 22 23 25 31 31 ···
          31 37 37 47 43 11 15 13 17 17 ···
          18 23 22 20 31 37 43 13; ···
          88 65 45 65 48 45 50 52 54 56 ···
          52 71 76 160 132 73 114 160 132 86 ···
```

```
        157 188 48 50 48 50 65 65 65 65 ···
        76 76 75 80 89 90 100 102 125 125 ···
        125 150 150 190 175 45 60 55 71 70 ···
        70 92 195 80 125 150 172 54];
net =newff(minmax(Swatch),[16,1],{'tansig','purelin'},
    'trainlm');
net.layers{1}.initFcn = 'initwb';
net.inputWeights{1,1}.initFcn = 'rands';
net.biases{1,1}.initFcn = 'rands';
net.biases{2,1}.initFcn = 'rands';
net = init(net);
net.trainParam.show = 25;
net.trainParam.epochs = 300;
net.trainParam.lr = 0.04;
net.trainParam.goal = 0.001;
[SwatchCH,minp,maxp,ObjectCH,mint,maxt]=premnmx(Swatch,Object);
net = train(net,SwatchCH , ObjectCH);
an=sim(net, SwatchCH);
a = postmnmx(an,mint,maxt)
```

经过 27 步的训练，网络性能达到要求，误差变化曲线如图 3-3 所示。

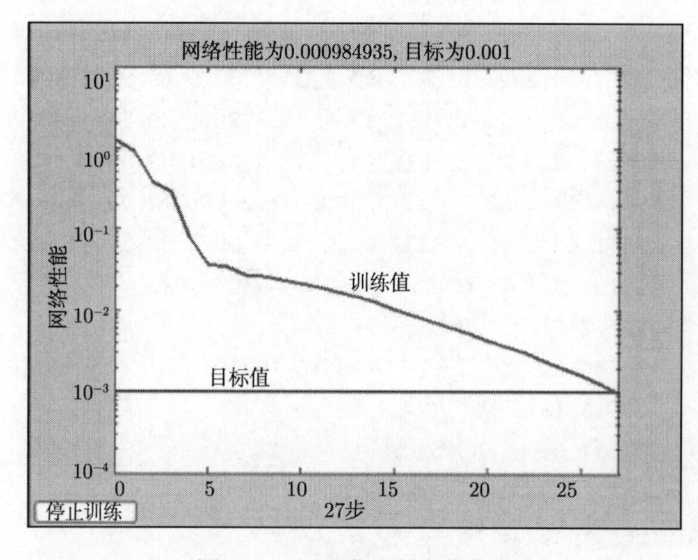

图 3-3　BP 网络误差变化曲线

BP 网络训练好之后就可以得到网络相应的权值矩阵和阈值矩阵如下：

$$
\mathrm{IW}\{1,1\} = \begin{bmatrix}
-1.5303 & -0.6517 & 0.4902 & -1.7414 & 0.9976 & -1.7425 \\
0.0167 & 2.6308 & -2.4537 & 0.4973 & 2.2915 & -0.1107 \\
-0.2918 & -1.1930 & 0.5400 & -1.0056 & -1.9967 & -0.9305 \\
-2.4394 & -1.1672 & -2.2346 & 4.3966 & 3.2397 & -2.4657 \\
0.1786 & 1.5057 & 3.3989 & 3.9436 & -0.8055 & 0.5686 \\
0.2877 & 0.5209 & -1.2440 & 1.1302 & -1.2158 & -0.3554 \\
-0.0703 & 0.8529 & -1.4663 & -0.5430 & 0.1839 & 2.1999 \\
0.1671 & 0.6074 & -0.4242 & 0.0900 & -1.0387 & 1.0449 \\
1.4427 & 0.6243 & -0.9655 & 0.0442 & 1.3088 & 0.3332 \\
0.5629 & -0.9871 & 1.7145 & -0.6094 & -0.6916 & -0.8557 \\
-1.0214 & 0.2953 & 0.3759 & 0.9425 & -0.2212 & -0.7014 \\
-0.0303 & 1.3706 & 0.5052 & -0.4892 & -0.7251 & 0.3122 \\
-1.5234 & -2.4447 & -0.5956 & 1.7933 & -1.7102 & -1.0451 \\
-0.8921 & 1.1052 & 0.8959 & -0.9571 & -0.7180 & -0.4127 \\
-0.3378 & -4.1254 & -2.3959 & -0.5197 & -2.6483 & -1.1678 \\
2.6704 & 0.8426 & 2.3321 & 0.2623 & -0.1200 & 1.3560
\end{bmatrix},
$$

$$
b\{1\} = \begin{bmatrix}
0.1258 \\ 1.9157 \\ -3.1084 \\ 3.7316 \\ 1.8424 \\ -1.0034 \\ 0.8632 \\ -0.4040 \\ -0.4875 \\ 1.6394 \\ 0.7760 \\ -0.6070 \\ -1.3946 \\ -0.9172 \\ -1.0496 \\ 2.5199
\end{bmatrix}
$$

$\mathrm{LW}\{2,1\} = [1.7225\ 1.2061\ 2.8921\ 2.1650\ -3.1792\ 0.4279 - 1.2310\ 0.3473$

1.3782 0.8851 − 0.0781 0.8585 − 3.5061 − 1.0408 2.1535 4.2920]

$b\{2\} = [-1.9724]$

使用神经网络工具箱中 newrb 函数建立 RBF 网络，该函数利用迭代方法建立网络，开始时网络径向基的神经元个数为零，然后每迭代一次，径向基层就增加一个神经元，每次迭代中，网络首先进行仿真并找到对应于最大输出误差的输入样本矢量，然后径向基添加一个神经元并把权值设为该输入矢量，最后修改线性层的权值以达到最小误差，网络各参数设置为：目标误差为 0.001，扩展常数为 0.75，最大神经元个数为 100，迭代过程的显示频率为 1，则 RBF 网络 M 文件的源代码如下：

```
Swatch = [36.2 44.9 23.2 32.4 20.4 20.3 24.7 20.0 37.2 45.7 ···
          32.4 46.2 45.7 280 187.4 43.2 219.6 317.5 162.5 93.6 ···
          285 400 12.5 12.5 12.5 12.5 25 25 25 25 ···
          50 50 50 50 100 100 100 100 200 200 ···
          200 200 200 400 400 25.09 32.9 30 54.3 60.8 ···
          64.9 99.8 442.4 50 200 200 400 32.7; ···
          5 4 4 5 5 4 5 6 5 6 ···
          6 5 6 6 6 6 6 6 6 6 ···
          6 5 6 7 6 5 6 6 5 4 ···
          6 4 6 7 6 6 6 6 6 6 ···
          5 6 5 7 7 4 6 6 5 6 ···
          6 6 6 5 5 6 7 5; ···
          11 11 11 11 10 10 10 10 10 9 ···
          9 9 8 7 7 7 6 5 5 5 ···
          3 2 9 10 11 11 8 10 11 11 ···
          7 8 9 10 4 7 8 9 7 9 ···
          9 8 9 7 8 10 10 9 8 8 ···
          5 4 2 11 8 7 4 10; ···
          27.4 31.2 23.8 21.9 22.8 24.5 21.3 14.2 24.8 27.0 ···
          24.3 24.3 27.6 32.3 55.1 25.7 50.9 54.9 57.2 40.1 ···
          68.3 99.3 20.1 19.3 19.4 21.8 24.2 20.8 26.9 28.7 ···
          30.3 32.6 29.5 29.8 44.1 38.7 39.1 39.9 54 46.6 ···
          53.4 56.6 63.3 71.1 100.3 21.2 25.3 26.9 26.9 30.5 ···
          34.1 43.4 68.7 31.7 54.2 65.9 59.3 24.1; ···
          18 2 20.5 14 2 20 2 15 23.5 23 ···
```

```
            20 12 11 35 29 9 25 28 29 20 ···
            34 34 12 12 12 12 16 16 16 16 ···
            19 19 18 20 22 22 23 25 31 31 ···
            31 37 37 47 43 11 15 13 17 17 ···
            18 23 22 20 31 37 43 13; ···
            88 65 45 65 48 45 50 52 54 56 ···
            52 71 76 160 132 73 114 160 132 86  ···
            157 188 48 50 48 50 65 65 65 65 ···
            76 76 75 80 89 90 100 102 125 125 ···
            125 150 150 190 175 45 60 55 71 70 ···
            70 92 195 80 125 150 172 54];
Object = [2.4 2.76 1.73 2.6 1.59 1.58 3.5 2.8 2.38 2.73 ···
          2.17 2.75 2 4.4 2.78 2.6 4.2 3.946 1.65 2.84 ···
          3.79 3.6 2.2 1 1.25 1.2 3 1.35 3.7 2 ···
          2.85 2.3 2.25 1.75 4 3.3 3.28 3.58 4 4 ···
          2.7 3.8 2.6 2.8 3.25 1.829 2.192 2.062 3.06 3.3 ···
          3.45 4.596 4.924 2.15 3.7 2.55 2.95 2.183];
SwatchCH,minp,maxp,ObjectCH,mint,maxt]=premnmx(Swatch,Object);
net = newrb(SwatchCH,ObjectCH,0.001,0.75,100,1);
a=sim(net, SwatchCH);
an = postmnmx(a,mint,maxt)
```

经过 55 步，网络性能达到要求，误差变化曲线如图 3-4 所示。

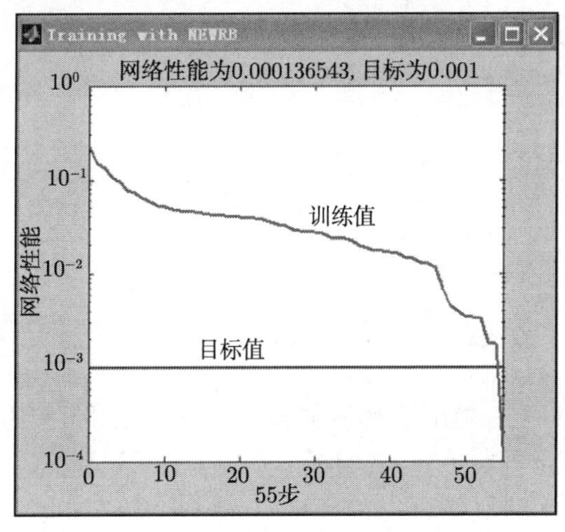

图 3-4 RBF 网络误差变化曲线

RBF 网络训练好之后就可以得到网络相应的权值矩阵和阈值矩阵，由于中间层神经元数量 R 为迭代步数，则 R=55，所以权值 W_1 和 W_2 分别为 55×6 矩阵和 1×55 矩阵，阈值 b^1 为 55×1 矩阵，数据较多，此处省略，阈值 $b^2 = -5.8333$。

3.1.4 网络的仿真和回归分析

本书设计的神经网络模型经过样本数据的训练，达到了设定的误差要求。为了进一步验证网络的泛化能力，使用 MATLAB7.0 神经网络工具箱中 sim 函数对网络进行仿真，选用的检验样本为非训练样本，共 6 组数据。将预测结果与实验值进行对比，对比结果如表 3-2 和图 3-5 所示。

表 3-2　预测值与实验值对比

序号	输入模式						实验值	BP 预测	RBF 预测
	$Q/(\mathrm{m}^3/\mathrm{h})$	z	$\Delta\beta/(°)$	b_1/mm	R_1/mm	D_j/mm	NPSHr_1/m	NPSHr_2/m	NPSHr_3/m
1	170	6	9	41.6	35	132	4.10	4.25	4.13
2	108	6	7	49.2	25	116	2.24	2.17	2.21
3	288	6	4	67.8	28	160	3.22	2.93	3.19
4	25	6	9	25	15	63	1.60	1.82	1.83
5	50	5	11	31.7	20	80	2.15	2.13	2.15
6	100	6	10	40.8	25	100	3.35	3.46	3.48

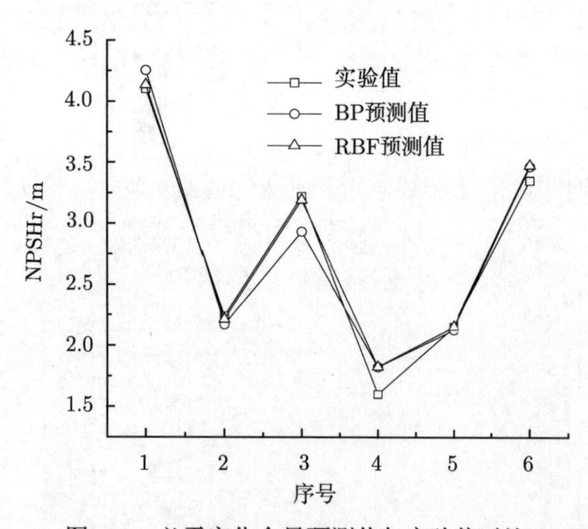

图 3-5　必需空化余量预测值与实验值对比

从表 3-2 中可以得到：BP 网络预测模型的最大相对偏差为 13.75%(模型 4)，最小相对偏差为 0.93%(模型 5)，平均相对偏差为 6.75%；RBF 网络预测模型的最大、最小相对偏差和平均相对偏差分别为 14.38%(模型 4)、0.0%(模型 5) 和 4.25%，除模型 4，BP 模型和 RBF 模型预测结果均具有较高预测精度，且 RBF 模型优于

BP 模型。

在 MATLAB7.0 中借助神经网络工具箱中 postreg 函数对 BP 网络和 RBF 网络的仿真结果和目标输出进行线性回归分析[7]。postreg 函数利用线性回归的方法分析了网络输出变化相对于目标输出变化的变化率[9]，postreg 函数的输入为网络输出矢量和目标矢量，函数返回线性拟合直线的斜率、截距系数及输出矢量和目标矢量之间的相关系数。回归分析结果如图 3-6 和图 3-7 所示。

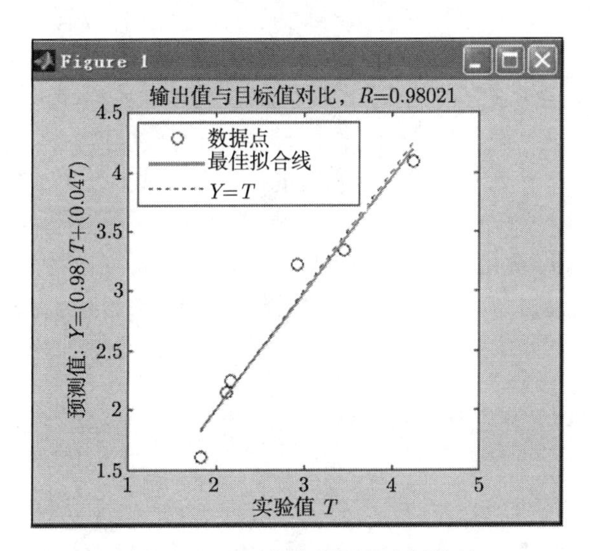

图 3-6　BP 网络线性回归分析结果

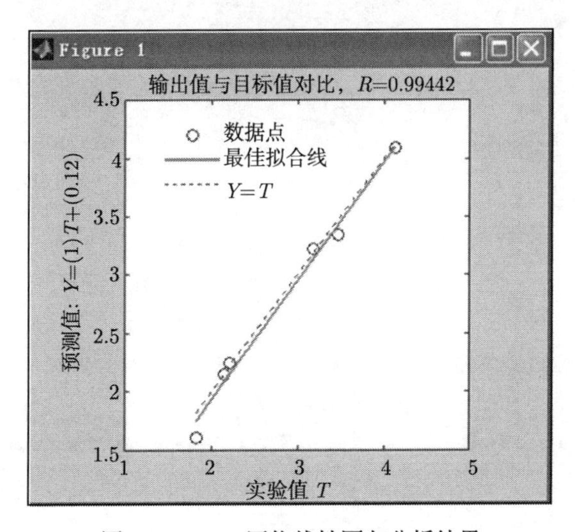

图 3-7　RBF 网络线性回归分析结果

图中 Y 为网络输出矢量，即预测值，T 为目标输出矢量，即实验值。由图可知，BP 网络和 RBF 网络的输出和目标输出的相关系数 R 分别为 0.98021 和 0.99442，表明两者的相关性很好，因而可以说明本书建立的 BP 模型和 RBF 模型的泛化能力均较好。

3.2 叶片数对离心泵空化特性的影响

叶片数是离心泵叶轮的主要几何参数，对泵的扬程、效率和空化性能都具有一定的影响，目前研究主要集中在叶片数对能量性能的影响[10−15]，且研究主要以轴流泵为研究对象，叶片数对空化性能影响的研究还很少。因此，本节采用实验的方法研究叶片数对离心泵空化性能的影响，并通过实验的方法测量不同叶片数模型泵在典型流量下不同空化状态时的振动噪声信号，进而研究叶片数对离心泵空化诱导振动噪声的影响[16]。选择第 2 章的模型泵为研究对象，将叶片由原来的 5 片，变化为 4 片、6 片和 7 片。

3.2.1 叶片数对离心泵空化性能影响的实验研究

实验叶轮采用快速成型的方法加工，如图 3-8 所示。

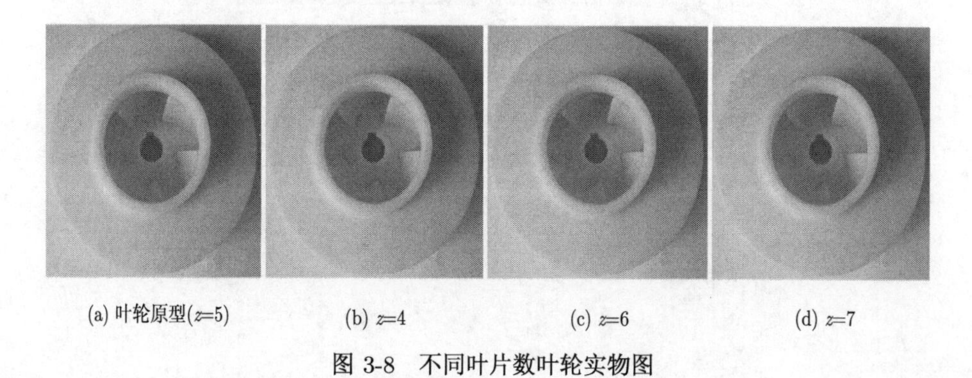

(a) 叶轮原型(z=5)　(b) z=4　(c) z=6　(d) z=7

图 3-8 不同叶片数叶轮实物图

图 3-9 为不同叶片数模型泵在设计工况下的空化性能曲线。

从图 3-9 中可以看出，随着叶片数的增加，模型泵必需空化余量的变化规律较为复杂，5 叶片模型泵的空化性能最优，7 叶片模型泵的空化性能最差。随着叶片数的增加，模型泵的扬程逐渐增大，且增加幅度不等。根据图 3-9 得到叶片数为 4、5、6 和 7 时模型泵的必需空化余量 NPSHr 分别为 3.82m、3.41m、4.30m 和 4.40m。

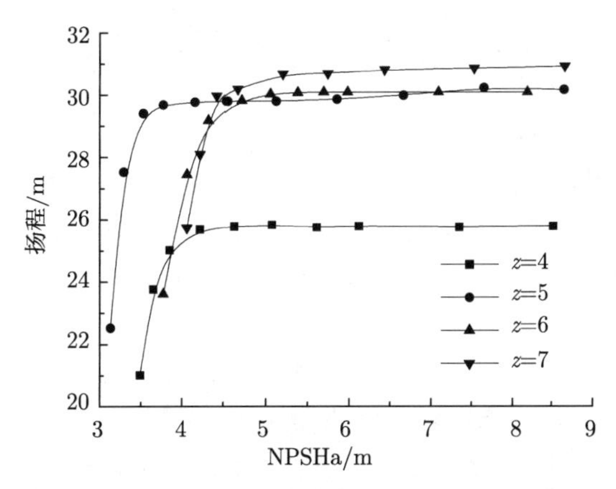

图 3-9 不同叶片数模型泵在设计工况下的空化性能曲线

3.2.2 不同叶片数模型泵空化诱导振动特性

图 3-10 为不同叶片数模型泵在设计流量下各测点振动能量 T 随 NPSHa 的变

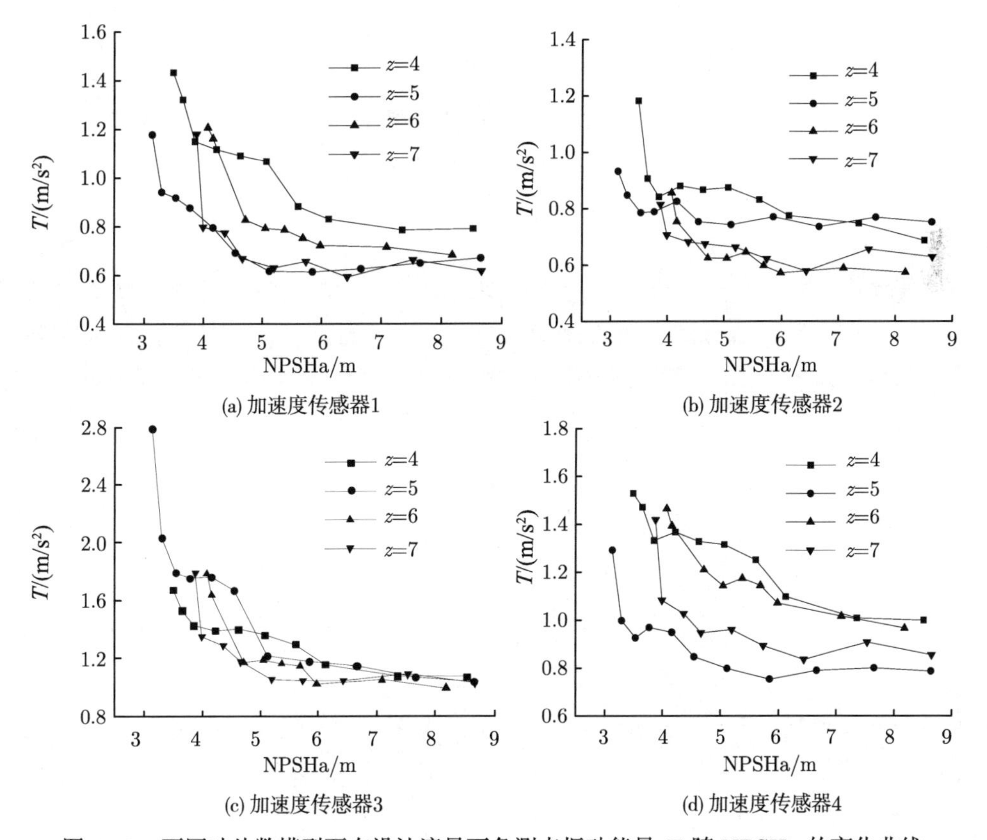

(a) 加速度传感器1 (b) 加速度传感器2 (c) 加速度传感器3 (d) 加速度传感器4

图 3-10 不同叶片数模型泵在设计流量下各测点振动能量 T 随 NPSHa 的变化曲线

化曲线图。测点位置如图 2-11 所示，图中横坐标 T 表征振动的平均能量，其表达式参见式 (2-2)。

从图 3-10 中可以看出，不同叶片数模型泵 4 个加速度传感器测得的振动强度随 NPSHa 减小的变化规律相似，呈现先基本保持不变再逐步上升的趋势，这是由于在 NPSHa 较大时模型泵内未发生空化，对振动强度影响不大，随着 NPSHa 的继续下降，泵内将产生空化，空泡的溃灭会增加振动能量，NPSHa 的进一步减小会导致空化程度的加剧，引起更剧烈的振动。

随着叶片数的增加，各测点振动强度变化复杂。除加速度传感器 3，4 叶片模型泵在其余 3 个加速度传感器上测得的振动强度最大，说明 4 叶片模型泵内部的流动状态不均匀且空化性能较差，空化严重时的振动强度分别为 1.43m/s^2、1.18m/s^2 和 1.42m/s^2。在整体振动强度最高的加速度传感器 3 上，叶片数不同的模型泵未空化时振动强度约为 1.1m/s^2，空化严重时，5 叶片模型泵的振动强度最大，达到 2.8m/s^2。6 叶片和 7 叶片模型泵不同 NPSHa 工况下各测点的振动强度相差不大，且 6 叶片模型泵的振动强度略高。

3.2.3 不同叶片数模型泵空化诱导噪声特性

图 3-11 为叶片数不同的模型泵，在设计流量下，在泵无空化、扬程下降约 1%和扬程下降约 3%三种工况下运行时水听器测得的噪声信号的功率谱密度图。

从图 3-11 中可以看出，模型泵离散噪声主要由轴频、叶频及倍轴频、倍叶频引起。当模型泵在无空化工况下运行时，随着叶片数的增加，轴频峰值一直增大，而叶频峰值则逐渐减小。当模型泵扬程下降约 1%时，模型泵的轴频峰值随着叶片数增加，呈逐步增大的趋势，叶频峰值比相应叶片数模型无空化时略有提高，但随叶片数增加变化不大。当模型泵扬程下降约 3%时，模型泵的轴频峰值随着叶片数

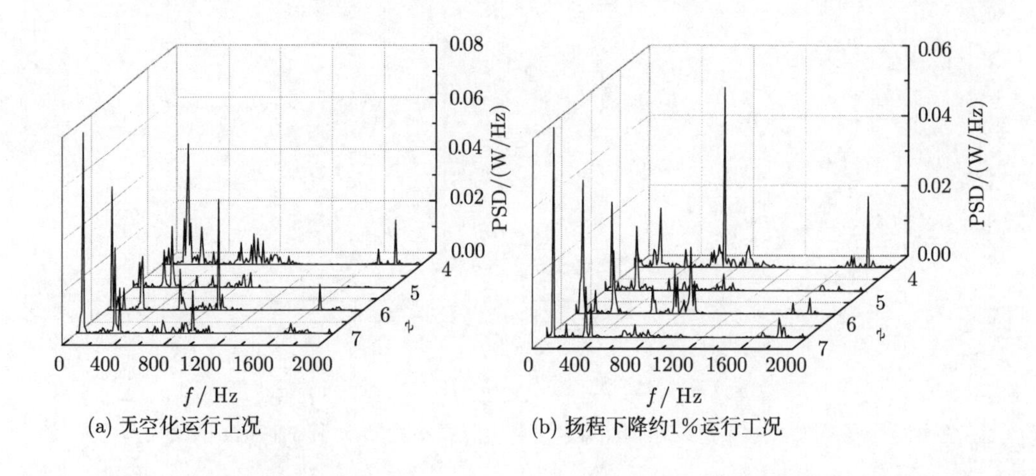

(a) 无空化运行工况　　(b) 扬程下降约1%运行工况

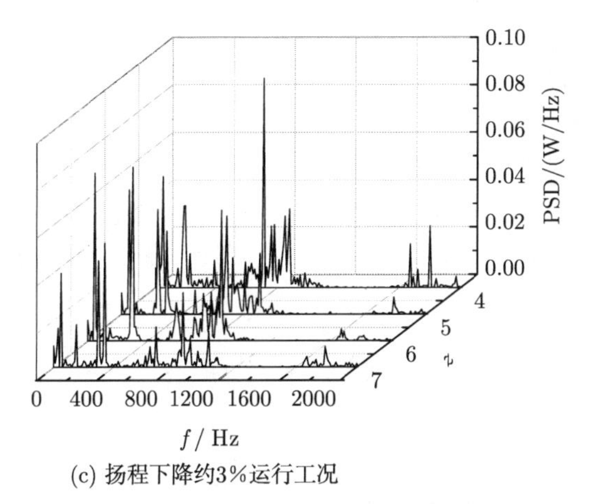

(c) 扬程下降约3%运行工况

图 3-11　叶片数不同的模型泵在三种工况下运行时水听器测得的噪声信号的功率谱密度图

增加，呈先增大后减小的趋势，当叶片数为 6 时达到最大值。随着模型泵内空化程度的加剧，除 7 叶片模型泵，其余叶片数模型泵的轴频峰值均有所增大，另外，在 600~200Hz 频段内的噪声信号幅值增大，说明空化对泵内该频段内的噪声信号影响较大。

3.3　叶片进口冲角对离心泵空化特性的影响

叶片进口冲角对离心泵空化性能具有重要的影响，一般认为离心泵叶片选用正冲角可以改善泵的空化性能，但是选择范围较大，给设计选择带来了一定困难[17,18]。本节采用实验的方法研究进口冲角对离心泵空化性能的影响，并测量不同进口冲角模型泵在设计流量下不同空化状态时的振动噪声信号，进而研究进口冲角对离心泵空化诱导振动噪声的影响。选择第 2 章的离心泵模型作为研究对象，模型泵叶片进口冲角从原来的 9° 变化为 3°、6° 和 12°。

3.3.1　叶片进口冲角对离心泵空化性能影响的实验研究

叶轮采用快速成型的方法加工，实物图如图 3-12 所示。

图 3-13 为设计工况下不同叶片进口冲角模型泵的空化性能曲线。

根据图 3-13 可得到各叶片进口冲角模型泵的必需空化余量 NPSHr 分别为 3.88m、3.63m、3.41m 和 4.02m。随着叶片进口冲角的增加，模型泵的必需空化余量先减少后增加，在冲角为 9° 时达到最优值，模型泵的空化性能最佳；冲角为 3° 时模型泵的空化性能最差。随着叶片进口冲角的增加模型泵的扬程先增加再减小，冲角为 6° 时扬程最大，12° 冲角模型泵的扬程最小，但两者仅相差 1.41m，说明冲角对设计流量的扬程影响不大。

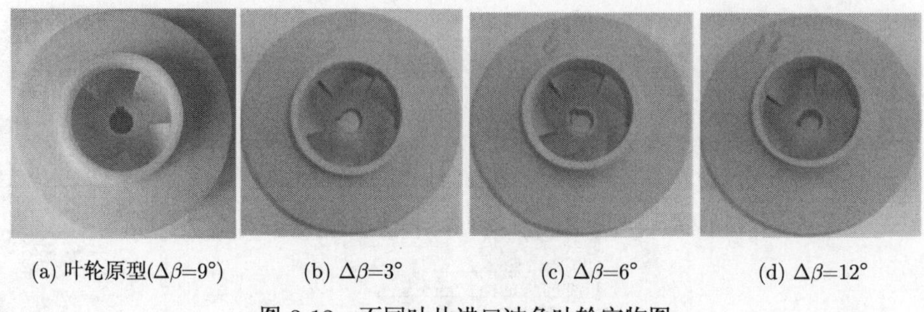

(a) 叶轮原型($\Delta\beta$=9°)　(b) $\Delta\beta$=3°　(c) $\Delta\beta$=6°　(d) $\Delta\beta$=12°

图 3-12　不同叶片进口冲角叶轮实物图

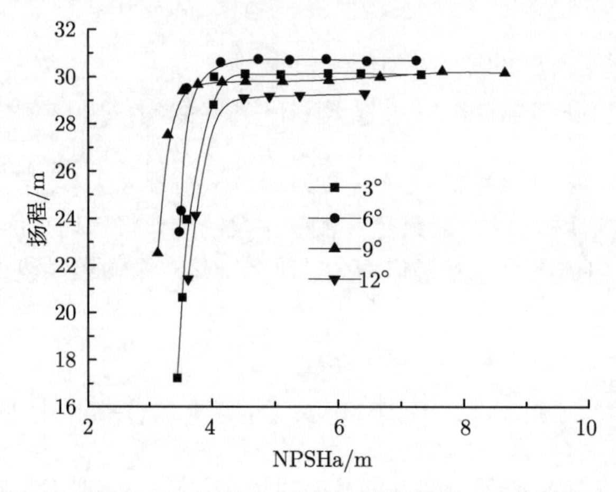

图 3-13　设计工况下不同叶片进口冲角模型泵空化性能曲线

3.3.2　不同叶片进口冲角模型泵空化诱导振动特性

图 3-14 为不同叶片进口冲角模型泵在设计流量下各测点振动能量 T 随 NPSHa 的变化曲线图。

从图 3-14 中可以看出，模型泵叶片进口冲角变化时 4 个加速度传感器测得的振动强度随 NPSHa 减小的变化规律相似，呈现先基本保持不变再逐步上升的趋势，这说明初生空化之前，振动强度基本稳定，当泵内产生空化之后，随着空泡的溃灭会增加振动能量，NPSHa 的进一步减小会导致空化程度的加剧，引起更剧烈的振动。

随着叶片进口冲角的增大，各加速度传感器测得的振动强度变化各不相同，在加速度传感器 1 测点上，3° 进口冲角模型泵的振动强度最大，空化完全发展时的振动强度为 1.4m/s^2，9° 进口冲角模型泵的振动强度次之，6° 进口冲角模型泵的振动强度最小；在加速度传感器 2 测点上，9° 进口冲角模型泵的振动强度最大，其余进口冲角模型泵的振动强度比较接近，但各进口冲角模型泵的振动强度均在 1.0m/s^2

以下；在加速度传感器 3 和 4 测点上，当 NSPHa 较大时，随着叶片进口冲角的增加，振动强度依次降低，但当空化程度加剧后，振动强度随进口冲角增加无明显规律。进口冲角变化时，加速度传感器 3 测得的模型泵振动强度最大，当空化完全发展时，各进口冲角模型泵的振动强度分别达到 $2.43\mathrm{m/s^2}$、$1.93\mathrm{m/s^2}$、$2.78\mathrm{m/s^2}$ 和 $2.03\mathrm{m/s^2}$。

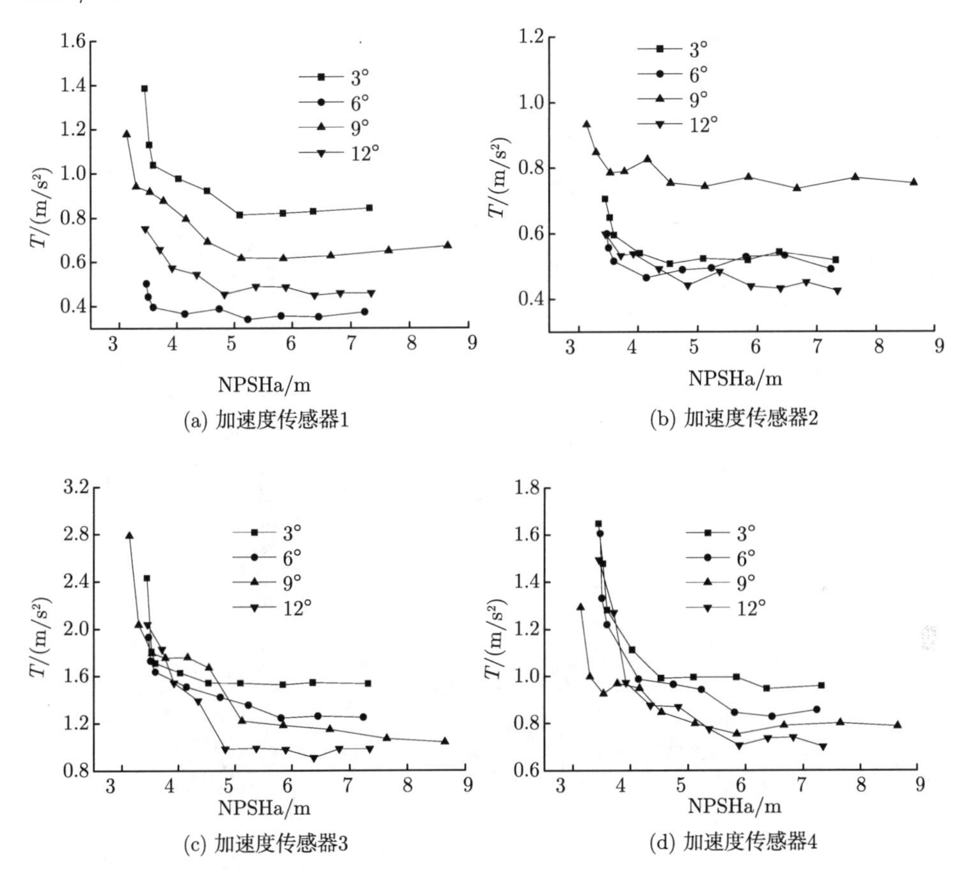

(a) 加速度传感器1　(b) 加速度传感器2　(c) 加速度传感器3　(d) 加速度传感器4

图 3-14 不同叶片进口冲角模型泵在设计流量下各测点振动能量 T 随 NPSHa 的变化曲线

3.3.3 不同叶片进口冲角模型泵空化诱导噪声特性

图 3-15 为设计流量下叶片进口冲角不同的模型泵在未发生空化、扬程下降约 1%和扬程下降约 3%三种工况下运行时水听器测得的噪声信号的功率谱密度图。

从图 3-15 中可以看出，噪声信号主要分布在 0~2500Hz 频率段。当模型泵在无空化工况下运行时，随着叶片进口冲角的增加，轴频峰值先减小后增大，当进口冲角为 9° 时轴频峰值最小，而叶频峰值则一直增大；当模型泵扬程下降约 1%和 3%时，随着叶片进口冲角的增加，轴频峰值无明显变化规律，而叶频峰值逐渐减小。随着模型泵内空化程度的加剧，不同进口冲角模型泵的轴频和叶频峰值均有所增加，并且在 500~1000Hz 和 1750~2250Hz 两个频率段内能量峰值逐步增大，说明空化的加剧对该频段的噪声信号有明显的影响。

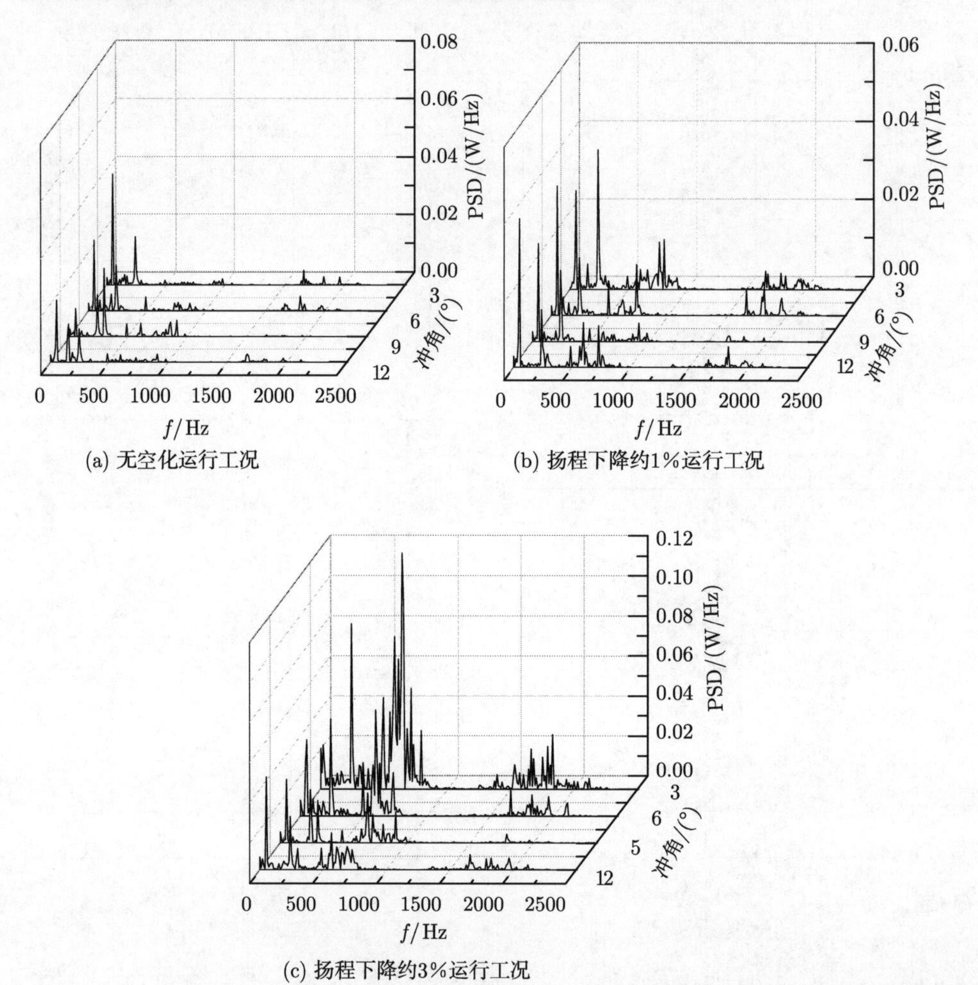

(a) 无空化运行工况　(b) 扬程下降约1%运行工况

(c) 扬程下降约3%运行工况

图 3-15　设计流量下叶片进口冲角不同的模型泵在三种工况下运行时水听器测得的噪声信号的功率谱密度图

3.4　叶片包角对离心泵空化特性的影响

叶片包角是离心泵叶轮的主要几何参数，对离心泵的能量特性和空化特性都具有一定的影响[19−21]。本节采用实验的方法研究叶片包角对离心泵空化性能的影响，并测量不同叶片包角模型泵在设计流量下不同空化状态时的振动和噪声信号，进而研究叶片包角对离心泵流动及空化诱导振动噪声的影响[22]。选择第 2 章的模型泵为研究对象，模型泵的叶片包角从原来的 115° 变化为 110°、120° 和 125°。

3.4.1 叶片包角对离心泵空化性能影响的实验研究

叶轮原型和其余叶片包角实验叶轮采用快速成型的方法加工，如图 3-16 所示。

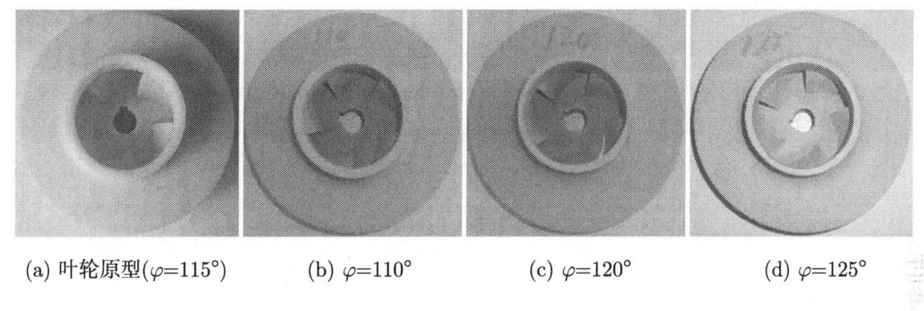

(a) 叶轮原型(φ=115°)　(b) φ=110°　(c) φ=120°　(d) φ=125°

图 3-16　不同叶片包角叶轮实物图

图 3-17 为设计工况下不同叶片包角模型泵的空化性能曲线。从图 3-17 中可以看出，随着叶片包角的增加，模型泵的扬程逐步增加，这主要是由于包角的增加能够使叶轮内流体的流动更加均匀，但是包角的增加同样会增加水力损失，所以 120° 和 125° 包角模型泵的扬程比较接近。

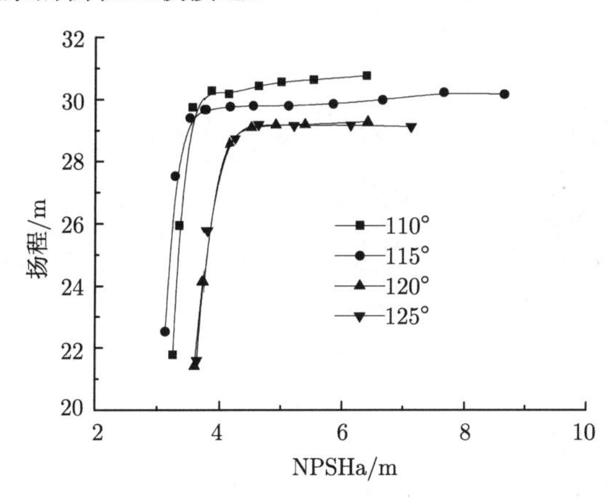

图 3-17　设计工况下不同叶片包角模型泵空化性能曲线

根据图 3-17 可得到不同叶片包角模型泵的必需空化余量 NPSHr 分别为 3.55m、3.41m、4.02m 和 3.98m。

3.4.2 不同叶片包角模型泵空化诱导振动特性

图 3-18 为设计流量下不同叶片包角模型泵各测点振动能量 T 随 NPSHa 的变

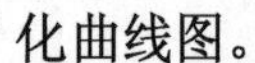

化曲线图。

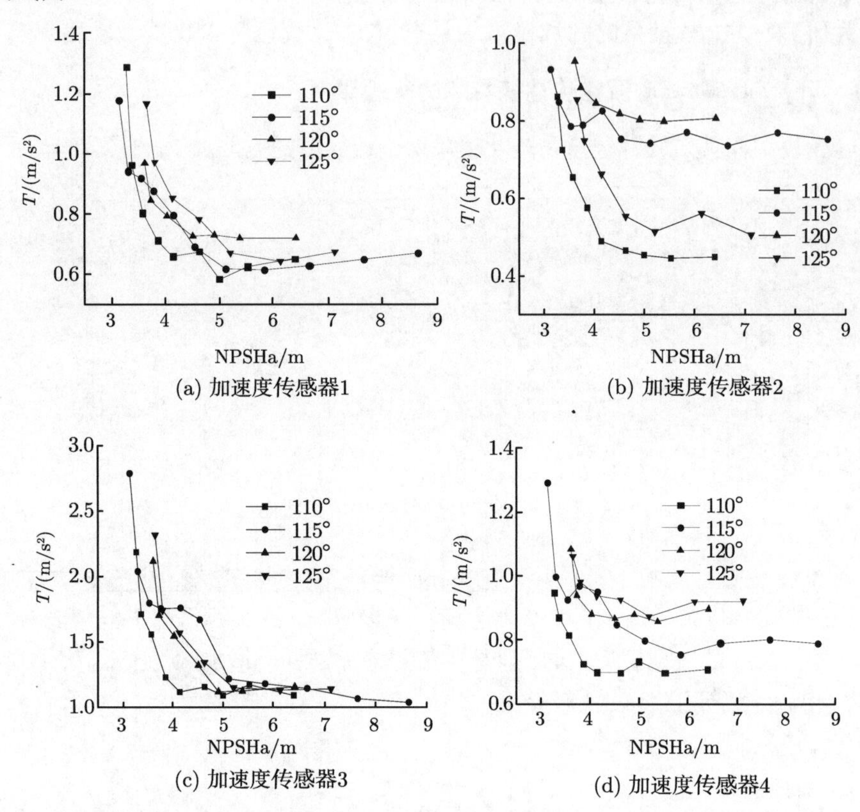

图 3-18　设计流量下不同叶片包角模型泵各测点振动能量 T 随 NPSHa 的变化曲线

从图 3-18 中可以看出，模型泵叶片进口冲角变化时 4 个加速度传感器测得的振动强度随 NPSHa 减小的变化规律相似，即先基本保持不变再逐步增加，这种变化趋势与叶片数方案和叶片进口冲角方案相同，同样是由于空化加剧诱导高强度的振动。

随着叶片包角的增大，各加速度传感器测得的振动强度的变化规律各不相同。在加速度传感器 1 测点上，各包角模型在不同 NPSHa 下的振动强度相差不大，在空化完全发展阶段，包角为 120° 的模型泵振动强度最小，包角为 110° 模型泵的振动强度最大；在加速度传感器 2 测点上，120° 包角模型泵的振动强度最大，110° 包角模型泵的振动强度最小，但各叶片包角模型泵的振动强度均在 1.0m/s^2 以下，小于其他三个加速度传感器测点的振动强度。在加速度传感器 3 测点上，当 NSPHa 大于 5m 时，各包角模型泵的振动强度相差不大，随着 NPSHa 的进一步下降，115° 包角模型泵的振动强度最大，110° 包角模型泵的振动强度最小，但是此时各包角模型泵的振动强度均高于 1.0m/s^2；在加速度传感器 4 测点上，随着叶片包角的增加，模型泵的振动强度增大，但在空化完全发展阶段，包角为 115° 时的模型泵振动强度最大。

3.4.3 不同叶片包角模型泵空化诱导噪声特性

图 3-19 为设计流量下叶片包角不同的模型泵在泵无空化、扬程下降约 1%和扬程下降约 3%三种工况下运行时水听器测得的噪声信号的功率谱密度图。

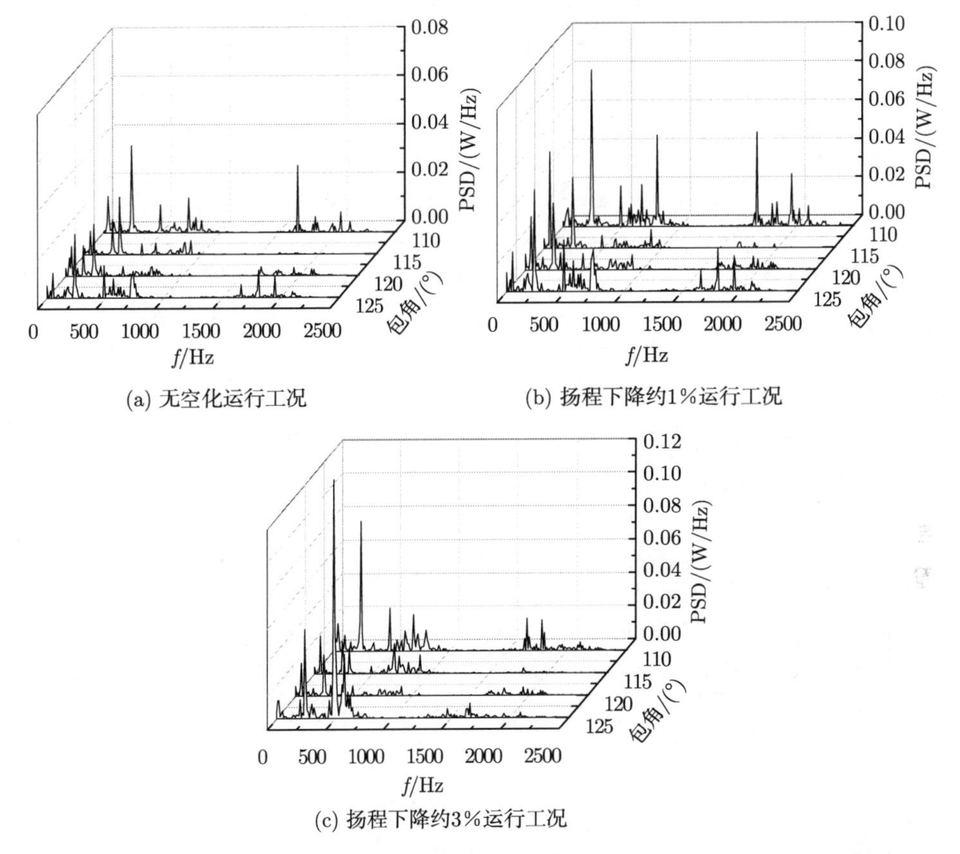

(a) 无空化运行工况

(b) 扬程下降约1%运行工况

(c) 扬程下降约3%运行工况

图 3-19 设计流量下叶片包角不同的模型泵在三种工况下运行时水听器测得的噪声信号的功率谱密度图

从图 3-19 中可以看出，当模型泵在无空化工况下运行时，随着叶片包角的增加，轴频能量峰值减小，而叶频能量峰值在模型泵包角为 110° 时最大，其余包角模型泵则相差不大。当模型泵扬程分别下降约 1%和 3%时，模型泵的轴频峰值随着叶片包角增加的变化规律相同，均呈现先增大后减小的趋势。随着模型泵内空化程度的加剧，不同叶片包角模型泵的轴频峰值均有不同程度的增大，在扬程下降约

3% 时，125° 包角模型泵的 2 倍叶频能量峰值明显增大，在 1750~2250Hz 频段内的噪声信号受空化影响较为明显，能量峰值随空化程度的加剧先增大后减小。

参考文献

[1] 许东，吴铮. 基于 MATLAB6. X 的系统分析与设计 —— 神经网络 [M]. 西安: 西安电子科技大学出版社，2002.

[2] 阎平凡，张长水. 人工神经网络与模拟进化计算 [M]. 北京：清华大学出版社，2005.

[3] 高隽. 人工神经网络原理及仿真实例 [M]. 北京：机械工业出版社，2003.

[4] Kolmogrov A N. On the representation of continuous function of many variables by superposition of continuous functions of one variable and addition[J]. American Society Transaction, 1963, 28(1)：55-59.

[5] Hecht-Nielsen R. Theory of the back propagation neural network[C]//Proceedings of International Conference on Neural Networks，Washington, 1989: 593-603.

[6] Rajakarunakaran S，Venkumar P，Devaraj D，et al. Artificial neural network approach for fault detection in rotary system[J]. Applied Soft Computing，2008，8(1)：740-748.

[7] 董长虹. Matlab 神经网络与应用 [M]. 北京：国防工业出版社，2005.

[8] Garg A，Sastry P S，Pandey M，et al. Numerical simulation and artificial neural network modeling of natural circulation boiling water reactor[J]. Nuclear Engineering and Design，2007，237(3)：230-239.

[9] 闻新，周露，李翔，等. MATLAB 神经网络仿真与应用 [M]. 北京：科学出版社，2003.

[10] 谈明高，王勇，刘厚林，等. 叶片数对离心泵内流诱导振动噪声的影响 [J]. 排灌机械工程学报，2012，30(2): 131-135.

[11] Liu H L，Wang Y，Yuan S，et al. Effect of blade number on characteristics of centrifugal pumps[J]. Chinese Journal of Mechanical Engineering，2010，23(6)：742-747.

[12] 刘根宜. 低比速离心泵叶片数的选择 [J]. 水泵技术，2005，(5)：29-31.

[13] 李文广，苏发章. 分析离心油泵性能的新方法 [J]. 水利学报，2002，(10)：62-66.

[14] Li W G, Su F Z, Xiao C. Influence of the number of impeller blades on the performance of centrifugal oil pumps[J]. World Pumps，2002，2002(427): 32-35.

[15] 韩小林，石岩峰，姚铁，等. 用数值模拟研究叶片数变化对轴流泵性能的影响 [J]. 水泵技术，2007，(4)：15-17，14.

[16] 王勇，刘厚林，袁寿其，等. 叶片数对离心泵空化诱导振动噪声的影响 [J]. 哈尔滨工程大学学报，2011，33(11): 1405-1409.

[17] 王勇，刘厚林，袁寿其，等. 叶片进口冲角对离心泵空化特性的影响 [J]. 流体机械，2011. 39(4): 17-20.

[18] 王勇，刘庆，刘东喜，等. 不同叶片冲角离心泵内流诱导振动噪声研究 [J]. 流体机械，2013，41(7): 1-4.

[19] 王勇，刘庆，刘东喜，等. 叶片包角对离心泵空化性能的影响 [J]. 中国农村水利水电，2012，(11): 110-113.

[20] 王勇，刘厚林，刘东喜，等. 叶片包角对离心泵流动诱导振动噪声的影响 [J]. 农业工程学报，2013，29(1): 72-77.

[21] 张翔，王洋，徐小敏，等. 叶片包角对离心泵性能的影响 [J]. 农业机械学报，2010，41(11): 38-42.

[22] 王勇，刘厚林，袁寿其，等. 不同叶片包角离心泵空化诱导振动噪声特性分析 [J]. 排灌工程机械学报，2013，31(5): 390-393.

第 4 章　离心泵空化可视化与空蚀实验研究

为了观察离心泵叶轮进口部分的空泡分布，深入研究离心泵内部空泡分布与振动噪声特性的关系，本章设计一台带导叶的离心泵，并采用有机玻璃铸造的方法将离心泵加工成全透明的，在第 2 章建立的实验系统中对离心泵不同测点的振动噪声信号进行测量，同时应用高速摄像机同步拍摄离心泵进口的空泡分布情况，分析空泡分布与诱导振动噪声信号之间的关系 [1]。此外，建立了基于空泡图像处理的空蚀预测方法，并通过空蚀实验进行验证 [2]。

4.1　研 究 模 型

本章设计的离心泵为单级单吸结构，并采用带导叶的形式，设计参数为：流量 $Q_{\rm d}$=32.8m^3/h，扬程 H=5.8m，转速 n=1450r/min，叶轮、导叶和蜗壳水力图如图 4-1~ 图 4-3 所示。

离心泵叶轮、导叶和蜗壳的结构形式如图 4-4 所示。离心泵采用有机玻璃铸造加工而成，并且加工成外方内圆的结构形式来减少光的折射，模型泵的实物图如图 4-5 所示。

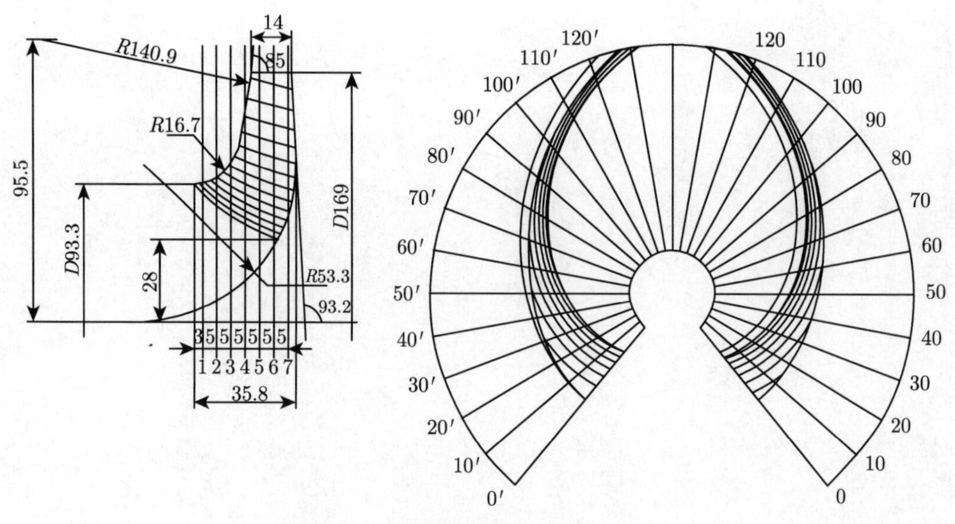

图 4-1　叶轮的水力图 (单位：mm)

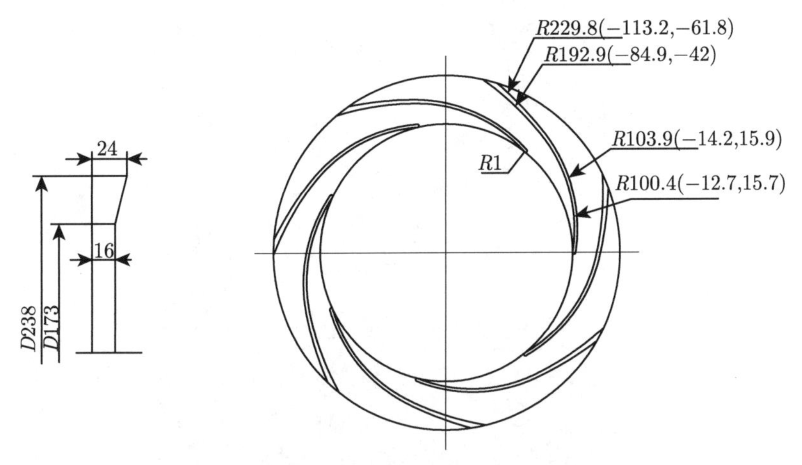

图 4-2 导叶的水力图 (单位: mm)

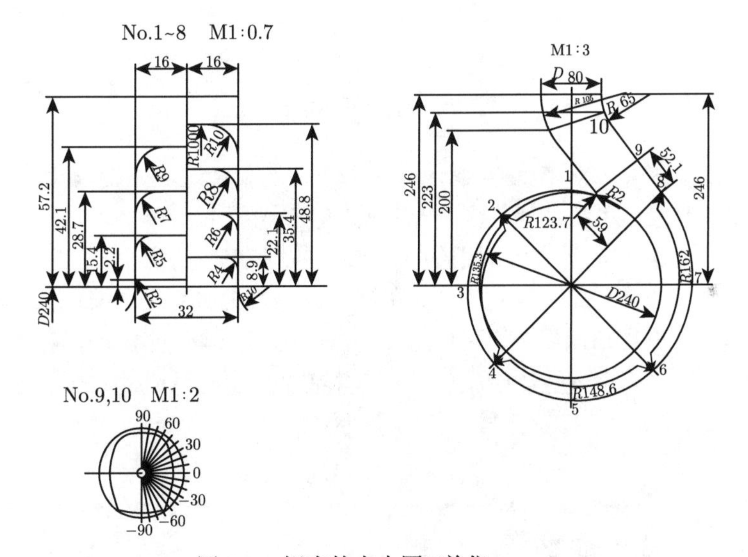

图 4-3 蜗壳的水力图 (单位: mm)

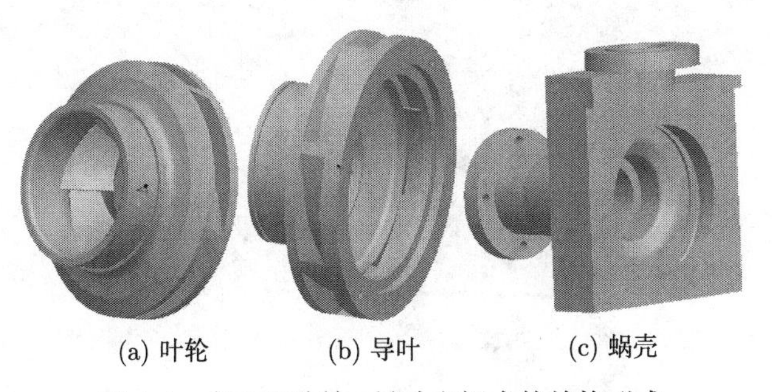

(a) 叶轮 (b) 导叶 (c) 蜗壳

图 4-4 离心泵叶轮、导叶和蜗壳的结构形式

图 4-5　模型泵实物图

4.2　实验测试系统

图 4-6 为实验测试系统的实物图，其中包括实验装置、振动噪声信号采集系统、泵性能参数采集系统和离心泵内部图像采集系统 [3]。

实验装置与第 2 章研究中所用的实验装置相同，都是使用离心泵闭式实验台。为了直接测量离心泵进口的空化形态，在泵的进口处增加密封水箱，将进水口放在水箱的侧面方便放置高速摄像机，并在顶盖上开设一个排气孔，将水箱内的气体排出，考虑到增加水箱后不能影响泵的性能，并在进口起到稳流的作用，将水箱的容积设计成 0.1m^3，水箱的实物图如图 4-7 所示。

图 4-6　实验测试系统的实物图

图 4-7　水箱实物图

1. 离心泵振动噪声信号采集系统

信号采集系统与第 2 章所建立的信号采集系统相同，采用美国 NI 有限公司的 PXI-4472B 动态信号采集模板来采集振动信号和噪声信号。4 个加速度传感器分别放置在模型泵进口管上方 (a1)、蜗壳隔舌 (a2)、蜗壳第八断面 (a3) 及蜗壳右上端面 (a4)，具体位置如图 4-8 所示。水听器采用齐平式安装方式，安装在泵出口 3 倍管径处。振动噪声信号的采样频率为 20000Hz。

2. 离心泵性能参数采集系统

本实验采用扭矩仪测量离心泵的电机功率，因此所用泵性能参数测试系统与第 2 章研究中所使用的略有不同。另外，由于离心泵采用有机玻璃加工，强度比金属材料离心泵大大减弱，故使用变频器逐步增加泵转速到额定转速，但变频器对电流信号干扰较大，所以原泵性能采集系统的使用受到限制，因此本实验采用扭矩型性能参数测试系统。进出口压力变送器的量程均为 −100~100kPa。涡轮流量计的型号为 LW-80，流量计系数为 11.1346。

3. 离心泵内部图像采集系统

离心泵叶轮进口部分的空化形态采用美国 IDT 公司生产的高速摄像机采集，型号为 Y-series 4L，最大分辨率为 1024×1024；全分辨率下最大拍摄速度为 4000 帧/s；降分辨率最大拍摄速度为 256000 帧/s；像素点大小为 14μm×14μm；内存为 16GB，在全分辨率下可连续拍摄约 45s；光源采用 LED 灯和卤素灯两种，其中 LED 灯为冷光源，不会对流体的温度产生影响。卤素灯的功率为 750W。拍摄时，LED 灯的光从蜗壳侧壁面进入，两个卤素灯则放在进口管的两侧。具体的放置位置如图 4-9 所示。本实验中高速摄像机的拍摄速度为 3000 帧/s，这样每拍摄一帧叶轮旋转约 3°。

图 4-8　加速度传感器安放位置

图 4-9　光源的放置位置

4.3 可视化实验结果及诱导振动噪声分析

4.3.1 水箱对模型泵性能的影响

图 4-10 和图 4-11 为水箱增加前后离心泵的能量性能曲线。从图中可以看出，水箱增加前后离心泵在相同流量下的扬程和效率变化均不大，在 15~35m^3/h 流量范围内，增加水箱后离心泵的效率略高于无水箱离心泵，这说明本实验增加的水箱不但没有影响泵的性能，反而很好地改善了泵的进口流态，提高了泵的性能参数。

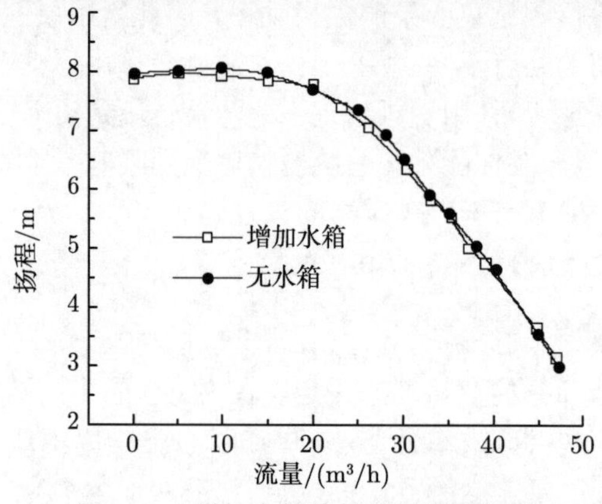

图 4-10 增加水箱前后的扬程对比图

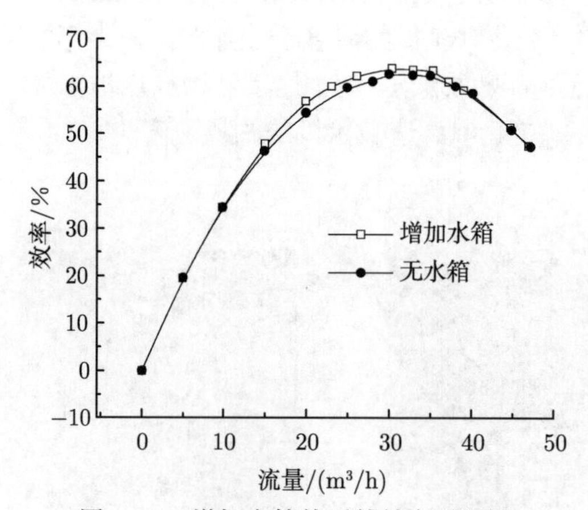

图 4-11 增加水箱前后的效率对比图

4.3.2 空化性能

关阀启动模型泵，泵启动后调节泵出口蝶阀来改变泵的运行流量，使泵运行工况分别为 $0.7Q_\mathrm{d}$、$1.0Q_\mathrm{d}$ 和 $1.3Q_\mathrm{d}$，待模型泵运行稳定后，启动真空泵，降低泵进口压力，减少装置空化余量 NPSHa，每次降低 5~10kPa，并要保证整个实验过程模型泵的运行流量始终保持不变。对于不同的 NPSHa，分别应用泵产品测试系统和图像采集系统同步采集模型泵的性能参数和叶轮进口的空化形态。

图 4-12 为模型泵在 $0.7Q_{\rm d}$、$1.0Q_{\rm d}$ 和 $1.3Q_{\rm d}$ 三个工况下的空化性能曲线。当 NPSHa 较大时，泵的扬程不受影响，基本保持不变；随着 NPSHa 的逐步降低，泵内的空化程度将逐步恶化，导致泵的扬程下降。取扬程下降 3%时所对应 NPSHa 为泵的必需空化余量 NPSHr，则三种工况的必需空化余量分别为 2.74m、3.44m 和 4.26m。

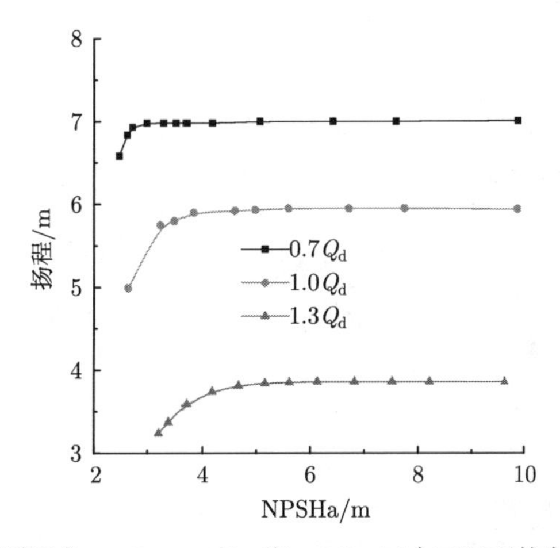

图 4-12 模型泵在 $0.7Q_{\rm d}$、$1.0Q_{\rm d}$ 和 $1.3Q_{\rm d}$ 三个工况下的空化性能曲线

4.3.3 叶轮进口空化形态

三种流量下，分别取空化初生、发展和完全发展运行工况时叶轮进口部分的空化形态进行研究。图 4-13 为 $0.7Q_{\rm d}$ 工况下，NPSHa 分别为 3.71m、2.62m 和 2.47m 时模型泵叶轮进口部分的空泡形态。

从图 4-13 中可以看出，当 NPSHa=3.71m 时，叶轮进口部分开始产生空泡，空泡首先在一个叶片背面进口边中部产生，随着叶轮的转动，空泡开始生长，然后溃灭，空泡体积分数减少。当 NPSHa=2.62m 时，叶轮内多个叶片背面有空泡产生，但每个叶片的空泡体积分数不等，且每个叶片上空泡体积分布随叶轮转动的变化趋势不同，不是同时增加或者减少，表现出强烈的随机性。当 NPSHa 进一步下降到 2.47m 时，叶轮进口部分的空化较为严重，五个叶片背面均有空泡产生，随着叶轮的转动，每个叶片背面的空泡分布变化不大，说明此时空泡的数量较多，空泡的产生、发展、溃灭速度加快。

图 4-14 为 $1.0Q_{\rm d}$ 工况下，NPSHa 分别为 5.75m、3.50m 和 3.24m 时模型泵叶

轮进口部分的空泡形态。

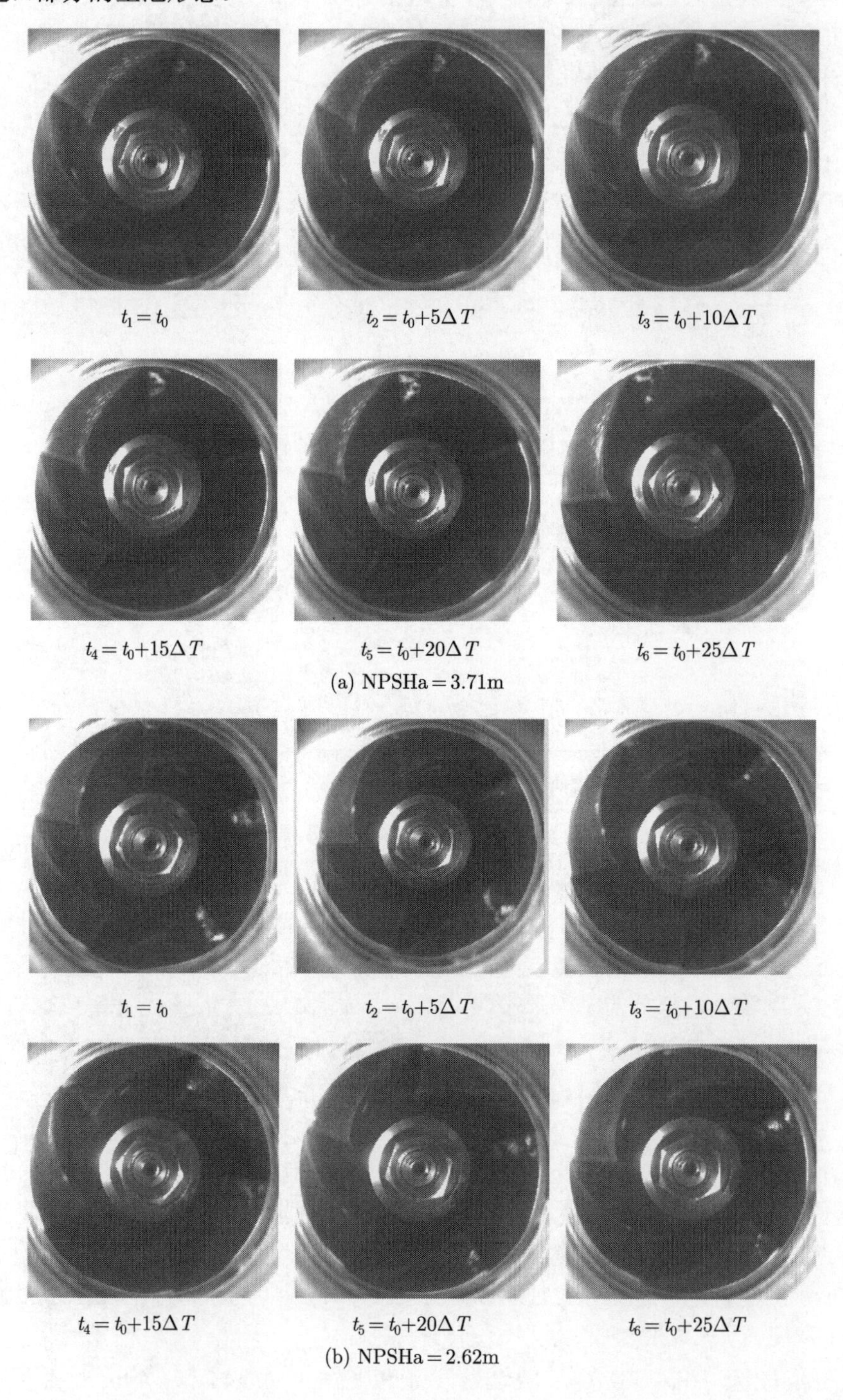

$t_1=t_0$　$t_2=t_0+5\Delta T$　$t_3=t_0+10\Delta T$

$t_4=t_0+15\Delta T$　$t_5=t_0+20\Delta T$　$t_6=t_0+25\Delta T$

(a) NPSHa = 3.71m

$t_1=t_0$　$t_2=t_0+5\Delta T$　$t_3=t_0+10\Delta T$

$t_4=t_0+15\Delta T$　$t_5=t_0+20\Delta T$　$t_6=t_0+25\Delta T$

(b) NPSHa = 2.62m

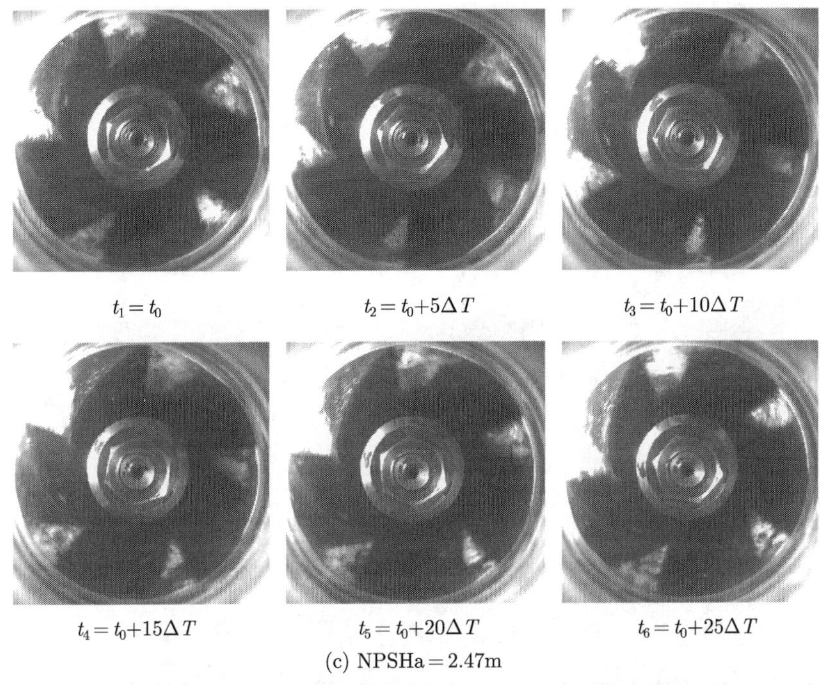

(c) NPSHa = 2.47m

图 4-13 $0.7Q_{\mathrm{d}}$ 工况下模型泵叶轮进口部分的空泡形态

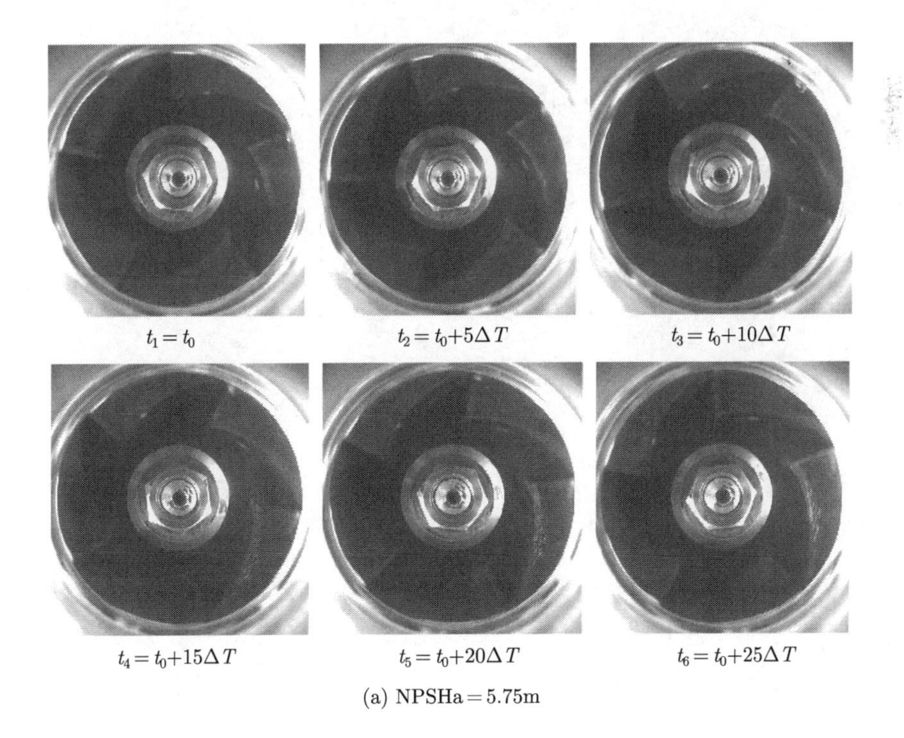

(a) NPSHa = 5.75m

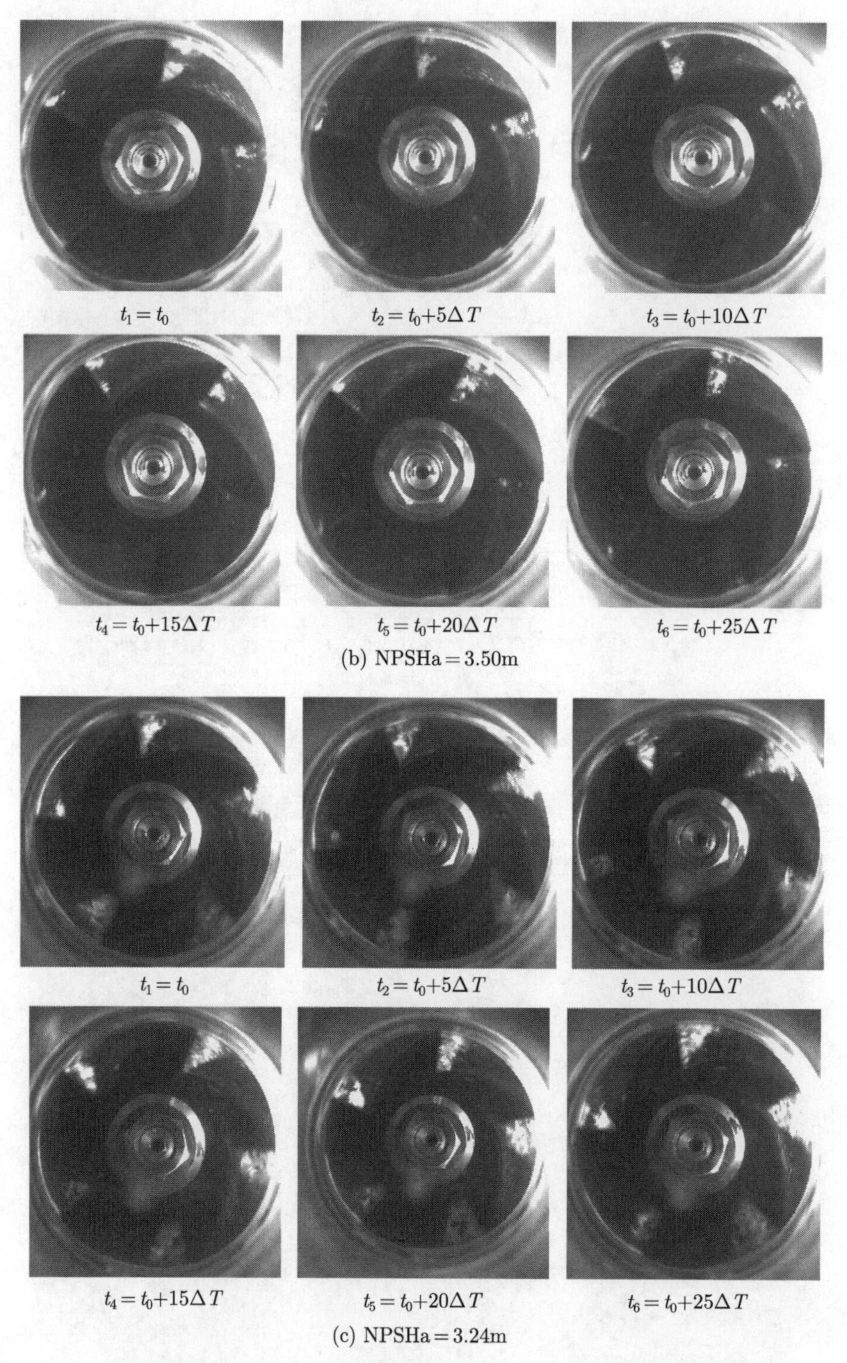

$t_1 = t_0$ $t_2 = t_0 + 5\Delta T$ $t_3 = t_0 + 10\Delta T$

$t_4 = t_0 + 15\Delta T$ $t_5 = t_0 + 20\Delta T$ $t_6 = t_0 + 25\Delta T$

(b) NPSHa = 3.50m

$t_1 = t_0$ $t_2 = t_0 + 5\Delta T$ $t_3 = t_0 + 10\Delta T$

$t_4 = t_0 + 15\Delta T$ $t_5 = t_0 + 20\Delta T$ $t_6 = t_0 + 25\Delta T$

(c) NPSHa = 3.24m

图 4-14 $1.0Q_{\rm d}$ 工况下模型泵叶轮进口部分的空泡形态

从图 4-14 中可以看出，$1.0Q_{\rm d}$ 工况下的初生空化余量要大于 $0.7Q_{\rm d}$ 工况，NPSHa

在 5.75m 时泵内便发生空化，空泡在叶片背面进口边靠前盖板端部产生，随着 NPSHa 的下降，离心泵叶轮进口部分空泡分布及其随叶轮旋转的变化规律与 $0.7Q_\mathrm{d}$ 工况基本相同。

图 4-15 为 $1.3Q_\mathrm{d}$ 工况下，NPSHa 分别为 6.82m、4.18m 和 3.76m 时模型泵叶轮进口部分的空泡形态。

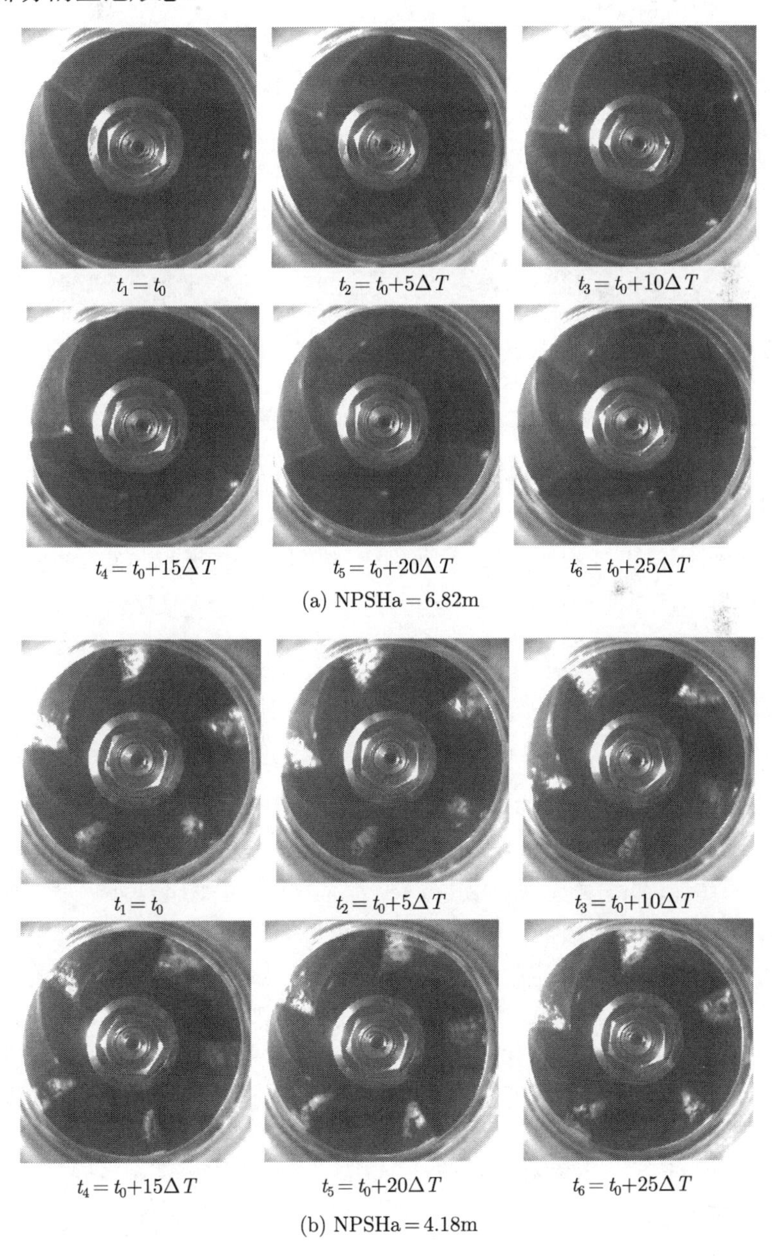

$t_1 = t_0$ $t_2 = t_0+5\Delta T$ $t_3 = t_0+10\Delta T$

$t_4 = t_0+15\Delta T$ $t_5 = t_0+20\Delta T$ $t_6 = t_0+25\Delta T$

(a) NPSHa = 6.82m

$t_1 = t_0$ $t_2 = t_0+5\Delta T$ $t_3 = t_0+10\Delta T$

$t_4 = t_0+15\Delta T$ $t_5 = t_0+20\Delta T$ $t_6 = t_0+25\Delta T$

(b) NPSHa = 4.18m

图 4-15 $1.3Q_{\mathrm{d}}$ 工况下模型泵叶轮进口部分的空泡形态

从图 4-15 中可以看出，与 $0.7Q_{\mathrm{d}}$ 和 $1.0Q_{\mathrm{d}}$ 工况相比，$1.3Q_{\mathrm{d}}$ 工况下的初生空化余量为 6.82m，高于前两个工况，并且空泡在多个叶片背面进口边附近产生，但是具体位置各不相同。当 NPSHa=3.76m 时，模型泵扬程明显下降，此时空泡的形态随叶轮的旋转已无明显变化，空泡约占整个叶片的 1/4，且靠后盖板一侧的空泡体积分数小于靠前盖板一侧。

4.3.4 空化诱导振动噪声特性

4.3.3 节中已经给出不同流量不同 NPSHa 工况下离心泵叶轮进口不同时刻的空泡分布图，图 4-16 和图 4-17 为 $0.7Q_{\mathrm{d}}$ 工况下，NPSHa 分别为 9.88m、3.71m、2.62m 和 2.47m 时离心泵各测点的振动和噪声信号的功率谱密度图，NPSHa 为 3.71m、2.62m 和 2.47m 时离心泵叶轮进口的空泡分布情况如图 4-13 所示。

从图 4-16 中可以看出，4 个加速度传感器测得的振动信号随空化余量降低的变化规律相似，在泵无空化时，轴频、叶频以及倍轴频、倍叶频是频谱的主要频率。随着 NPSHa 的下降，在 1500~2500Hz 频段内的峰值能量明显增加，图 4-17 中的噪声信号随 NPSHa 减小的变化趋势与振动信号相似，同样在 NPSHa 减小时，1500~2500Hz 频段内能量峰值增加，这说明空化的加剧诱发了宽频的振动和噪声信号。

图 4-18 和图 4-19 为 $1.0Q_{\mathrm{d}}$ 工况下，NPSHa 分别为 9.87m、5.75m、3.50m 和 3.24m 时离心泵各测点的振动和噪声信号的功率谱密度图。空泡分布情况的实验结

果如图 4-14 所示。

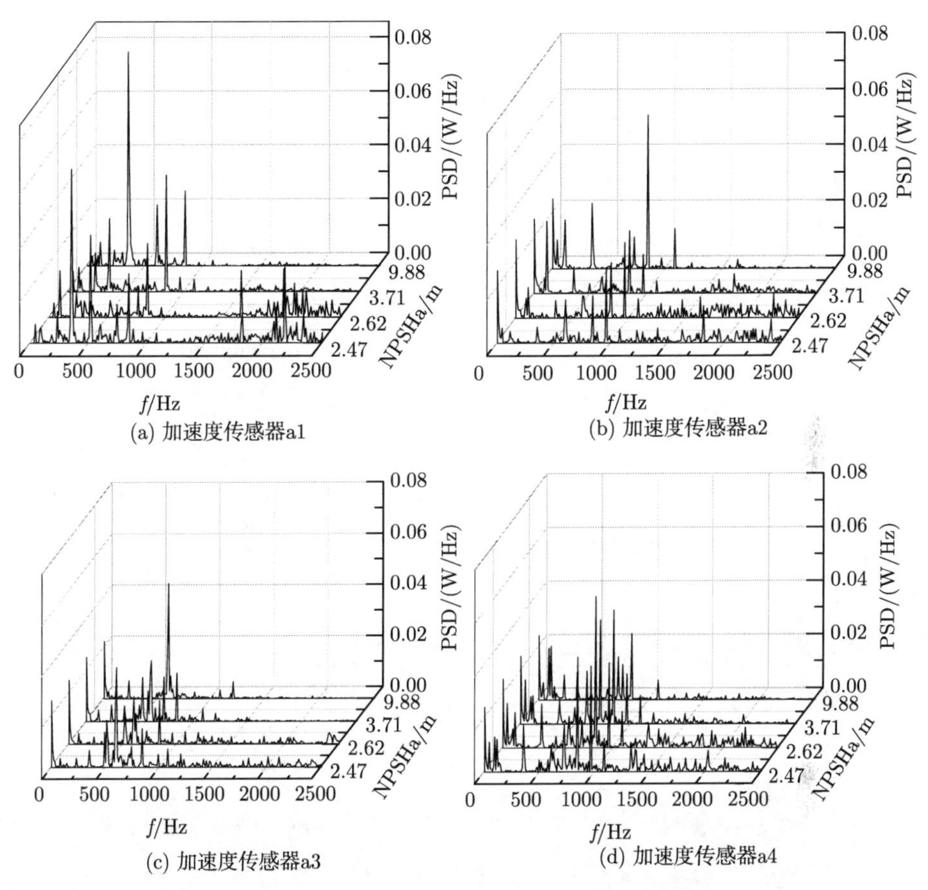

(a) 加速度传感器a1　(b) 加速度传感器a2

(c) 加速度传感器a3　(d) 加速度传感器a4

图 4-16　$0.7Q_{\mathrm{d}}$ 工况下离心泵各测点的振动信号的功率谱密度图

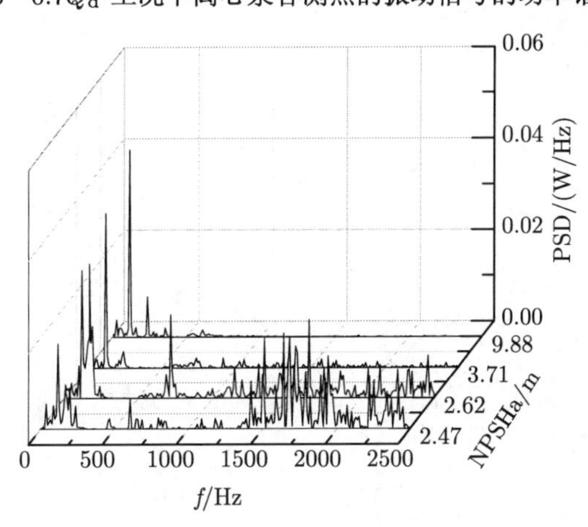

图 4-17　$0.7Q_{\mathrm{d}}$ 工况下离心泵各测点的噪声信号的功率谱密度图

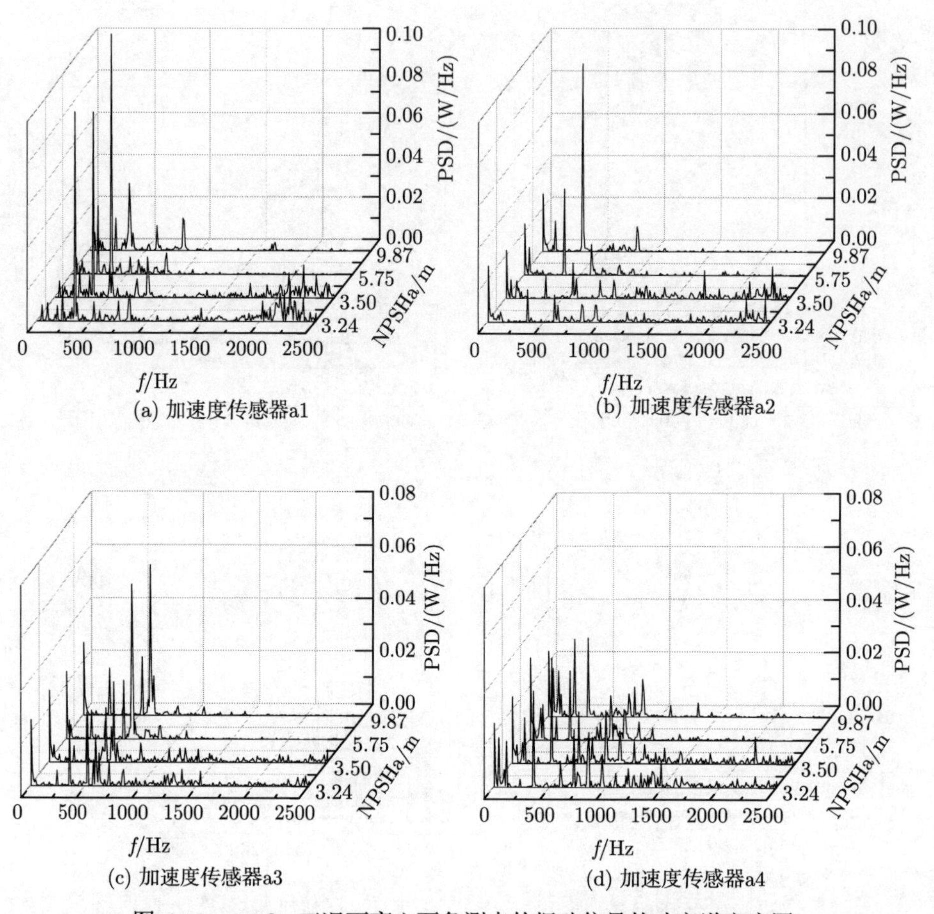

(a) 加速度传感器a1　　(b) 加速度传感器a2

(c) 加速度传感器a3　　(d) 加速度传感器a4

图 4-18　$1.0Q_{\mathrm{d}}$ 工况下离心泵各测点的振动信号的功率谱密度图

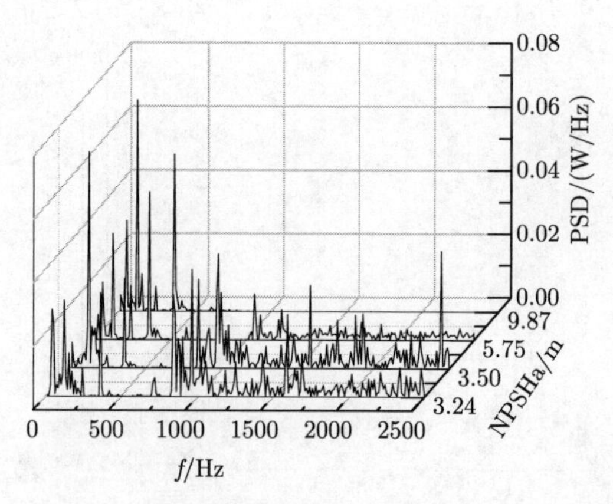

图 4-19　$1.0Q_{\mathrm{d}}$ 工况下离心泵各测点的噪声信号的功率谱密度图

从图 4-18 和图 4-19 中可以看出，4 个加速度传感器和水听器测得的不同空化余量时的振动和噪声信号的频谱相差不大，在 NPSHa=9.87m 时，泵内无空化产生，频谱主要集中在 1000Hz 以内，且以离散频率为主要频率，随着空化余量的下降，泵内空泡体积的增加，振动信号在 1750~2500Hz 频段内的能量峰值增加，噪声信号在 1000~2500Hz 频段内的能量峰值增加，说明大量不同尺度空泡的溃灭在宽频段引起较大的能量峰值。

图 4-20 和图 4-21 为 $1.3Q_d$ 工况下，NPSHa 分别为 9.62m、6.82m、4.18m 和 3.76m 时离心泵各测点的振动和噪声信号的功率谱密度图，空泡分布情况的实验结果如图 4-15 所示。

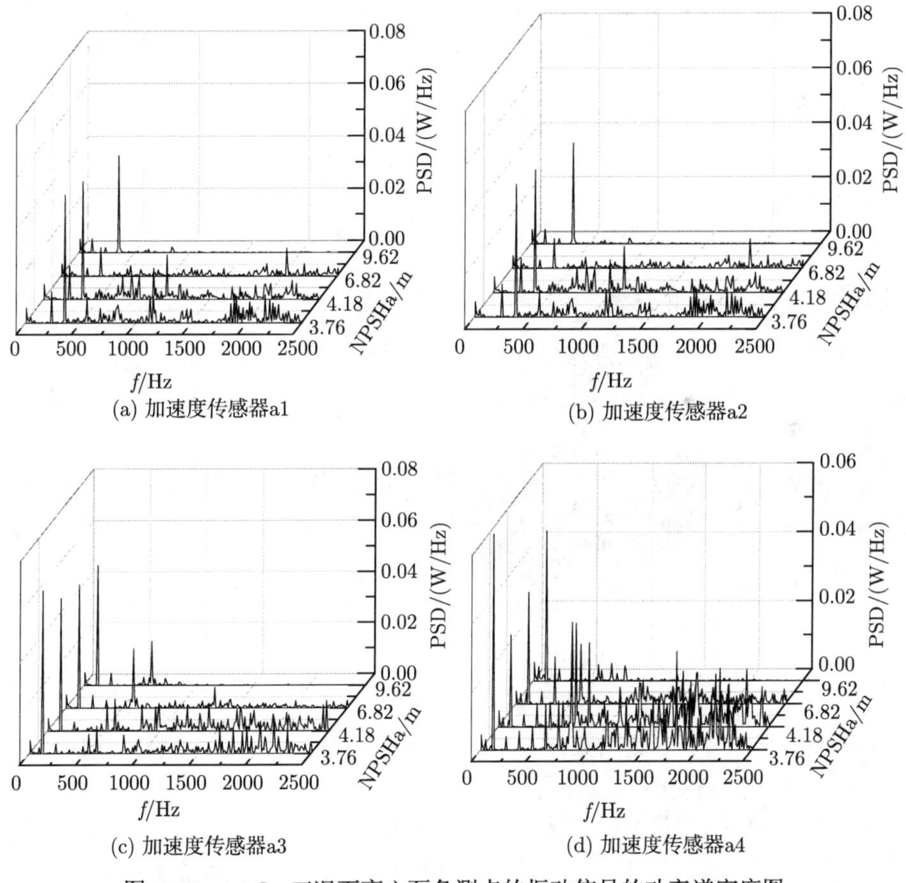

图 4-20 $1.3Q_d$ 工况下离心泵各测点的振动信号的功率谱密度图

从图 4-20 和图 4-21 中可以看出，在 $1.3Q_d$ 工况下，随着 NPSHa 的下降，4 个加速度传感器和水听器测得的振动信号和噪声信号的频谱在 1000~2500Hz 频段内的能量均有所增加，加速度传感器 a3 尤为明显，这个变化范围要大于 $0.7Q_d$ 和

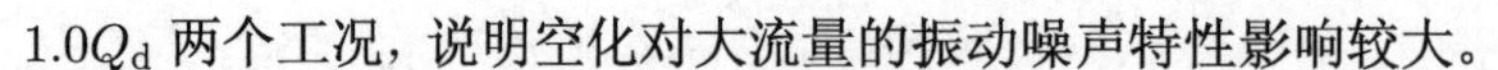

$1.0Q_\mathrm{d}$ 两个工况，说明空化对大流量的振动噪声特性影响较大。

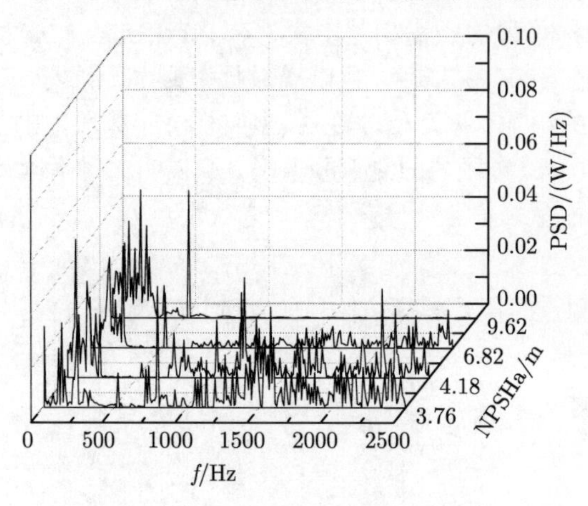

图 4-21　$1.3Q_\mathrm{d}$ 工况下离心泵各测点的噪声信号的功率谱密度图

4.4　离心泵空蚀的研究

4.4.1　离心泵空蚀预测方法

为了定量分析空蚀的蚀点数量与面积，采用基于 MATLAB 软件开发的蚀点计算图像处理方法 [4,5]。该方法将所有通过高速摄影采集的连续图像处理为一组组连续的矩阵

$$\mathrm{Image}(n)=\begin{bmatrix} A(1,1,n) & \cdots & A(i,1,n) \\ A(1,2,n) & \cdots & A(i,2,n) \\ \vdots & & \vdots \\ A(1,j,n) & \cdots & A(i,j,n) \end{bmatrix} \tag{4-1}$$

式中，$A(i,j,n)$ 代表对应位置像素点的值，$A(i,j,n)\in\{0,1,\cdots,255\}$；$n$ 代表图片序号，0 代表黑色，255 代表白色。

蚀点评估的方法为：将两张连续图像视为一组，用后一张图像的矩阵减去前一张图像的矩阵，得到新矩阵 $B(i,j)=A(i,j,t+\Delta t)-A(i,j,t)$。若新矩阵 $B(i,j)$ 中某元素的值为 0，则表示在 Δt 时间内，该像素点位置无腐蚀情况发生；若元素值不为 0，则认定在 Δt 时间内该像素点位置发生空蚀。但值得注意的是，即便在某一时间段内某位置无空蚀发生，照明的细微变化或实验台的振动等干扰因素也可能造成矩阵 $B(i,j)$ 的元素值非 0。为了减小这些因素对分析结果的影响，设定一个过滤值 f，当且仅当矩阵 $B(i,j)$ 的元素值大于 f 时，可将该点认定为蚀点，否则认为是由于上述干扰因素而导致元素值非 0，可将其忽略。最后将 n 组连续的矩

阵 $B(i,j)$ 相加，新矩阵 $C(i,j)$ 为第 n 张图像所对应时刻下的瞬态空蚀分布情况，图 4-22 为 $t+\Delta t$ 时刻的图像减去 t 时刻的图像后得到 Δt 时间内形成的蚀点分布情况。对最终得到的新矩阵 $C(i,j)$ 进行图像分析即可获得该时刻的蚀点数量及相应的空蚀面积。

图 4-22　Δt 时间内形成的蚀点分布情况

空泡结构实验数据采用标准方差与平均值的方法进行处理。图像的平均值与标准方差分别定义为

$$\mu(i,j)=\frac{1}{N}\sum_{n=1}^{N}A(i,j,n) \tag{4-2}$$

$$\zeta(i,j)=\sqrt{\frac{1}{N-1}\sum_{n=1}^{N}[A(i,j,n)-\mu(i,j)]^2} \tag{4-3}$$

式中，N 为图像总数。图像标准方差分布反映的是每幅图像中像素 $A(i,j,n)$ 与该像素 N 幅图像平均值之间的均方差，从而得到关注区域内每个像素点的变化情况。由于空化具有周期溃灭的特殊运动特征，所以在溃灭点附近的图像像素点变化最为剧烈，采用标准方差分析的方法能够给出这些变化剧烈像素点的准确位置。前面研究表明空泡溃灭是造成空蚀破坏的主要原因，因此通过对空泡结构演变图像数据进行标准方差分布分析可以获得空泡溃灭点的分布情况，进而对空蚀的区域做出预测。

基于空蚀图像的空蚀预测方法的核心原理为运用标准方差分析图像中每个像素点的变化，但若每幅图像的像素点非固定则无法进行分析，故将高速摄影获得的图像按摄像机采样频率或计算时间步长进行无拉伸旋转，保证离心泵内的流道固定，如图 4-23 所示，图 4-23(b) 为将图片按逆时针方向旋转 60°，各流道位置保持不变。

随后应用圆形裁剪法将图像的四角与中间叶轮螺母部分切除并替换为黑色底纹，以降低标准方差分析这些区域的干扰，裁剪后的图像如图 4-24 所示。

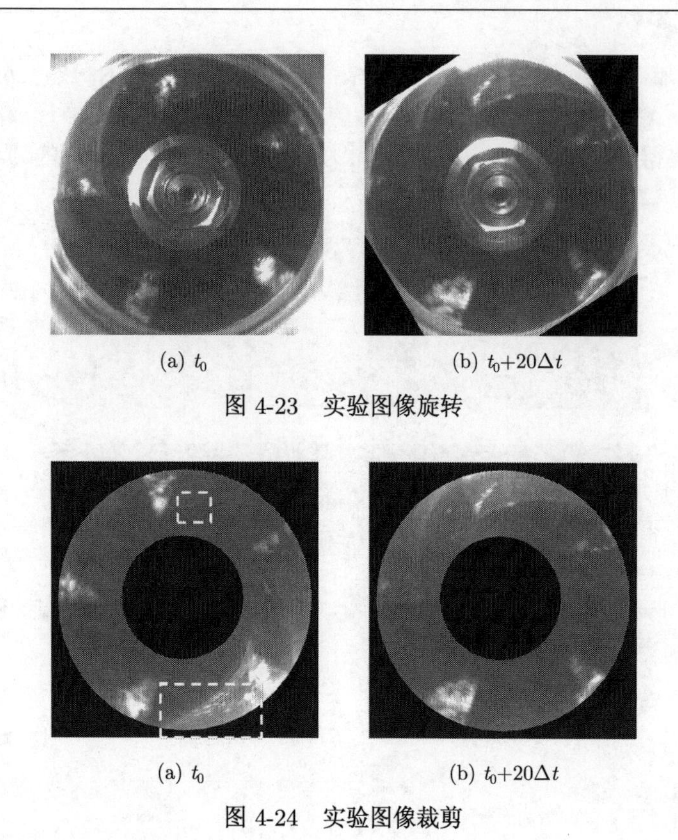

(a) t_0　　　　(b) $t_0+20\Delta t$

图 4-23　实验图像旋转

(a) t_0　　　　(b) $t_0+20\Delta t$

图 4-24　实验图像裁剪

经过处理后的图像保证了叶轮叶片不会随着时间而运动，因而能够应用前面空蚀图像预测方法进行分析。

4.4.2　离心泵空蚀结果分析

图 4-25 给出了利用高速摄影图像经空蚀图像预测法分析后得到的叶片表面空蚀预测区域云图 (左) 与空泡分布平均值云图 (右)。需要说明的是，图中虚线框处的高值区域并非空蚀区域，造成这一现象的原因是透明有机玻璃的制造工艺，且因为叶片为扭曲叶片，当该叶片转动到某位置时，由照明产生的反射光强于其他部位，如图 4-25 中虚线框所示。可以发现，随着空化的加剧，空化区域增大，相应的空蚀区域也随之增大；叶片前缘分别与前盖板、后盖板相连的部位为主要的空化初生点；空蚀位置与空化区域基本相当，但主体偏向空穴尾端，表明离心泵中附着空泡尾端的高湍流不稳定现象同样会对固壁表面造成破坏；每个流道的空蚀区域不同，这是由于叶轮与蜗壳的动静干涉作用使得每个叶片在一个旋转周期内的空泡长度不一，如图中空泡分布云图所示，当叶片旋转至蜗壳隔舌位置时空泡长度最短，在离隔舌最远端达到最大值。

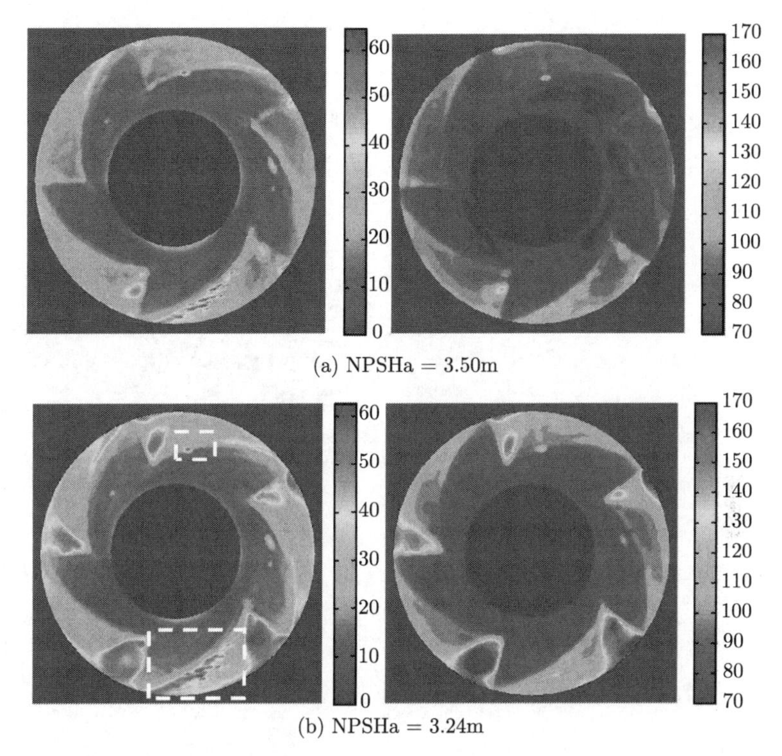

(a) NPSHa = 3.50m

(b) NPSHa = 3.24m

图 4-25 叶片表面空蚀预测区域云图 (左) 与空泡分布平均值云图 (右)

4.4.3 离心泵空蚀实验

为了验证离心泵空蚀图像预测方法的有效性，采用叶片表面贴铝箔膜的方法进行离心泵空蚀实验，所采用实验系统如图 4-6 所示。图 4-26 为叶片表面贴有铝箔膜的叶轮模型。实验运行工况为 NPSHa=3.24m，运行时长为 10min，实验结果如图 4-26(b) 所示。可以发现蚀点主要发生在叶片与后盖板和前盖板相连的区域，且空蚀区域与空泡结构和图 4-25 预测得到的结果大致吻合，同样为三角结构，证明建立的离心泵图像空蚀预测方法有效。

(a) 测试前

(b) 测试后

图 4-26 叶片表面贴有铝箔膜的叶轮模型

参考文献

[1] 王勇. 离心泵空化及其诱导振动噪声研究 [D]. 镇江：江苏大学，2011.

[2] Wang Y, Zhuang S G, Liu H L, et al. Image post-processed approaches for cavitating flow in orifice plate[J] .Journal of Mechanical Science and Technology, 2017, 31(7): 3305-3315.

[3] 王勇，刘厚林，王健，等. 离心泵叶轮进口空化形态的实验测量 [J]. 农业机械学报，2013, 44(7): 45-49.

[4] Dular M, Bachert B, Stoffel B, et al. Relationship between cavitation structures and cavitation damage[J]. Wear, 2004, 257(11): 1176-1184.

[5] Dular M, Osterman A. Pit clustering in cavitation erosion[J]. Wear, 2008, 265(5-6): 811-820.

第 5 章　离心泵内部空化特性的数值计算

随着计算机技术及计算流体力学等学科的快速发展，数值模拟以其自身的特性和独特的功能，与理论分析及实验研究相辅相成，逐渐成为研究流体机械内部流动问题的重要方法，也使得通过数值模拟方法研究水力机械内部的空化流场成为可能 [1−8]。

5.1　空化数值模拟理论基础

5.1.1　控制方程

1. 连续性方程

连续性方程是质量守恒定律的数学表达式，其微分方程的张量形式为

$$\frac{\partial \rho}{\partial t}+\frac{\partial (\rho u_j)}{\partial x_j}=0 \tag{5-1}$$

式中，t 为时间；$u_j(j=1，2，3)$ 为与坐标轴 x_j 平行的速度分量；ρ 为流体的密度。

对于定常、不可压流动，连续性方程与速度的散度为零，即

$$\text{div}(U)=\frac{\partial u}{\partial x}+\frac{\partial v}{\partial y}+\frac{\partial w}{\partial z} \tag{5-2}$$

式中，$\text{div}(U)$ 为速度的散度；u、v、w 为速度矢量 U 在 x、y、z 三个坐标上的投影。

2. 动量方程

动量方程，即 Navier-Stokes 方程，是动量守恒定律的数学表达式。不可压黏性流体动量方程的微分方程的张量形式为

$$\frac{\partial (u_i)}{\partial t}+\frac{\partial (u_i u_j)}{\partial x_j}=f_i-\frac{1}{\rho}\frac{\partial p}{\partial x_i}+\nu\frac{\partial^2 u_i}{\partial x_j \partial x_j} \tag{5-3}$$

式中，p 为压强；ν 为运动黏度；f_i 为体积力。

因为离心泵的内部流动为复杂的三维湍流，是一种流动参量随时间、空间随机变化的不规则流动状态，流场中分布着无数大小和形状不一的旋涡，随流场几何空间的情况而定。大涡由边界条件决定，其形成和存在的时间较长，作为流场特征的

涡结构，即湍流的拟序结构。小涡则是无序随机的。虽然 Navier-Stokes 方程组仍然可以描述此类流动，但是由于湍流流场中时间及空间特征尺度之间的巨大差异，目前仍然难以直接求解 Navier-Stokes 方程组来研究实际的流动问题。从工程角度考虑，人们所关心的往往只是在湍流时间尺度上平均的流场，所以当前工程上一般选用雷诺时均方程对离心泵进行数值模拟。雷诺时均方程由 Navier-Stokes 方程经过时均化处理得到，其张量表达式为

$$\frac{\partial u_i}{\partial t}+u_j\frac{\partial u_i}{\partial x_j}=f_i-\frac{1}{\rho}\frac{\partial p}{\partial x_i}+\frac{\partial}{\partial x_j}\left(\nu\frac{\partial u_i}{\partial x_j}-\overline{u_i'u_j'}\right) \tag{5-4}$$

式中，u_i' 为速度脉动量。

对于定常、不可压流动且不考虑体积力的情况，上述方程可以写成下列形式：

$$u_j\frac{\partial u_i}{\partial x_j}=-\frac{1}{\rho}\frac{\partial p}{\partial x_i}+\frac{\partial}{\partial x_j}\left(\nu\frac{\partial u_i}{\partial x_j}-\overline{u_i'u_j'}\right) \tag{5-5}$$

3. 汽相体积分数输运方程

体积分数输运方程的提出是为了求解流场中汽/液两相分布。需要指出的是，两相被认为是不可压缩的且具有相同的瞬时速度场和压力场，即

$$\frac{\partial\left(\alpha_{\mathrm{v}}\rho_{\mathrm{v}}\right)}{\partial t}+\frac{\partial(\alpha_{\mathrm{v}}\rho_{\mathrm{v}}u_j)}{\partial x_j}=R \tag{5-6}$$

式中，R 为相间质量传输率；ρ_{v} 为汽相密度；α_{v} 为汽相体积分数。

ρ 和 μ 分别定义为汽相与液相的体积加权平均，即

$$\rho=\rho_{\mathrm{v}}\alpha_{\mathrm{v}}+\rho_{\mathrm{l}}\left(1-\alpha_{\mathrm{v}}\right) \tag{5-7}$$

$$\mu=\mu_{\mathrm{v}}\alpha_{\mathrm{v}}+\mu_{\mathrm{l}}\left(1-\alpha_{\mathrm{v}}\right) \tag{5-8}$$

式中，ρ_{l} 为液相密度；μ_{l}、μ_{v} 分别为液相与汽相的动力黏度。

相间质量传输率 R 可以用合适的空化模型来模拟，即

$$R=R_{\mathrm{e}}-R_{\mathrm{c}} \tag{5-9}$$

式中，R_{e}、R_{c} 分别代表蒸汽生成率和蒸汽凝结率。

5.1.2 湍流模型

前文提及，在水力机械空化数值模拟中湍流模型的选择对计算结果的影响较大。目前，由于雷诺时均 N-S 方法在计算时表现出较好的收敛稳定性与精确性，已成为应用最为广泛的流体计算方法，其方程表达式为

$$\frac{\partial\rho}{\partial t}+\frac{\partial}{\partial x_i}\left(\rho u_i\right)=0 \tag{5-10}$$

$$\frac{\partial}{\partial t}(\rho u_i)+\frac{\partial}{\partial x_j}(\rho u_i u_j)=-\frac{\partial p}{\partial x_i}+\frac{\partial}{\partial x_i}\left(\mu\frac{\partial u_i}{\partial x_j}-\rho\overline{u_i' u_j'}\right) \tag{5-11}$$

式中，ρ 为介质密度；μ 为介质的动力黏度；$-\rho\overline{u_i' u_j'}$ 为雷诺应力。

基于雷诺时均方程，并假定湍流雷诺应力与应变成正比 (即 Boussinesq 假设)，同时增加另外的微分方程使整个方程组封闭。根据这些微分方程的个数，雷诺时均湍流模型可以分为零方程模型、一方程模型、两方程模型与多方程模型等。其中，又以两方程模型应用最为广泛，如标准 k-ε 模型、RNG k-ε 模型、k-ω 模型和 SST k-ω 模型等。

1. 标准 k-ε 模型

标准 k-ε 模型最早由 Harlow 和 Nakayama 于 1967 年提出，随后经由 Launder 和 Spalding 加以改进 [9,10]。其表达式为

$$\frac{\partial(\rho k)}{\partial t}+\frac{\partial(\rho k\overline{u_j})}{\partial x_j}=\frac{\partial}{\partial x_j}\left[\left(\mu_{\mathrm{m}}+\frac{\mu_{\mathrm{t}}}{\sigma_k}\right)\frac{\partial k}{\partial x_j}\right]+P_{\mathrm{t}}-\rho\varepsilon \tag{5-12}$$

$$\frac{\partial(\rho\varepsilon)}{\partial t}+\frac{\partial(\rho\varepsilon\overline{u_j})}{\partial x_j}=\frac{\partial}{\partial x_j}\left[\left(\mu_{\mathrm{m}}+\frac{\mu_{\mathrm{t}}}{\sigma_\varepsilon}\right)\frac{\partial\varepsilon}{\partial x_j}\right]+C_{\varepsilon1}P_{\mathrm{t}}\frac{\varepsilon}{k}-C_{\varepsilon2}\rho\frac{\varepsilon^2}{k} \tag{5-13}$$

模型中的湍流涡黏度 μ_{t} 与湍动能的二次幂 k^2 和湍流耗散率 ε 的比值成正比，即

$$\mu_{\mathrm{t}}=\rho C_\mu\frac{k^2}{\varepsilon} \tag{5-14}$$

式中，P_{t} 为湍动能生成项；其余常数项根据 Launder 等的推荐值及后来的实验验证，取值分别为 $C_{\varepsilon1}=1.44$，$C_{\varepsilon2}=1.92$，$\sigma_k=1.0$，$\sigma_\varepsilon=1.3$，$C_\mu=0.09$。

该模型凭借其简单的结构、稳定的收敛性、较高的精确性及优异的普适性，成为工程流体计算应用最为广泛的湍流模型。然而，在实际应用过程中，尤其是在空化流计算中，标准 k-ε 模型还存在一定的缺陷。由于雷诺时均 N-S 方法是将稳态流场数据进行平均，定义湍流黏度为湍动能 k 与耗散率 ε 的比值，这就表明标准 k-ε 模型描述的是空化流场中的大尺度湍流现象，所以无法有效地求解具有多重湍流尺度的流动，容易造成湍流黏度过预测的问题 [11]，而空化的非定常多相流特性决定其是一种具备多重湍流尺度的流动，其中湍流黏度又是影响空化泡脱落的重要因素之一。因此，标准 k-ε 湍流模型在处理空化问题时存在着明显的缺陷 [12−15]，无法准确地捕捉空泡脱落与溃灭的非定常过程。

2. RNG k-ε 模型

Yakhot 等在标准 k-ε 模型的基础上提出了一种基于重整化群的方法，即 RNG (renormalization group) k-ε 模型 [16,17]。该模型由于在湍流耗散率 ε 方程中增加了一个 R 项，考虑了湍流的各向异性及旋流流动情况，因而在空化数值计算中有着

较好的表现 [15,18,19]。该模型的湍流黏度 μ_t、湍动能 k 方程与标准 k-ε 模型中的 k 方程形式完全一致，仅系数有所差异，故此处仅给出 ε 方程如下：

$$\frac{\partial\left(\rho\varepsilon\right)}{\partial t}+\frac{\partial\left(\rho\varepsilon u_i\right)}{\partial x_i}=\frac{\partial}{\partial x_j}\left[\left(\mu_\mathrm{m}+\frac{\mu_\mathrm{t}}{\sigma_\varepsilon}\right)\frac{\partial\varepsilon}{\partial x_j}\right]+C_{\varepsilon1}P_\mathrm{t}\frac{\varepsilon}{k}-C_{\varepsilon2}\rho\frac{\varepsilon^2}{k}-R \tag{5-15}$$

$$R=\frac{\eta\left(1-\eta/\eta_0\right)}{1+\beta\eta^3}\frac{\varepsilon}{k}P_\mathrm{t} \tag{5-16}$$

$$\eta=\frac{Sk}{\varepsilon} \tag{5-17}$$

$$S=\sqrt{2\overline{S_{ij}}S_{ij}} \tag{5-18}$$

$$\overline{S_{ij}}=\frac{1}{2}\left(\frac{\partial u_i}{\partial x_j}+\frac{\partial u_j}{\partial x_i}\right) \tag{5-19}$$

式中，各常数项分别取值为：$C_{\varepsilon1}$=1.42，$C_{\varepsilon2}$=1.68，σ_k=0.7179，σ_ε=0.7179，η_0=4.38，β=0.012，C_μ=0.085。

3. k-ω 模型

Wilcox 在考虑了低雷诺数、可压缩性及剪切流传播等流场特征因素后，于 1988 年提出了 k-ω 模型 [20,21]。该模型采用湍流脉动频率 (turbulent frequency)ω 代替标准 k-ε 模型中的 ε 方程，并将湍流黏度 μ_t 定义为

$$\mu_\mathrm{t}=\rho C_\mu\frac{k}{\omega} \tag{5-20}$$

式中，

$$\omega=\frac{\varepsilon}{k} \tag{5-21}$$

将上述两式代入式 (5-12) 和式 (5-13)，可得到 k-ω 湍流模型方程为

$$\frac{\partial(\rho k)}{\partial t}+\frac{\partial(\rho k\overline{u_j})}{\partial x_j}=\frac{\partial}{\partial x_j}\left[\left(\mu_\mathrm{m}+\frac{\mu_\mathrm{t}}{\sigma_k}\right)\frac{\partial k}{\partial x_j}\right]+P_\mathrm{t}-\rho k\omega \tag{5-22}$$

$$\frac{\partial(\rho\omega)}{\partial t}+\frac{\partial(\rho\omega\overline{u_j})}{\partial x_j}=\frac{\partial}{\partial x_j}\left[\left(\mu_\mathrm{m}+\frac{\mu_\mathrm{t}}{\sigma_\varepsilon}\right)\frac{\partial\omega}{\partial x_j}\right]+C_{\omega1}P_\mathrm{t}\frac{\omega}{k}-C_{\omega2}\rho\omega^2 \tag{5-23}$$

式中，$C_{\omega1}$=0.555，$C_{\omega2}$=0.833，σ_k=2.0，σ_ε=2.0，C_μ=0.09。

k-ω 模型在近壁面处的边界条件为，y=0 时 k=0，$y=y_1$ 时 ω=7.2u/y_2，其中 y_1 表示离壁面最近的一层网格单元到壁面的法相距离。因此，在使用 k-ω 湍流模型时，需将第一层网格布置在黏性底层内，这就导致该模型对网格有着较高的要求。同时，由于采用了湍流脉动频率 ω 作为定义湍流涡黏度的变量，计算对进口自由流的湍流边界条件具有高度的敏感性，如湍流强度 (turbulence intensity) 与湍流长度尺度 (turbulent length scale) 或者涡流黏性比 (eddy viscosity ratio)，故计算结果极其依赖于使用者的经验，即对实际应用环境的预估 [22,23]。

4. SST k-ω 模型

随后，Menter 等在 Wilcox 的基础上提出了一种 SST(shear stress tranport) k-ω 湍流模型[24−26]。该模型在近壁处，即边界层内层采用 Wilcox k-ω 湍流模型，而在自由剪切层内和边界层边缘采用标准 k-ε 模型；在边界层交界混合区域通过加权函数 F_1 来调配两种模型，其方程表达式为

$$\mu_{\mathrm{t}} = \frac{a_1 k}{\max(a_1\omega, SF_2)} \tag{5-24}$$

$$\frac{\partial(\rho k)}{\partial t} + \frac{\partial(\rho k\overline{u_j})}{\partial x_j} = \frac{\partial}{\partial x_j}\left[\left(\mu_{\mathrm{m}} + \frac{\mu_{\mathrm{t}}}{\sigma_k}\right)\frac{\partial k}{\partial x_j}\right] + P_{\mathrm{t}} - \rho\beta^* k\omega \tag{5-25}$$

$$\begin{aligned}\frac{\partial(\rho\omega)}{\partial t} + \frac{\partial(\rho\omega\overline{u_j})}{\partial x_j} &= \frac{\partial}{\partial x_j}\left[\left(\mu_{\mathrm{m}} + \frac{\mu_{\mathrm{t}}}{\sigma_\varepsilon}\right)\frac{\partial \omega}{\partial x_j}\right] \\ &\quad + C_{\omega 1}P_{\mathrm{t}}\frac{\omega}{k} - \rho\beta\omega^2 + 2(1-F_1)\rho\sigma_{\omega 2}\frac{1}{\omega}\frac{\partial k}{\partial x_j}\frac{\partial \omega}{\partial x_j}\end{aligned} \tag{5-26}$$

式中，

$$F_1 = \tanh\left(\arg_1^4\right) \tag{5-27}$$

$$\arg_1 = \min\left[\max\left(\frac{\sqrt{k}}{\beta^*\omega y}, \frac{500v}{y^2\omega}\right),\ \frac{4\rho k}{CD_{k\omega}\sigma_{\omega 2}y^2}\right] \tag{5-28}$$

$$F_2 = \tanh\left(\arg_2^2\right) \tag{5-29}$$

$$\arg_2 = \max\left(\frac{2\sqrt{k}}{\beta^*\omega y}, \frac{500\nu}{y^2\omega}\right) \tag{5-30}$$

$$CD_{k\omega} = \max\left(2\rho\frac{1}{\sigma_{\omega 2}\omega}\frac{\partial k}{\partial x_j}\frac{\partial \omega}{\partial x_j},\ 1.0\times 10^{-10}\right) \tag{5-31}$$

上述方程中的常数项分别为：β^*=0.09，a_1=5/9，$\sigma_{\omega 1}$=0.5，$\sigma_{\omega 2}$=0.856。

Menter SST k-ω 模型由于其特殊的流场处理方式，故在具有逆压力梯度或流动分离的流场中有着很好的表现。然而，也正因为如此，该模型在滞止区或高速流动的区域易造成湍流强度的过预测，导致计算无法准确地解析空化的非定常动力现象。

5.1.3 空化模型

目前，国内外广泛用于离心泵空化流数值预测的空化模型主要有 Zwart 模型和 FCM 模型 (完全空化模型)，这主要是由于这两个模型分别为商业软件 CFX 和 Fluent 默认的空化模型。然而，ANSYS 公司最新的报告指出[27]，FCM 模型的收敛性和预测精度要远远低于 Zwart 模型和 Schnerr-Sauer 模型。同时，Kunz 模型

由于其独特属性 (源于经验公式，而不是由 Rayleigh-Plesset 方程推导得出)，在空化流数值预测中也得到了极大的关注。因此，近年来，Schnerr-Sauer 模型和 Kunz 模型也越来越多地被应用于各种空化流的数值预测 [28−34]。

1. Zwart 模型

描述空化流场的方程组系统不封闭，未知量 (u、p、ρ) 的个数多于方程 (连续性方程、动量方程) 的个数，这就必须寻求建立汽/液混合介质密度 ρ 与其他物理量之间的关系式，即增加空化模型。这里采用的空化模型为 CFX 软件已集成的 Zwart 空化模型，推导过程如下。

在大多数工程条件下，假设有足够的气核能够导致空化初生。因此，把重点主要放在空泡的生长与溃灭的合理描述上。在流体和空泡之间具有零滑移速度的假设下，空泡动力方程可以从 Rayleigh-Plesset 方程推导得出：

$$R_{\mathrm{B}}\frac{\mathrm{d}^2R_{\mathrm{B}}}{\mathrm{d}t^2}+\frac{3}{2}\left(\frac{\mathrm{d}R_{\mathrm{B}}}{\mathrm{d}t}\right)^2+\frac{2T}{R_{\mathrm{B}}}=\frac{p_{\mathrm{v}}-p}{\rho_{\mathrm{l}}} \tag{5-32}$$

式中，R_{B} 为空泡半径；T 为表面张力系数；p_{v} 为汽化压力。由式 (5-32) 所示的 Rayleigh-Plesset 方程可知，单个蒸汽泡尺寸的变化主要取决于汽化压力和局部静压的差值。由于以上的非线性常微分方程很难在用于多相流的欧拉–欧拉 (Eulerian-Eulerian) 框架内实现，因此，这里使用一个一阶近似，即忽略二阶项和表面张力项，上述方程简化为

$$\frac{\mathrm{d}R_{\mathrm{B}}}{\mathrm{d}t}=\sqrt{\frac{2}{3}\frac{p_{\mathrm{v}}-p}{\rho_{\mathrm{l}}}} \tag{5-33}$$

式 (5-33) 为把空泡动力学的影响引入空化模型提供了一种物理方法。假设在一个控制体中所有的蒸汽泡具有相同的尺寸，Zwart 等采用单位体积空泡数 n_0 以及单个空泡质量传输率求得总相间质量传输率 R 的表达式为

$$R=n_0\times\left(4\pi R_{\mathrm{B}}^2\rho_{\mathrm{v}}\frac{\mathrm{d}R_{\mathrm{B}}}{\mathrm{d}t}\right) \tag{5-34}$$

单位体积空泡数 n_0 的表达式取决于相变的方向，对于空泡的生长 (汽化)，n_0 由式 (5-35) 给出：

$$n_0=(1-\alpha_{\mathrm{v}})\frac{3\alpha_{\mathrm{ruc}}}{4\pi R_{\mathrm{B}}^3} \tag{5-35}$$

对于空泡的溃灭过程 (凝结)，n_0 由式 (5-36) 给出：

$$n_0=\frac{3\alpha_{\mathrm{v}}}{4\pi R_{\mathrm{B}}^3} \tag{5-36}$$

把式 (5-34)∼ 式 (5-36) 合并即可推导得出空化模型的最后形式：

$$R_{\mathrm{e}}=F_{\mathrm{vap}}\frac{3\alpha_{\mathrm{ruc}}\,(1-\alpha_{\mathrm{v}})\,\rho_{\mathrm{v}}}{R_{\mathrm{B}}}\sqrt{\frac{2}{3}\frac{p_{\mathrm{v}}-p}{\rho_{\mathrm{l}}}},\quad p<p_{\mathrm{v}} \tag{5-37}$$

$$R_{\mathrm{c}}=F_{\mathrm{cond}}\frac{3\alpha_{\mathrm{v}}\rho_{\mathrm{v}}}{R_{\mathrm{B}}}\sqrt{\frac{2}{3}\frac{p-p_{\mathrm{v}}}{\rho_{\mathrm{l}}}},\quad p>p_{\mathrm{v}} \tag{5-38}$$

式中，α_{ruc} 为成核位置体积分数；F_{vap}、F_{cond} 分别为对应于汽化和凝结过程的两个经验校正系数。在 CFX 软件中，以上经验系数的默认值分别为 $\alpha_{\mathrm{ruc}}=5\times10^{-4}$，$R_{\mathrm{B}}=2.0\times10^{-6}\mathrm{m}$，$F_{\mathrm{vap}}=50$，$F_{\mathrm{cond}}=0.01$。此外，$F_{\mathrm{vap}}$ 和 F_{cond} 之所以不相等，是因为凝结过程通常要比蒸发过程慢得多 [35]。

2. Schnerr-Sauer 模型

该模型和 Zwart 模型一样，也是基于简化的 Rayleigh-Plesset 方程，模型推导过程如下。

由连续方程 (5-1) 和汽相体积分数输运方程 (5-6) 可得到速度的散度如下：

$$\frac{\partial u_j}{\partial x_j}=-\frac{1}{\rho}\frac{\partial\rho}{\partial t}=\frac{\rho_{\mathrm{l}}-\rho_{\mathrm{v}}}{\rho}\frac{d\alpha_{\mathrm{v}}}{\mathrm{d}t} \tag{5-39}$$

使用方程 (5-8)，则汽相体积分数输运方程的守恒形式可以写成以下形式：

$$\frac{\partial\left(\alpha_{\mathrm{v}}\rho_{\mathrm{v}}\right)}{\partial t}+\frac{\partial\left(\alpha_{\mathrm{v}}\rho_{\mathrm{v}}u_j\right)}{\partial x_j}=\left(\frac{\rho_{\mathrm{v}}\rho_{\mathrm{l}}}{\rho_{\mathrm{m}}}\frac{\mathrm{d}\alpha_{\mathrm{v}}}{\mathrm{d}t}\right) \tag{5-40}$$

由式 (5-40) 得出单位体积相间质量传输率为

$$R=\frac{\rho_{\mathrm{v}}\rho_{\mathrm{l}}}{\rho_{\mathrm{m}}}\frac{\mathrm{d}\alpha_{\mathrm{v}}}{\mathrm{d}t} \tag{5-41}$$

与 Zwart 模型不同的是，Schenerr 和 Sauer 认为蒸汽是由微小球形空泡组成，因此汽相 (液相) 体积分数可以由单位液体体积空泡数 n_0 计算：

$$\alpha_{\mathrm{v}}=\frac{n_0\frac{4}{3}\pi R_{\mathrm{B}}^3}{1+n_0\frac{4}{3}\pi R_{\mathrm{B}}^3} \tag{5-42}$$

从而推导得出模型的最终形式如下：

$$R_{\mathrm{e}}=3\frac{\rho_{\mathrm{v}}\rho_{\mathrm{l}}}{\rho}\frac{\alpha_{\mathrm{v}}\left(1-\alpha_{\mathrm{v}}\right)}{R_{\mathrm{B}}}\sqrt{\frac{2}{3}\frac{p_{\mathrm{v}}-p}{\rho_{\mathrm{l}}}},\quad p<p_{\mathrm{v}} \tag{5-43}$$

$$R_{\mathrm{c}}=3\frac{\rho_{\mathrm{v}}\rho_{\mathrm{l}}}{\rho}\frac{\alpha_{\mathrm{v}}\left(1-\alpha_{\mathrm{v}}\right)}{R_{\mathrm{B}}}\sqrt{\frac{2}{3}\frac{p-p_{\mathrm{v}}}{\rho_{\mathrm{l}}}},\quad p>p_{\mathrm{v}} \tag{5-44}$$

式中，空泡半径 $R_{\mathrm{B}}=\left(\dfrac{3\alpha_{\mathrm{v}}}{4\pi n_0(1-\alpha_{\mathrm{v}})}\right)^{1/3}$。

该模型中质量传输率正比于 $\alpha_{\mathrm{v}}(1-\alpha_{\mathrm{v}})$，而且函数 $f\left(\alpha_{\mathrm{v}},\rho_{\mathrm{v}},\rho_{\mathrm{l}}\right)=\rho_{\mathrm{v}}\rho_{\mathrm{l}}\alpha_{\mathrm{v}}(1-\alpha_{\mathrm{v}})/\rho$ 的一个显著特点是当 $\alpha_{\mathrm{v}}=0$ 或 $\alpha_{\mathrm{v}}=1$ 时，$f\left(\alpha_{\mathrm{v}},\rho_{\mathrm{v}},\rho_{\mathrm{l}}\right)$ 接近于 0；而 α_{v} 在 0 和 1 之间时，$f\left(\alpha_{\mathrm{v}},\rho_{\mathrm{v}},\rho_{\mathrm{l}}\right)$ 达到最大值。该模型唯一要确定的参数是 n_0。就目前的工作来看，广泛的研究表明最优的空泡数密度在 10^{13} 左右 [36]。

3. Kunz 模型

该模型是 Kunz 等在 Merkle 工作基础上提出的。与其他输运方程类空化模型相比，该模型最大的特点在于采用两种不同的方法推导得出质量传输率的表达式。对于液相到汽相的传输，质量传输率正比于汽化压力和流场压力之间的差值，这一部分继承了 Merkle 的工作；而对于汽相到液相的传输，则是借用了 Ginzburg-Landau 势函数的简化形式，质量传输率基于汽相体积分数的三次多项式。模型形式如下：

$$R_{\mathrm{e}}=\frac{C_{\mathrm{dest}}\rho_{\mathrm{v}}\left(1-\alpha_{\mathrm{v}}\right)\max\left(p_{\mathrm{v}}-p,0\right)}{\left(0.5\rho_{\mathrm{l}}U_{\infty}^{2}\right)t_{\infty}} \tag{5-45}$$

$$R_{\mathrm{c}}=\frac{C_{\mathrm{prod}}\rho_{\mathrm{v}}\alpha_{\mathrm{v}}\left(1-\alpha_{\mathrm{v}}\right)^{2}}{t_{\infty}} \tag{5-46}$$

式中，U_{∞} 为自由流速度；$t_{\infty}=L/U_{\infty}$ 为特征时间尺度，L 为特征长度；$C_{\mathrm{dest}}=9\times10^{5}$，$C_{\mathrm{prod}}=3\times10^{4}$。

5.1.4 边界条件

1. 进出口边界条件

进出口边界条件对计算的收敛性和计算结果的准确度都具有重要的影响，本书重点介绍如下两种稳健的进出口边界条件。

(1) 进口边界条件采用总压进口 (total pressure inlet)，出口边界条件采用恒定的质量流量 (mass flow rate)。假设在进口截面上压力为均匀分布。

(2) 进口边界条件采用速度进口 (velocity inlet)，出口边界条件采用静压力出口 (statics pressure outlet)。假设在进口截面上速度为均匀分布。

对于两种边界条件进口处的湍动能值 k_{in} 和进口处湍动能耗散率 $\varepsilon_{\mathrm{in}}$，均按下列公式计算：

$$k_{\mathrm{in}}=0.005u_{\mathrm{in}}^{2} \tag{5-47}$$

$$\varepsilon_{\mathrm{in}}=\frac{C_{\mu}^{3/4}k_{\mathrm{in}}^{3/2}}{l} \tag{5-48}$$

式中，u_{in} 为进口速度；$l=0.07D_{\mathrm{inlet}}$，D_{inlet} 为进口直径。

2. 固壁条件

对于近壁区内的流动，Re 数较低，湍流发展并不充分，湍流的脉动影响不如分子黏性的影响大，这样在这个区域内就不能使用前面建立的 k-ε 模型进行计算，必须采用特殊的处理方式，常见的方法有壁面函数法和低 Re 数 k-ε 模型。在本书的研究中，采用壁面函数法来解决这个问题。

固壁上满足无滑移条件，即相对速度 w=0；$\partial p/\partial n=0$。湍流壁面条件采用壁面函数边界条件。在接近固体壁面区，壁面迫使流动产生较大的速度梯度，适用于湍流充分发展的 k-ε 湍流模型在此区域需进行修正。设近壁点 P 到壁面的距离为 y_P，则 P 点处的速度 u_P 和湍动能耗散 ε_P 的值分别由下列壁面函数确定[37]：

$$\frac{u_P}{u_\tau}=\frac{1}{\kappa}\ln\left(Ey_P^+\right) \tag{5-49}$$

$$k_P=\frac{u_\tau^2}{\sqrt{C_u}} \tag{5-50}$$

$$\varepsilon_P=\frac{u_\tau^3}{\kappa y_P} \tag{5-51}$$

式中，$y_P^+=\dfrac{\rho u_\tau y_P}{\mu}=\dfrac{\rho C_\mu^{1/4}k_P^{1/4}y_P}{\mu}$；壁面摩擦因数 $u_\tau=\sqrt{\tau_w/\rho}$；$\tau_w$ 为壁面切应力；常数 E 和 k 分别取 9.011 和 0.419。

5.1.5 控制方程的离散与求解

目前常用的离散控制方程的方法主要有有限差分法 (finite difference method)、有限体积法 (finite volume method) 和有限元法 (finite element method)。其中，有限体积法是近年来发展非常快的一种离散化方法，由于其计算效率高的优点，目前在 CFD 领域得到了广泛应用。其基本思路是：将计算区域划分为网格，并使每个网格点周围有一个互不重复的控制体积；将待求解的微分方程 (控制方程) 对每个控制体积作积分，从而得到一组离散方程。

和大多数 CFD 软件不同，CFX 软件除了可以使用有限体积法，还采用了基于有限元的有限体积法。基于有限元的有限体积法保证了在有限体积法的守恒特性的基础上，吸收有限元法的数值精确性。在 CFX 软件中，基于有限元的有限体积法，对六面体网格单元采用 24 点插值。而单纯的有限体积法仅采用 6 点插值；对四面体网格单元采用 60 点插值，而单纯的有限体积法仅采用 4 点插值。另外，CFX 软件是第一个发展和使用全隐式多网格耦合求解技术的商业化软件，这种求解技术避免了传统算法需要“假设压力项—求解—修正压力项”的反复迭代过程，而同时求解动量方程和连续方程，加上其多网格技术，CFX 软件的计算速度和稳定性较传统方法提高了许多。

5.2 空化常用数值计算软件与二次开发介绍

目前，空化问题的研究主要基于 FLUENT 和 ANSYS-CFX 两个商业 CFD 流体计算软件开展。

5.2.1 FLUENT 软件与 UDF 二次开发

FLUENT 软件在 1983 年推出后，经过几十年的发展，已成为应用最为广泛的 CFD 商业计算软件之一。它基于有限体积法对方程组进行求解，并为用户提供了不同的求解方法，主要有压力分离求解器、压力耦合求解器、密度隐式求解器、密度显式求解器。多求解器使得 FLUENT 软件能够处理各种不同的复杂流场，从可压到不可压，从低速到超音速，从单相流到多相流等。不仅如此，FLUENT 软件还提供了丰富的物理模型，湍流模型主要有 k-ε 模型组、k-ω 模型组、雷诺应力模型 (RSM) 组、大涡模型 (LES) 组及分离涡模型 (DES) 组等，在此基础上还提供了不同的壁面函数模型。空化模型则有 Zwart 空化模型、Schnerr-Sauer 空化模型和完全空化模型 (FCM)。多样的求解器与物理模型组合使得 FLUENT 软件在化学反应与燃烧、多相流、旋转机械等各个领域都有广泛的应用。另外，FLUENT 软件与用户的交互性较好，通过对收敛因子的调整能够满足不同计算精度的案例 [38]。

FLUENT 软件在提供丰富物理模型的同时，为了便于用户使用其他数学模型或调用系统变量进行计算，还提供了一种用户自定义函数 (user-defined function，UDF) 接口。UDF 采用 C 语言编写，可以动态地连接到 FLUENT 软件求解器上提高计算性能，以便满足每一个用户的特殊需求，如它可以定制边界条件、物质属性、输运方程源项或改进计算模型等。UDF 在调用时可被当作解释函数或编译函数。前者在运行时读入并解释，使用简单，但是会受源代码和速度方面的限制，而后者则在编译时嵌入共享库中并与 FLUENT 软件连接，因而执行较快，无源代码限制，但设置和使用较为复杂。

5.2.2 ANSYS-CFX 软件与 CEL 二次开发

ANSYS-CFX 软件采用基于有限元的有限体积法，以全隐式耦合代数多重网格方法对方程组进行离散 [39]，在保证有限体积法守恒特性的基础上，还吸收了有限元法的高精确性。因此，ANSYS-CFX 软件中对六面体网格单元采用 24 点插值取代传统有限体积法的 6 点插值；对四面体网格单元采用 60 点插值取代 4 点插值。ANSYS-CFX 软件采用全隐式多网格耦合求解方法，这种方法同时求解动量方程和连续性方程，避免了传统算法“假设压力—求解—修正压力”的反复迭代过程，故其计算速度与稳定性都有较大的提升。

与 FLUENT 软件相同，ANSYS-CFX 软件同样集成了丰富的湍流模型。不同的是，它仅提供了 Zwart 空化模型，用户需要利用软件自带的编程语言 (CFX expression language, CEL) 自定义其他空化模型。在 ANSYS-CFX 软件中只要可以输入值的地方均可以使用 CEL 表达式进行替换。CEL 与 UDF 的功能类似，采用最简单的数学表达式定制求解的方程、调用系统变量或创建自定义变量，还可以用于定义监测点、修改边界条件等，应用更为便捷。

5.3 离心泵空化数值计算自动运行方法

在离心泵空化数值模拟过程中，需要逐步修改边界条件以便达到所需的运行工况与相应的空化条件，这就要求研究人员等待上一个计算周期收敛后再手动修改边界条件、设定初始值。然而，实际情况是研究人员有时无法一直守候在计算机旁对计算过程进行监视，这就使得当前计算收敛后无法及时进行下一步计算，无形地延长了总的数值计算周期。当计算工况或研究对象较多时，这种时间浪费就显得尤为突出。

针对这一问题，本书研究开发了一种基于批 (batch) 处理与 ANSYS-CFX 软件的空化数值模拟自动运行计算方法。批处理是一种 DOS 和 Windows 系统自带的脚本语言，虽然不能独当一面地进行复杂的数值计算，但是由于其使用方便、灵活、自动化程度高，能够作为一些商业软件的辅助工具，提高软件的使用效率。离心泵空化数值模拟自动运行方法能够代替研究人员在计算过程中进行修改进口压力边界条件、设定初始场等操作，将研究人员从繁重的监控任务中解放出来，成功保证了整个数值计算过程的连续性，从而在最大限度上缩短计算周期。该程序的开发流程如图 5-1 所示。

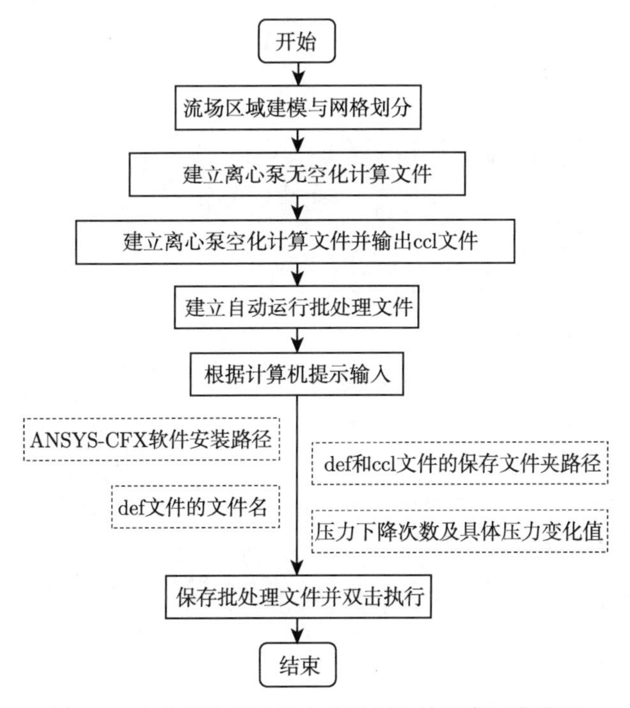

图 5-1 空化流数值计算自动运行方法程序开发流程

为了具体说明该方法的运行流程，下面以某一离心泵为例介绍整个方法的操作步骤。

(1) 采用网格划分软件对离心泵流体计算区域进行结构网格划分。固壁表面，尤其是叶片近壁面的网格需要进行网格加密处理。

(2) 采用 ANSYS-CFX 软件设置离心泵单相无空化数值计算文件。将网格文件导入 ANSYS-CFX 软件中，选择 Steady 计算模式；设定液相物性材料 water at 25℃；采用压力进口、质量流量出口边界条件，进口压力设为 1×10^5Pa；选择湍流计算模型；设置收敛条件为 10^{-4}；输出计算文件 pump.def。

(3) 采用 ANSYS-CFX 软件设置离心泵空化数值计算文件。基于前一步骤 pump.def 文件，添加汽相物性材料 water vapor at 25℃；设定进口两相组分边界条件，液相组分设为 1，汽相组分设为 0；设定初始进口压力边界条件为 12345Pa；选择 ANSYS-CFX 软件内置的 Zwart 空化模型；输出计算文件 pump_cav.def；输出包含所有设置的 initial.ccl 文件。将 pump.def 文件、pump_cav.def 文件和 initial.ccl 文件放在同一个文件夹下 D:\pump cavitation\。

(4) 建立可实现空化数值模拟自动运行的批处理文件。

① 在 pump cavitation 文件夹下新建一个文本文档，并命名为 set.txt。

② 在 set.txt 文本文档中写入命令，提示研究人员输入 ANSYS-CFX 软件程序路径，如图 5-2 中第一行所示：

```
@echo off
set path_cfx=
set /p path_cfx= ANSYS-CFX安装路径:
```

③ 在 set.txt 文本文档中写入命令，提示输入 def 和 ccl 文件所在文件夹路径，如图 5-2 中第二行所示：

```
set path_def=
set /p path_def= .def.res.ccl文件路径(放在同一文件夹根目录下):
```

④ 在 set.txt 文本文档中写入命令，提示输入 def 文件名，如图 5-2 中第三行所示：

```
set name_def=
set /p name_def= def文件名(不包含后缀):
set name_res=%name_def%
```

⑤ 在 set.txt 文本文档中写入命令，提示输入需要调整的压力次数 (包括初始值)，如图 5-2 中第四行所示：

```
set nn=
set /p nn=计算次数(压力变化次数):
```

⑥ 在 set.txt 文本文档中写入命令，使其自动生成执行 ANSYS-CFX 软件运行批处理程序 cavitation.bat，命令如下：

```
echo %path_cfx%>cavitation.bat
```

该命令表示将研究人员输入的 ANSYS-CFX 软件的安装路径写入 cavitation.bat 批处理文件中。

```
echo start/wait cfx5solve.exe -def "%path_def%\%name_def%.def"
  -par-local -partition 10>>cavitation.bat
```

该命令表示将研究人员输入的 def 文件和 ccl 文件所在文件夹路径及 def 文件夹名写入 cavitation.bat 批处理文件中。随后当自动运行 cavitation.bat 文件时，该命令行将实现执行离心泵无空化数值计算的目的。

其中，start/wait cfx5solve.exe 表示启动 ANSYS-CFX 软件程序；

-def "%path_def%\%name_def%.def"表示离心泵无空化数值计算文件的路径；

-par-local -partition 10表示使用计算机的10个内核进行计算。

⑦ 在 set.txt 文本文档写入命令：

```
@echo off
setlocal enabledelayedexpansion
for /l %%x in (1,1,%nn%) do (
set inlet=
set /p inlet=输入压力%%x:
```

该组命令表示提示研究人员根据前文输入的压力变更次数，按照从高到低的顺序输入具体压力值，如图 5-2 所示。

```
@echo start/wait cfx5solve.exe -def "%path_def%\%name_def%.def"
  -ccl "%path_def%\!inlet!.ccl" -ini "%path_def%\%name_def%_00%%
  x.res" -par-local -partition 10>>cavitation.bat
echo. !inlet!.cll文件生成中...
```

该组命令表示使得 ANSYS-CFX 软件实现修改进口压力边界条件，并利用前一个计算的结果文件作为初始场继续进行计算。

```
call :replace %%x
)
goto :cfx
:replace
setlocal enabledelayedexpansion
   for /f "delims=" %%a in (initial.ccl) do (
    set aa=%%a
    set aa=!aa:12345=%inlet%!
```

```
    echo !aa!>>%inlet%.ccl
  )
goto :eof
```

该组命令表示根据所输入的压力值替换 intial.ccl 文件中的初始压力值12345Pa，并生成以该压力值命名的 ccl 文件。在离心泵空化数值计算过程中，ANSYS-CFX 软件将根据本书中的命令自动调用每一个新生成的 ccl 文件，实现修改进口压力边界值的目的。

```
:cfx
start cavitation.bat
exit
```

该组命令表示自动运行生成的 cavitation.bat 批处理文件进行离心泵空化数值模拟的计算过程。

⑧ 最后保存该 set.txt 文本文档，并将其后缀名修改为 bat，双击运行该文件。计算机将依次提示研究人员输入 ANSYS-CFX 软件安装路径，def 和 ccl 文件的保存文件夹路径，def 文件的文件名，压力下降次数及具体压力变化值；程序将根据所输入的内容自动建立 ANSYS-CFX 软件运行所需要的命令与文件；最后通过自动运行生成的 cavitation.bat 文件，计算机将自动调用 ANSYS-CFX 软件进行离心泵空化数值计算，整个计算过程将从无空化数值计算开始进行，当该计算过程结束并生成结果文件后，程序将自动替换进口压力边界条件，使得计算能够连续进行，无须人为调整，直至所有计算完成。

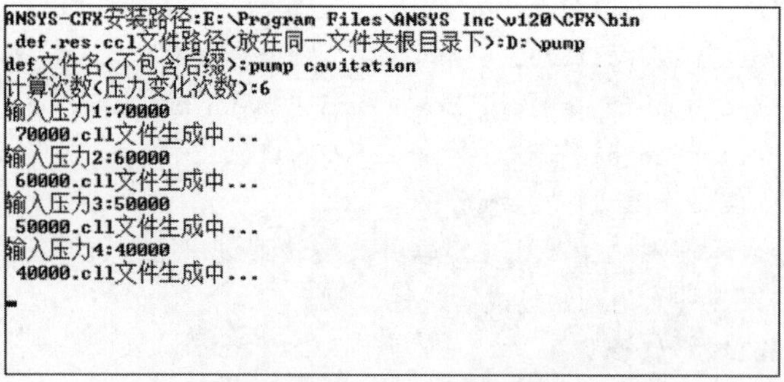

```
ANSYS-CFX安装路径:E:\Program Files\ANSYS Inc\v120\CFX\bin
.def.res.ccl文件路径(放在同一文件夹根目录下):D:\pump
def文件名(不包含后缀):pump cavitation
计算次数(压力变化次数):6
输入压力1:70000
 70000.cll文件生成中...
输入压力2:60000
 60000.cll文件生成中...
输入压力3:50000
 50000.cll文件生成中...
输入压力4:40000
 40000.cll文件生成中...
```

图 5-2　离心泵空化流数值计算自动运行程序界面

5.4　离心泵网格划分方法

ANSYS-ICEM 软件是目前 CAE 业内最为通用的 CFD 前处理网格生成软件。所提供的网格生成工具包括表面网格、六面体网格、四面体网格、棱柱体网格 (边界层网格)、四面体与六面体混合网格和全局自动笛卡儿网格生成器等。它在生成网格时，可实现边界层网格自动加密、流场变化剧烈区域网格局部加密、分离流模拟等。

本节以比转速 n_s=135 离心泵为例，介绍基于 ANSYS-ICEM 软件对离心泵各过流部件流体域 (进水管、叶轮、蜗壳及出水管) 进行非结构网格划分的具体过程。并将网格导出.cfx5 格式，基于当前主流的商用计算软件 CFX，设置边界条件并计算离心泵空化。离心泵模型如图 5-3 所示。

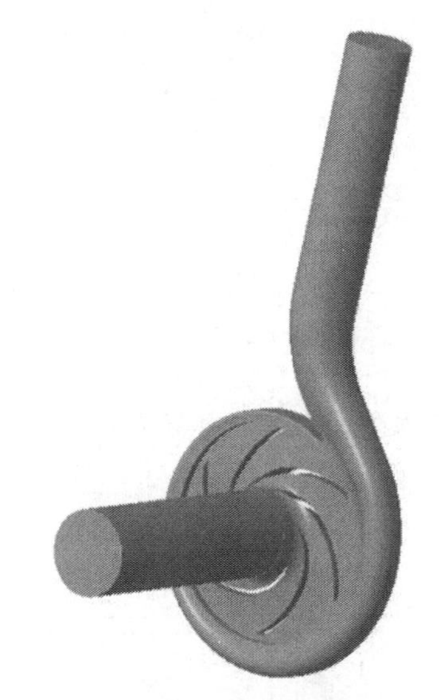

图 5-3　离心泵模型

5.4.1　前期准备

(1) 将离心泵三维模型通过 Pro/Engineer、Unigraphics NX 或 SolidWorks 等主流三维软件另存为 STP 格式，并将其放置在英文路径目录下，本例模型放置位置：F:\CFD\ICEM\Model。

(2) 设置工作目录。打开 ICEM 软件，“File”—“Change Working Directory”，如图 5-4 所示，弹出如图 5-5 所示对话框，将路径设置为 F:\CFD\ICEM\Model，路径设置成功后，在状态栏中出现如图 5-6 所示提示。

(3) 导入模型。如图 5-7 单击“File”—“Import Geometry”—“Legacy”—“STEP/IGES”，弹出如图 5-8 所示对话框，选择 *.stp 格式文件，双击需要导入的文件 (本节示例名称为“Model”) 或者单击文件后选择“打开”按钮，单击“OK”按钮，如图 5-9 所示；模型导入成功后如图 5-10 所示。

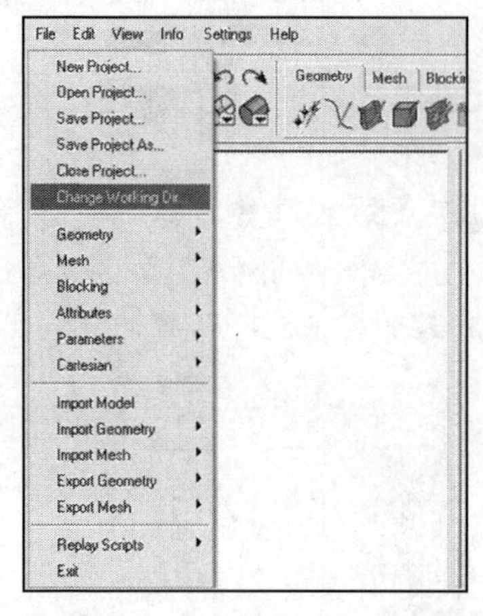

图 5-4　自定义工作目录

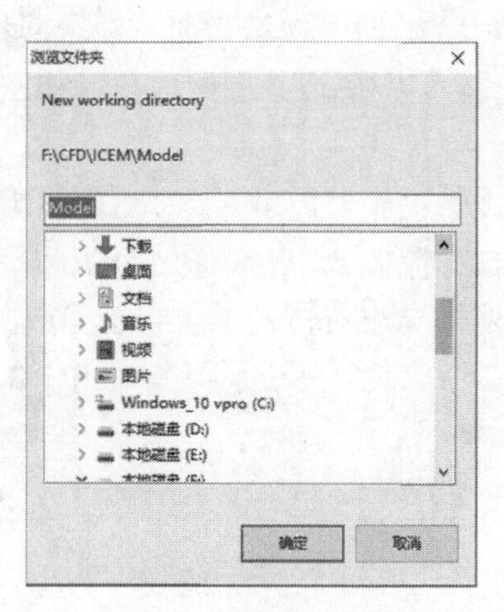

图 5-5　设置工作目录

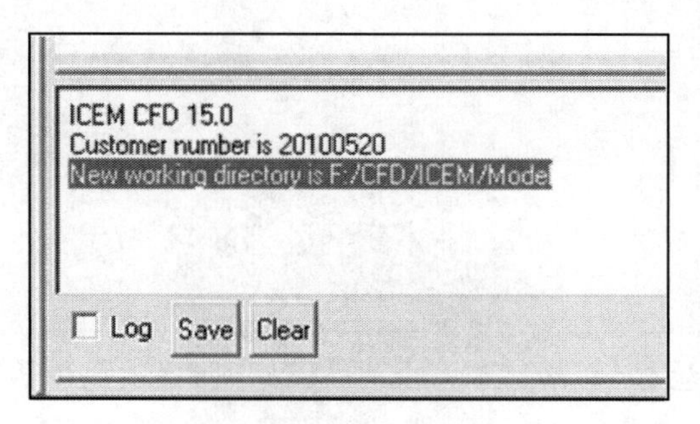

图 5-6　状态栏提示

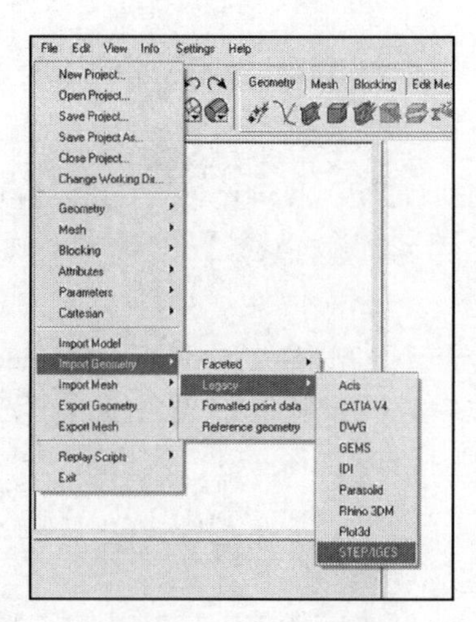

图 5-7　导入 stp 文件

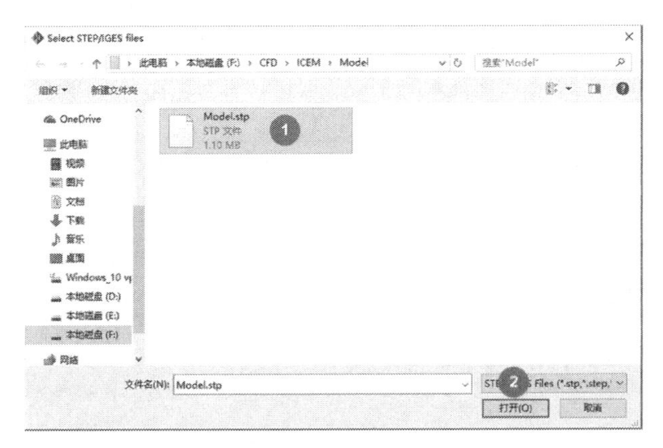

图 5-8 选择文件

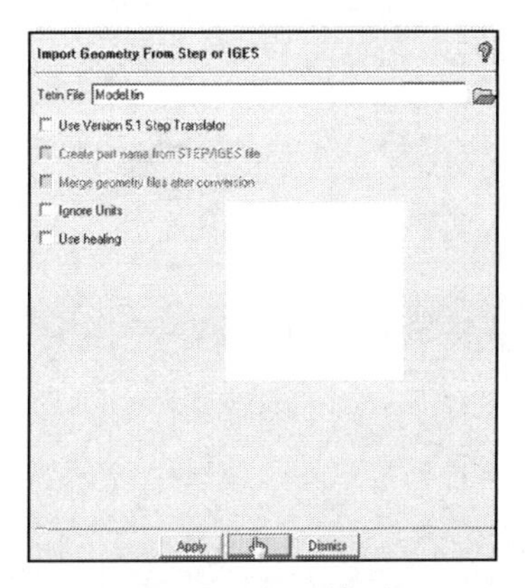

图 5-9 导入模型

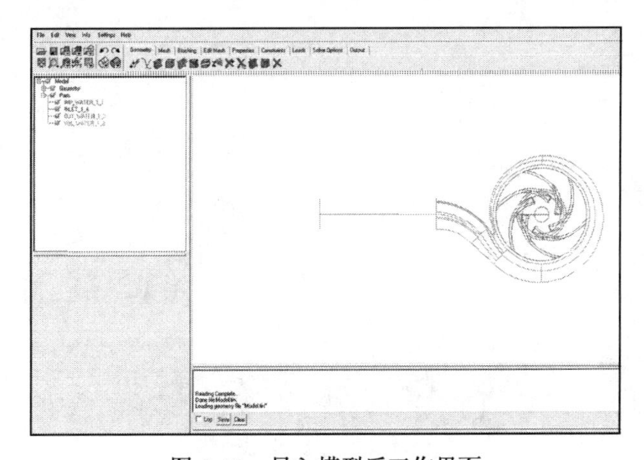

图 5-10 导入模型后工作界面

(4) 保存流体域各个部分。单击“File”—“Geometry”—“Save Only Some Geometry Parts As....”按钮，如图 5-11 所示，弹出如图 5-12 所示对话框，在“文件名”中填入名称“jsg”(注：名称必须是英文字符)，单击“保存”按钮，出现如图 5-13 所示对话框，勾选“INLET_1_4”，单击“Accept”按钮，保存后的 tin 文件如图 5-14 所示。

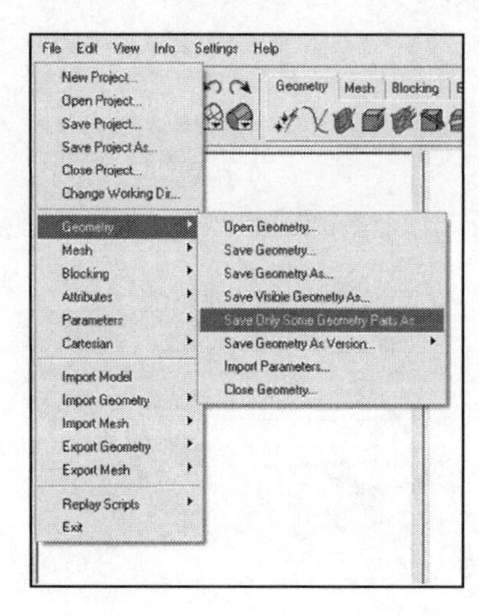

图 5-11　保存 tin 文件

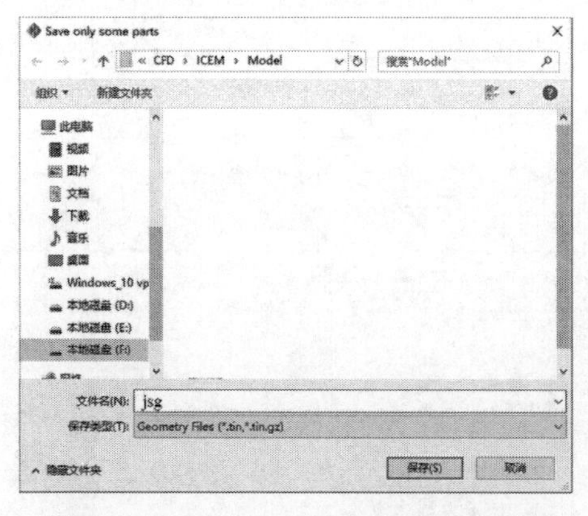

图 5-12　Save only some parts 对话框

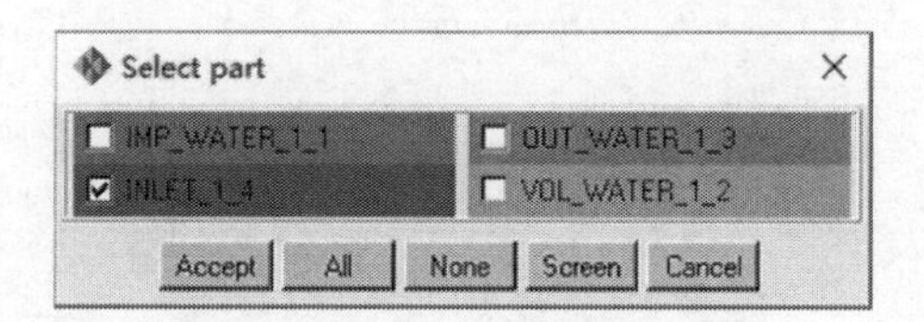

图 5-13　Select part 对话框

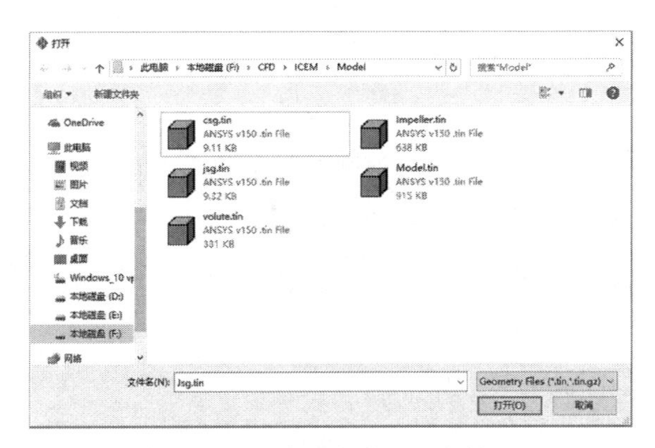

图 5-14　保存后的 tin 文件

(5) 关闭当前 Project。如图 5-15 所示，单击“File”—“Close Project”，关闭当前 Project，出现如图 5-16 所示提示框，单击“Yes”按钮。

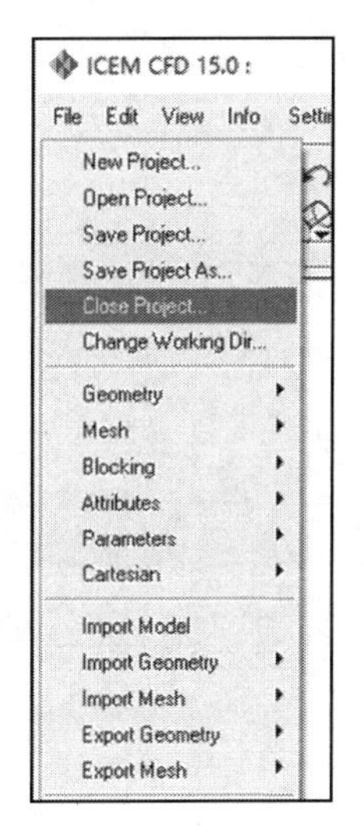

图 5-15　关闭当前 Project

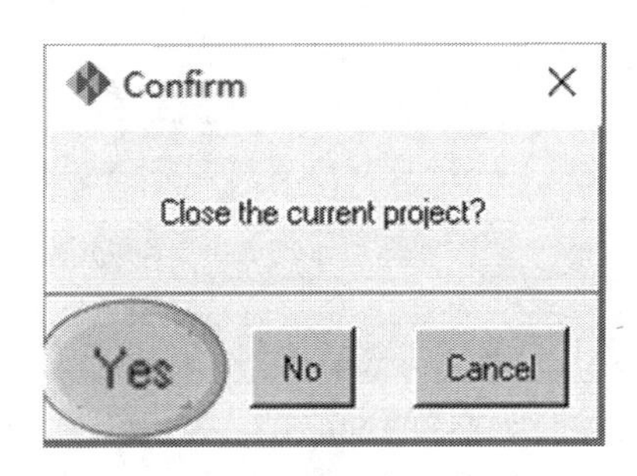

图 5-16　确认提示框

5.4.2 进水管网格划分

(1) 新建 Project。单击“File”—“New Project”，在弹出的对话框输入“jsg.prj”，创建新的 jsg 工程文件 jsg.prj，创建过程如图 5-17 所示。

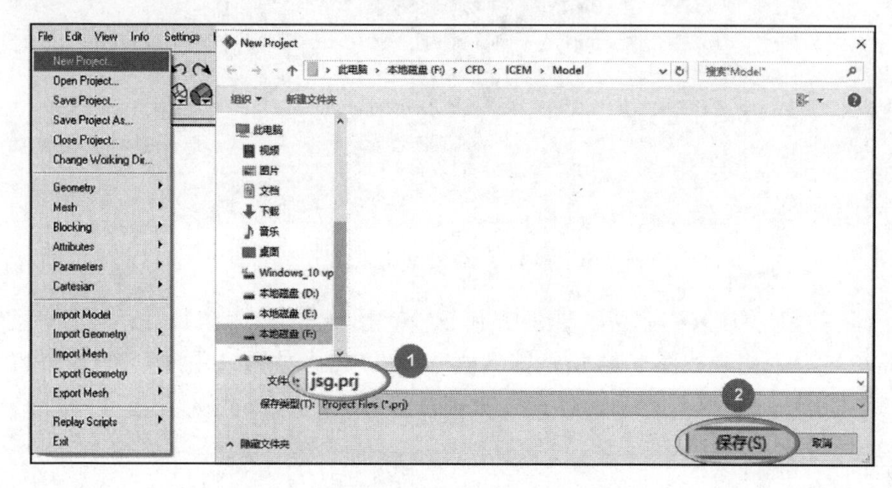

图 5-17 新建 jsg.prj 工程文件创建过程

(2) 导入几何文件。方法一：单击左上侧工具栏中“Open Geometry”按钮，选择之前已经保存好的 jsg.tin 文件并双击打开。方法二：单击“File”—“Geometry”—“Open Geometry”，打开 jsg.tin 文件。打开过程如图 5-18 所示。

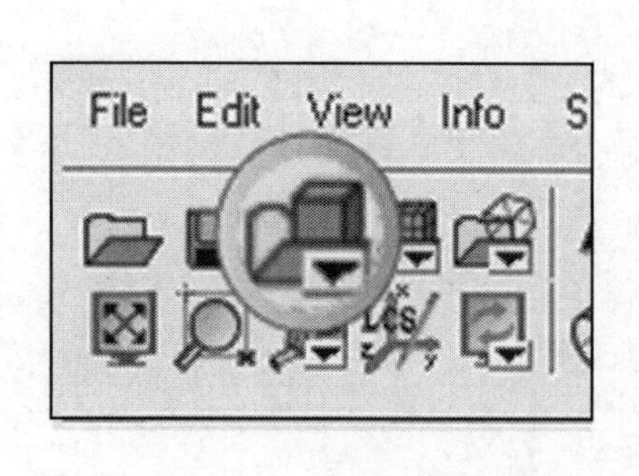

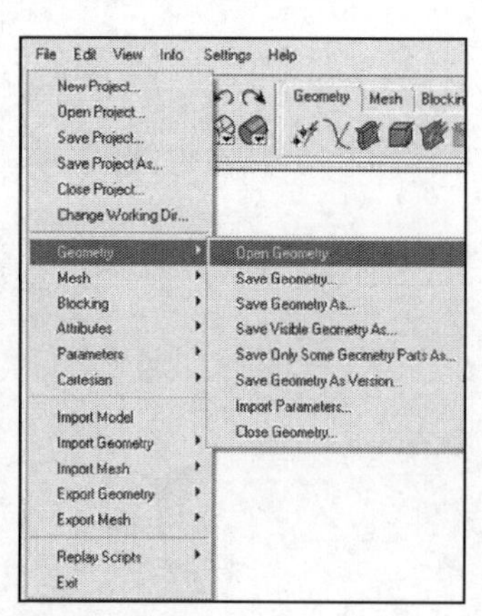

图 5-18 导入 tin 文件打开过程

(3) 创建拓扑结构。单击 ICEM CFD 软件中的几何标签页“Geometry”下的“Repair Geometry”，然后单击出现界面中的“Build Diagnostic Topology”，单击“OK”按钮，完成几何拓扑的创建，如图 5-19 所示。

(4) 创建 Body。创建 Body 的目的是使 ICEM CFD 软件“知道”需要划分网格的区域；导入的三维几何文件必须是由封闭的面构成的，此时，封闭的面将 ICEM CFD 软件工作窗口分成了“面内区域”和“面外区域”两个部分，创建 Body 的区域，就是 ICEM CFD 软件划分网格的区域。单击“Create Body”，勾选“Geometry”下面的“Points”按钮，在模型中显示 points；接着在“Part”一栏输入所要创建的进水管的名称“JSG”，单击“Material Point”，然后单击“Centroid of 2 points”，依次选择进水管中对角线两个点，按鼠标中间或者单击“OK”确认。创建成功的“JSG”Body 会在左侧“Parts”模型树下显示名称，勾选和取消勾选可以控制其显示与否。创建过程及结果如图 5-20 所示。

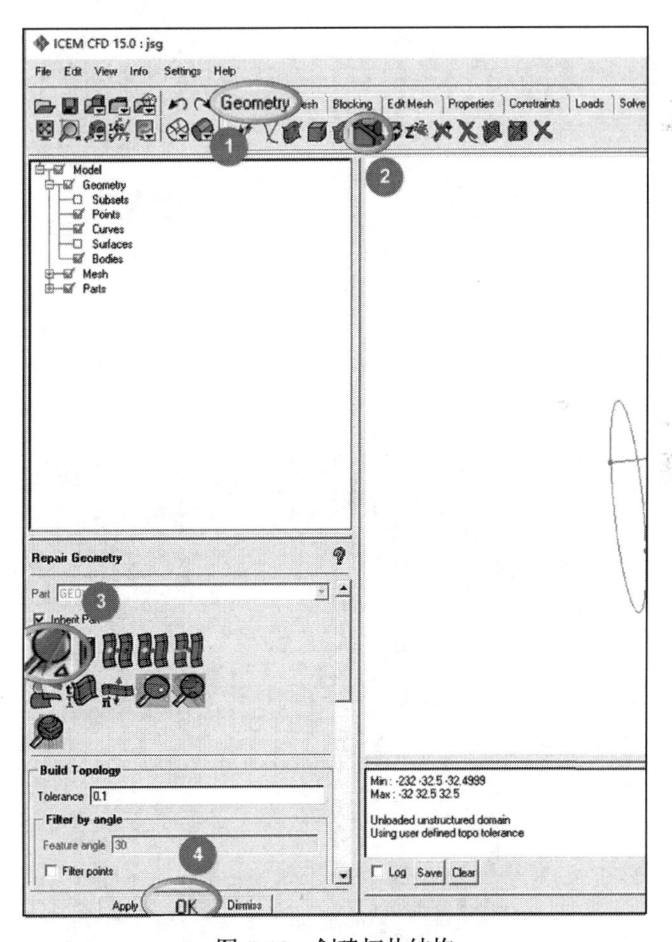

图 5-19 创建拓扑结构

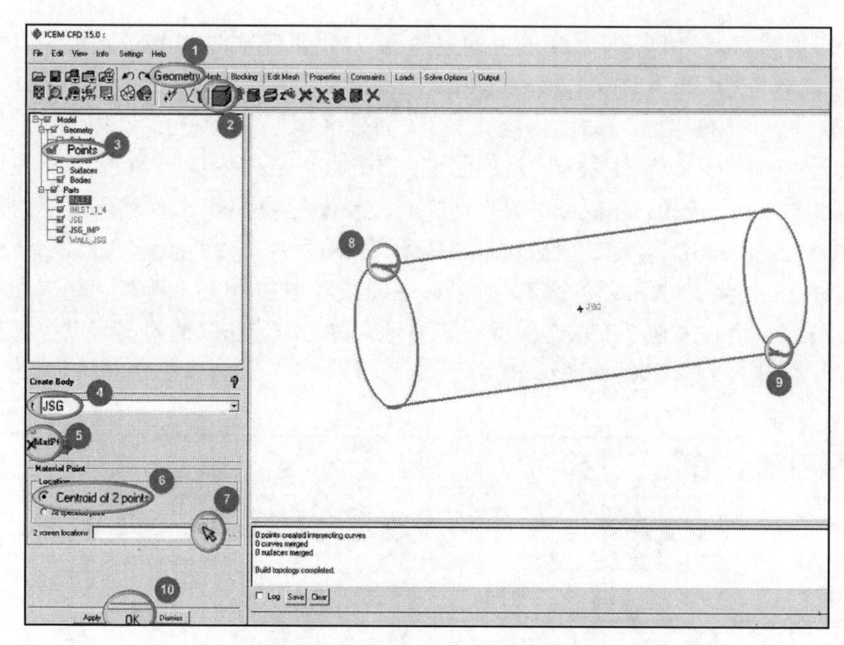

图 5-20　创建 Body 过程及结果

(5) 创建 Parts。右键单击“Parts”，选择“Create Part”命令，如图 5-21 所示。

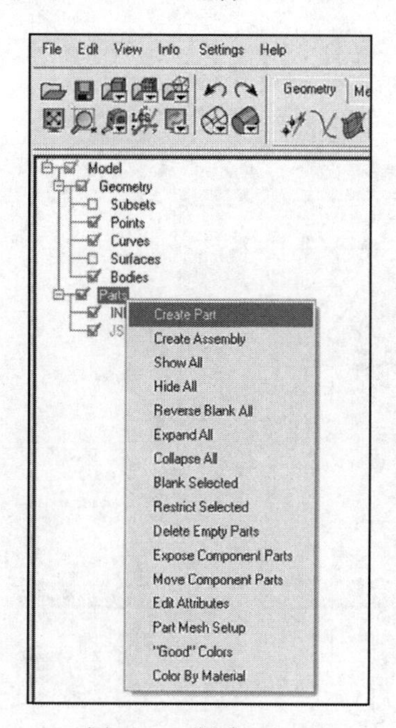

图 5-21　创建 Parts

创建 Parts 的目的是定义几何体每一个面的属性，对于进水管而言，需要定义进口面 (INLET)、壁面 (WALL) 以及进水管与叶轮之间交界面 (JSG_IMPELLER)。

下面以定义进水管与叶轮交界面为例，说明 ICEM CFD 软件定义 Parts 的步骤。选择“Create Part”后，在界面“Part”中输入进水管与叶轮交界面名称“JSG_IMP”(无论输入的英文是大写还是小写，最终生成的 Part 名称均为大写)，勾选模型树下的“Surfaces”，然后单击“Solid Simple Display”按钮，显示面，单击“Create Part by Selection”，选中进水管与叶轮进口的交界面，单击“Apply”按钮或者单击鼠标中间，创建过程及结果如图 5-22 所示。

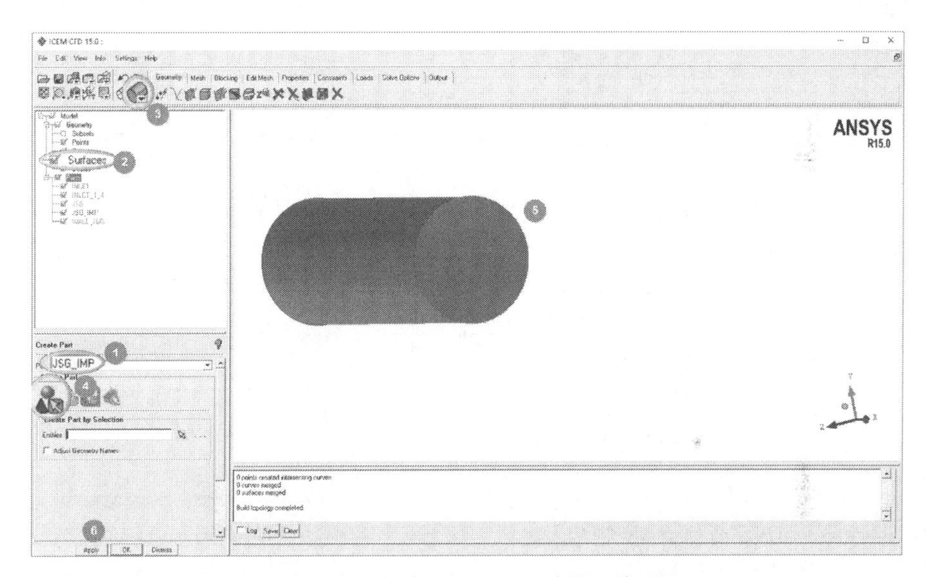

图 5-22　创建 JSG_IMP 过程及结果

采用同样的方式定义进口面 (INLET) 以及壁面 (WALL_JSG)。最终创建结果如 ICEM CFD 软件左侧模型树所示 (图 5-23)。

特别说明：在选择面时，如果需要旋转模型，可通过单击按钮并按住鼠标左键拖动来实现，单击按钮恢复选取面的状态 (快捷键 F9)；可以通过关闭过滤点、线、体功能按钮，快速、准确选取所需选择面，如图 5-24 所示。

(6) 网格划分尺寸赋值。单击“Mesh”标签，选择“Global Mesh Setup”，在左侧选项栏“Max element”选项栏中输入“3”(此数值控制网格疏密，数值越小网格数越多，建议先设定大的数字，再设定小数字，防止网格数过多导致计算机内存不足)，单击“Apply”按钮，完成网格划分尺寸赋值，设定网格划分尺寸过程如图 5-25 所示。

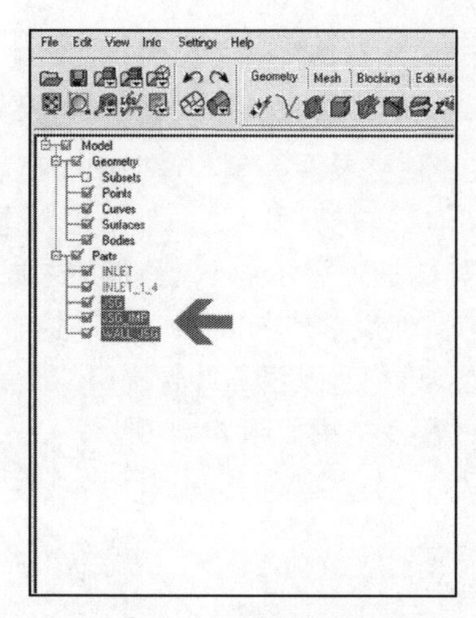

图 5-23 进水管创建面

图 5-24 快捷操作

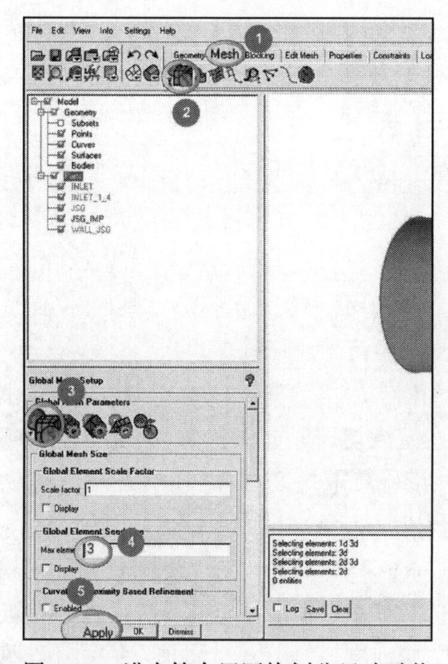

图 5-25 进水管全局网格划分尺寸赋值

(7) 设定网格划分类型。非结构化网格类型包括四面体 (tetra/mixed)、六面体主体 (hexa-dominant) 和笛卡儿网格 (cartesian grid)。本例中选择 tetra/mixed 网格类型，该类型网格生成方法包括：八叉树、快速 Delunay 法和前沿 (advancing front) 推进法。本例选择八叉树法，即一种自上而下的网格生成方法，先生成体网格，再生成面网格。边评判 (edge criterion) 通常接受默认值 0.2。网格划分类型设置过程如图 5-26 所示，读者可以自行尝试其他网格生成方法，设置过程类似。

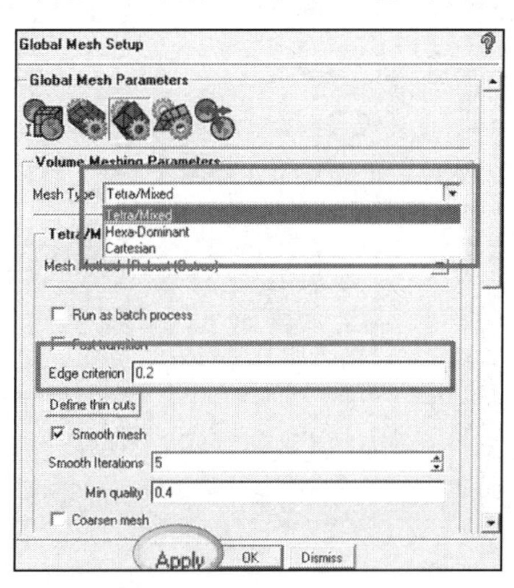

图 5-26　网格划分类型设置过程

(8) 网格生成。单击“Mesh”标签，并单击“Compute Mesh”，在左侧选项栏里，单击“Volume Mesh”，然后单击“Compute”，程序自动生成进水管的非结构化网格。过程如图 5-27 所示。

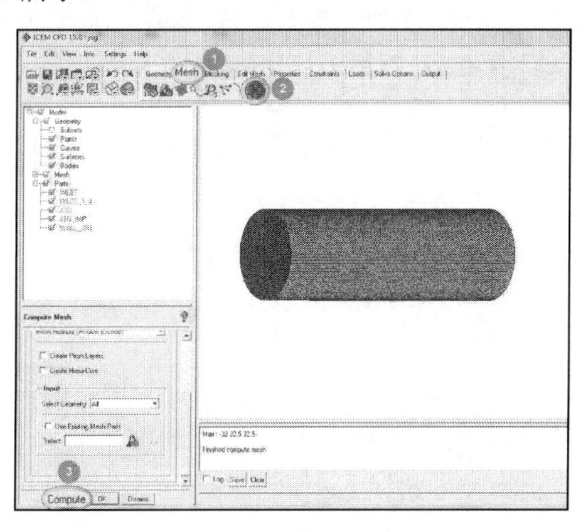

图 5-27　网格生成过程

(9) 检查与光顺网格。上面步骤生成的网格质量一般不高，无法满足 CFD 计算的要求，可以通过光顺网格的方法进一步提升网格质量；单击“Edit Mesh”标签，选择“Check Mesh”，在左侧选项栏中单击“Apply”按钮，对网格质量进行检查，检查完毕后弹出对话框单击“Yes”按钮，完成非结构化网格质量检查。设置过程如图 5-28 所示。

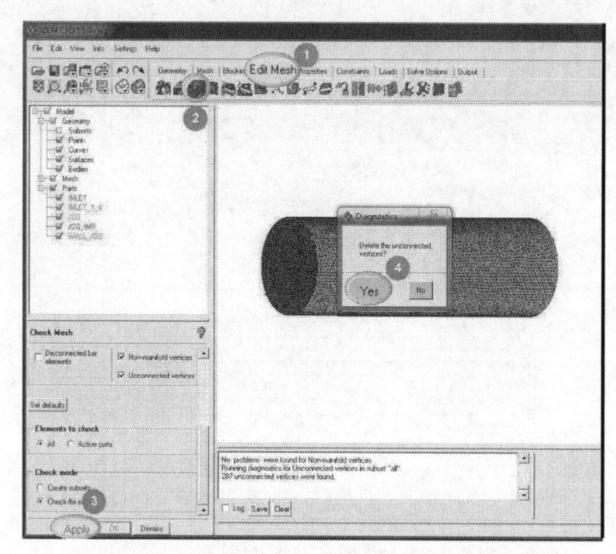

图 5-28　非结构化网格质量检查设置过程

单击“Edit Mesh”标签，选择“Smooth Mesh Globally”，在左侧选项栏里的“Criterion”中选择“Quality”光顺指标，在“Up to value”输入栏中输入“0.20”，该值取值范围为 0~1，越接近 1，网格质量越好，但是不能无限制地优化，一般取 0.2，然后单击“Apply”按钮，对网格进行光顺，操作过程如图 5-29 所示。

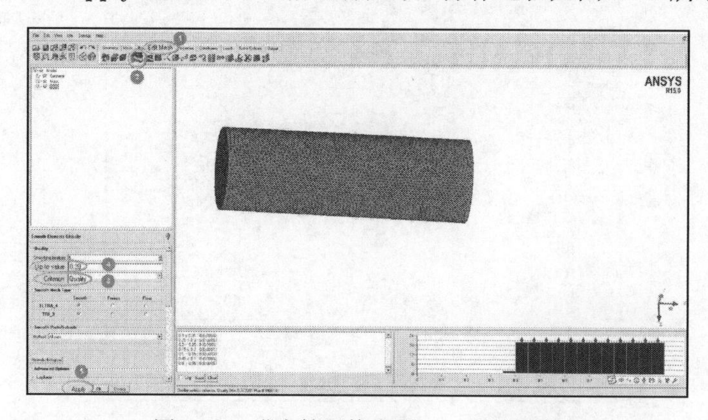

图 5-29　进水管网格光顺——质量标准

CFD 计算不仅对非结构化网格的质量有要求 (一般 ≥0.2)，而且对单元最小内角“Min angle”有要求，最低要求 >9°，一般要求 >18°。基于网格质量和优化时间考虑，此处取 14°。因此，在 ICEM 软件中进一步以“Min angle”>14° 为指标进行光顺，具体方法如图 5-30 所示。

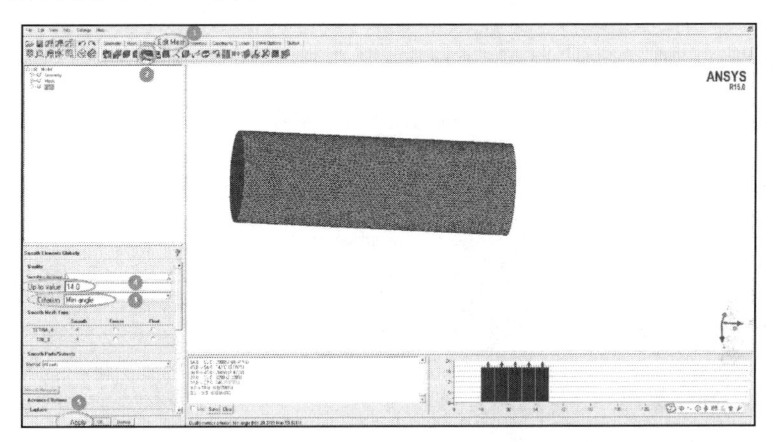

图 5-30 进水管网格光顺——最小角度标准

(10) 导出计算网格文件。单击“Output”标签，选择“Select Solver”，在选项“Output Solver”中选中“ANSYS CFX”，在选项“Common Structural Solver”中选中“ANSYS”，单击“Apply”按钮，然后单击“Write input”按钮弹出保存 project 对话框，单击“Yes”按钮，具体过程如图 5-31 所示。单击“Output”—“Write input”，弹出如图 5-32 所示对话框，修改导出计算网格文件的名称及储存位置，单击“Done”按钮，导出 CFX 软件计算所需的 *.cfx5 网格文件。

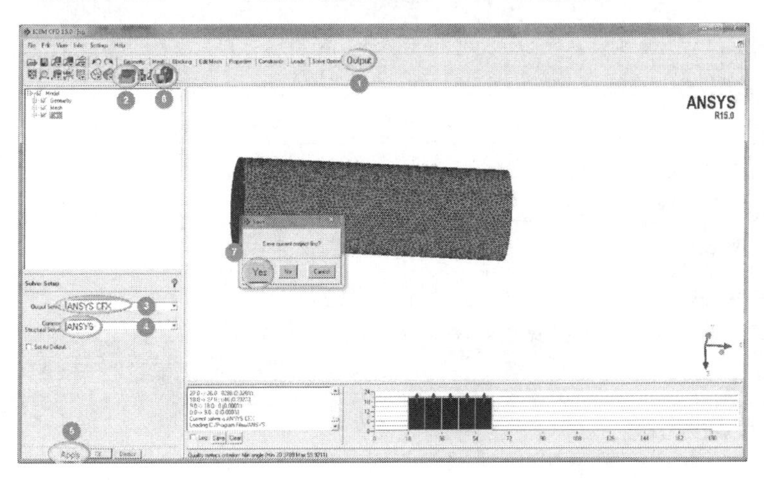

图 5-31 定义求解器

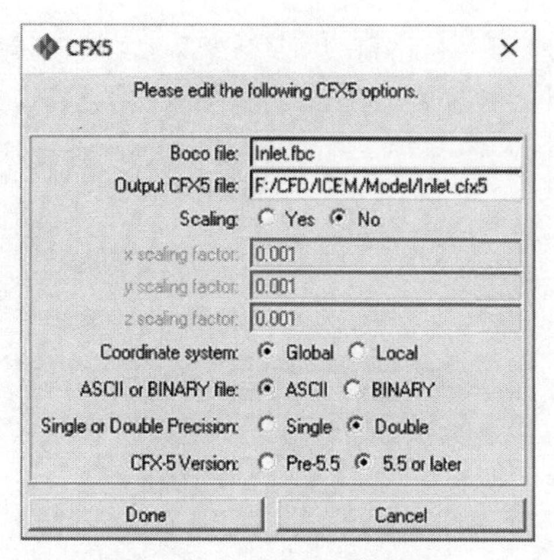

图 5-32　导出计算网格文件

5.4.3　叶轮网格划分

与进水管相似，叶轮的非结构化网格划分过程如下：

(1) 修改工作目录。

(2) 新建 Project，命名为 Impeller.prj。

(3) 导入叶轮几何文件 impeller.tin。

(4) 创建叶轮几何拓扑结构，过程如图 5-33 所示。

(5) 创建 Body，命名为 impeller，创建过程及结果如图 5-34 所示。

注：选择两点时，只需使生成的 Body 点落在几何面所形成的封闭区域内即可。目的是“告诉”ICEM CFD 软件，划分网格时，是在其内部进行。

(6) 创建叶轮 Parts。对于叶轮而言，交界面共有两个：一是与进水管相交的面 (imp_jsg)，另一个是与蜗壳相交的面 (imp_vol)；壁面分别为前盖板 (wall_qgb)、后盖板 (wall_hgb) 及叶片 (wall_imp)，创建过程与进水管非结构化网格划分的步骤 (4) 相似，创建过程及结果如图 5-35~图 5-39 所示。

注：建议按照从外到内的顺序定义面，定义好的 Parts 可以通过取消勾选模型树前的 √ 控制显示与否，从而可以轻松定义到内部的面。

(7) 网格划分尺寸赋值方法与进水管一致。

(8) 设定网格划分类型方法与进水管一致。

(9) 网格生成。

(10) 光顺网格。

(11) 导出计算网格文件。

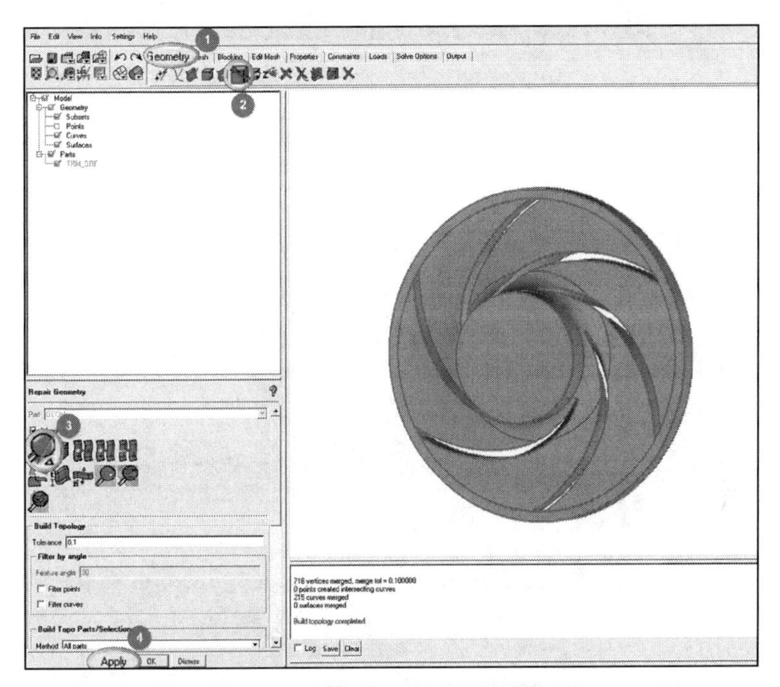

图 5-33 创建叶轮几何拓扑结构过程

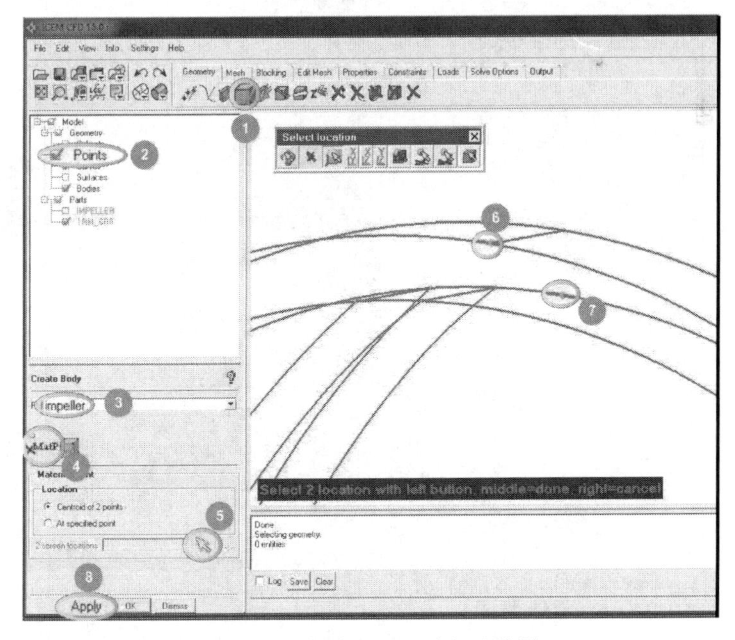

图 5-34 创建 Body 过程及结果

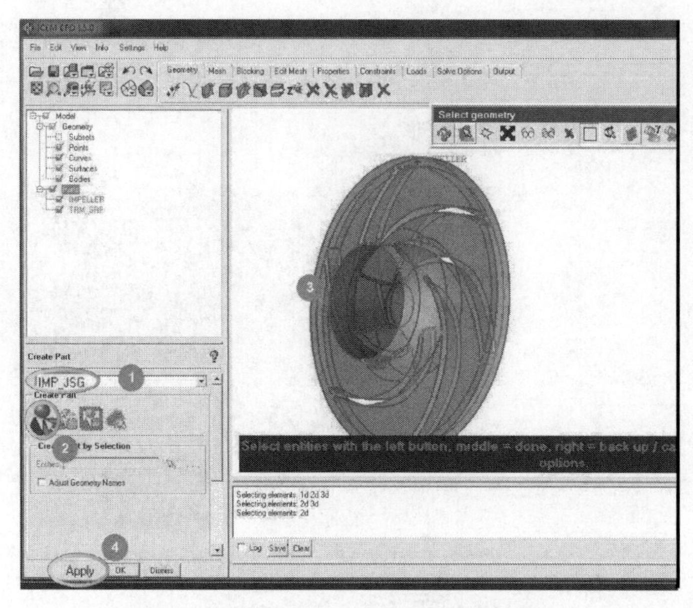

图 5-35　创建叶轮与进水管交界面过程

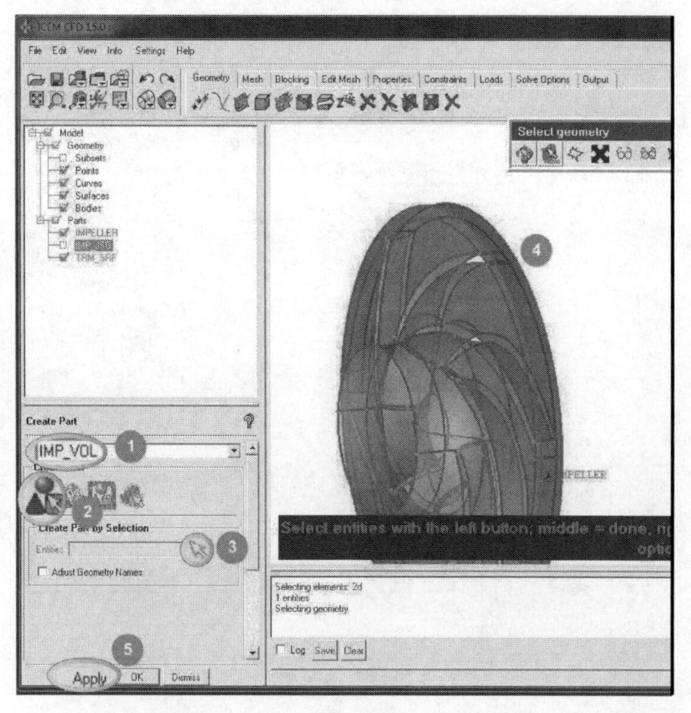

图 5-36　创建叶轮与蜗壳交界面过程

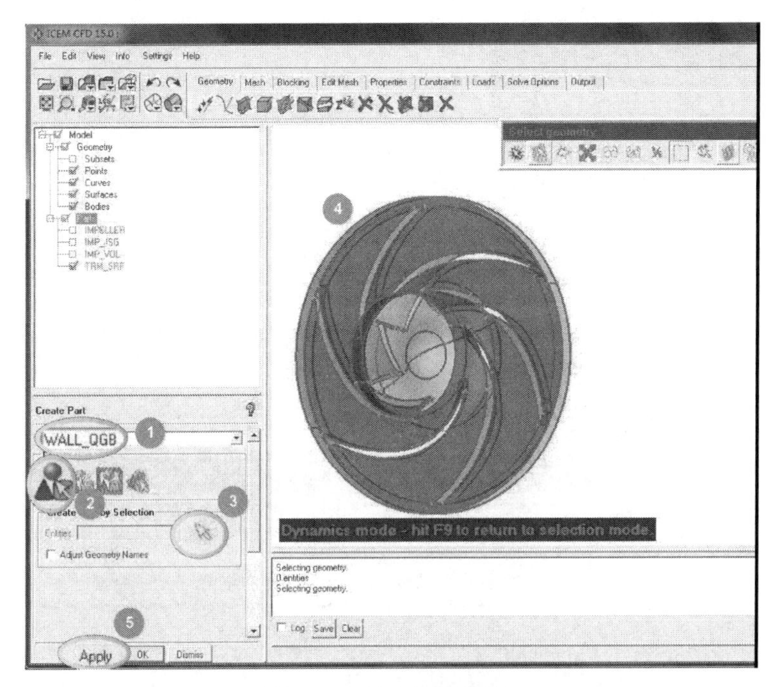

图 5-37 创建前盖板壁面

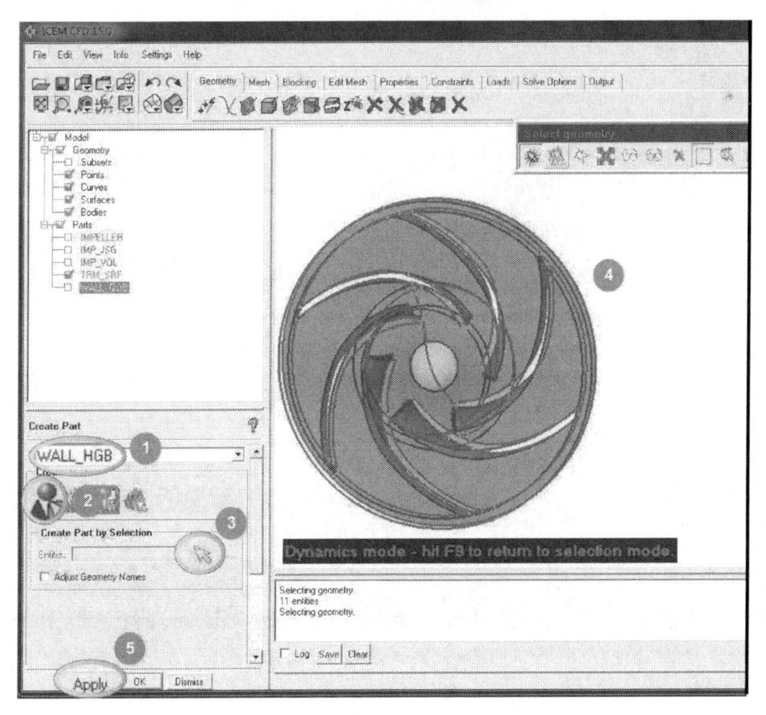

图 5-38 创建后盖板壁面

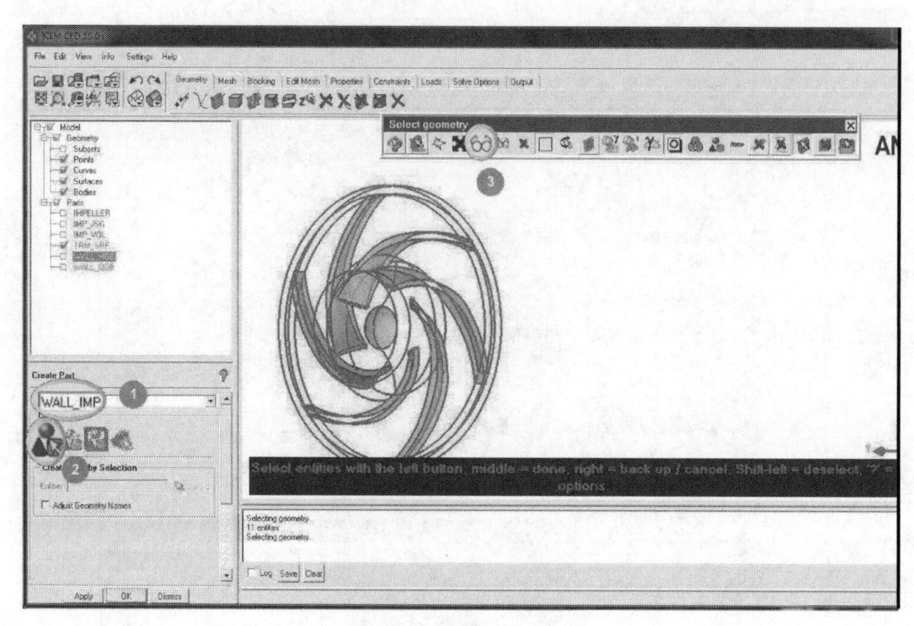

图 5-39　创建叶片壁面

5.4.4　蜗壳网格划分

(1) 修改工作目录。

(2) 新建 Project，命名为 volute.prj。

(3) 导入蜗壳几何文件 volute.tin。

(4) 创建蜗壳几何拓扑结构。

(5) 创建 Body，命名为 volute。

(6) 定义 Parts。蜗壳需要创建交界面和壁面，蜗壳交界面有两个：一个是与出水管相交的面 (vol_csg)，另一个是与叶轮相交的面 (vol_imp)；其余所有壁面定义为 wall_vol。创建过程与进水管非结构化网格划分步骤 (4) 相似。

(7) 网格划分尺寸赋值方法与进水管一致。

(8) 设定网格划分类型方法与进水管一致。

(9) 局部面加密，由于隔舌的曲率变化较大，此处生成的网格质量较差，所以需要对隔舌附近的网格进行加密，加密过程如图 5-40 所示。单击“Mesh”，选择“Surface Mesh Setup”，弹出左下侧的选项栏，在选项“Surface”上单击，并选中右侧窗口内蜗壳的隔舌表面，单击鼠标中键，接着在左下侧选项栏中的“Maximum”输入栏中输入“1” (值的大小可根据实际需要调整)，最后单击下方的“Apply”按钮完成局部面的加密。

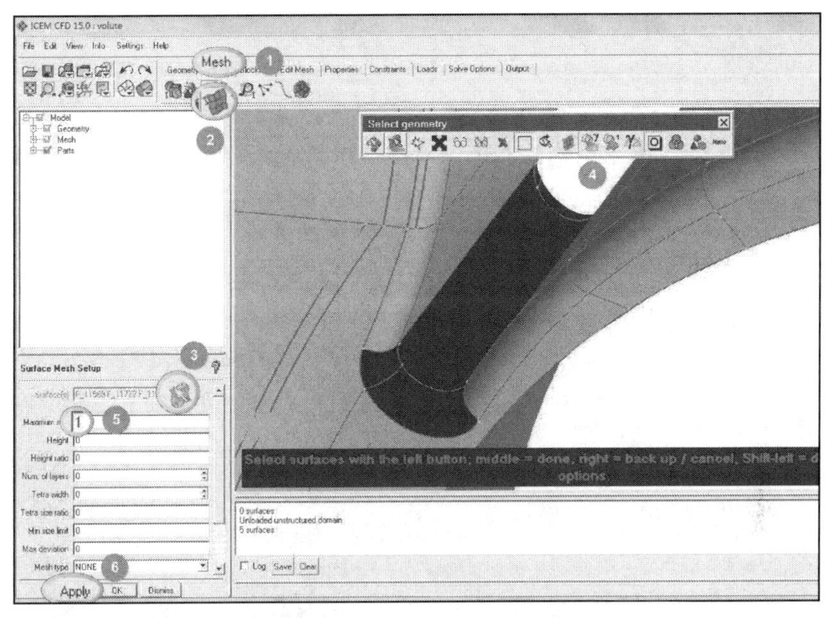

图 5-40 局部面加密过程

再次生成网格，得到隔舌部分加密的蜗壳非结构化网格，前后对比如图 5-41 所示，图 5-41(a) 为加密前隔舌部分网格，图 5-41(b) 为加密后隔舌部分网格。

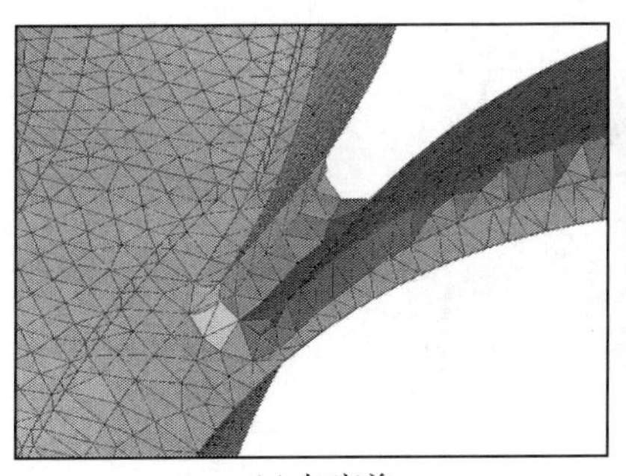

(a) 加密前

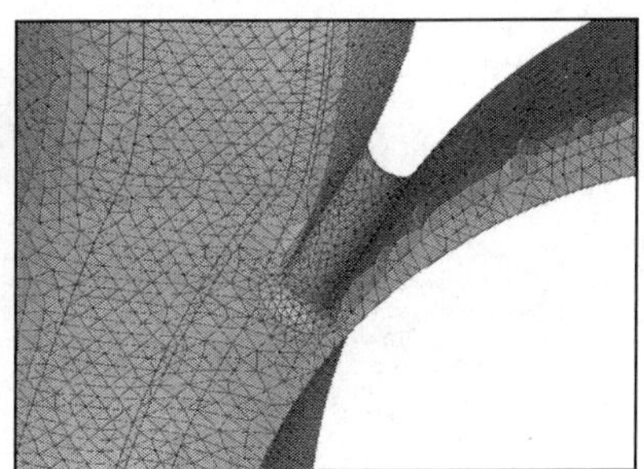
(b) 加密后

图 5-41 隔舌面加密前后非结构化网格对比图

(10) 网格生成。

(11) 光顺网格。

(12) 导出 CFX 软件计算网格文件。

5.4.5 出水管网格划分

(1) 修改工作目录。

(2) 新建 Project，命名为 csg.prj。

(3) 导入出水管几何文件 csg.tin。

(4) 创建出水管几何拓扑结构。

(5) 创建 Body，命名为 csg。

(6) 定义 Parts，对于出水管需要定义出口面 (outlet)，蜗壳与出水管的交界面 (csg_vol), 及出水管的壁面 (wall_csg)。

(7) 网格划分尺寸赋值方法与进水管一致。

(8) 设定网格划分类型方法与进水管一致。

(9) 网格生成。

(10) 光顺网格。

(11) 导出计算网格文件。

5.5　离心泵空化数值模拟方法

与一般单相模拟计算方法不同，计算空化时需要添加空化模型，更需要注意的是，利用 CFX 软件计算离心泵空化时，进口条件必须是压力。本节首先介绍空化定常计算方法，在定常的基础上，再进一步介绍空化非定常计算的设置过程。

5.5.1　离心泵空化定常计算

(1) 创建工作目录。打开 CFX 软件，在“Working Directory”后面单击“打开”，在弹出的窗口中选择工作目录，如图 5-42 所示。

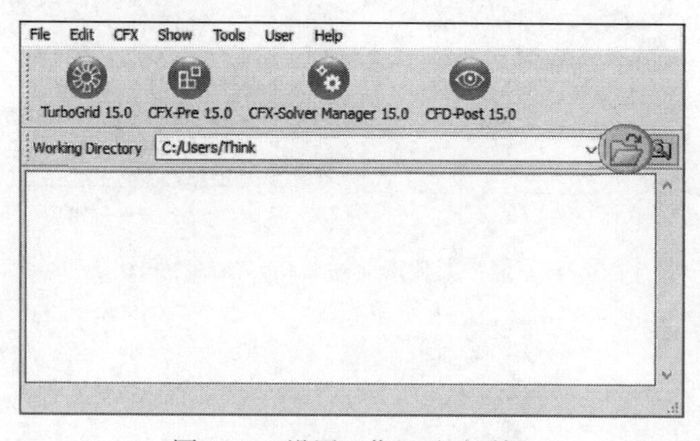

图 5-42　设置工作目录对话框

(2) 进入 CFX-Pre 工作环境。单击“CFX-Pre”图标，弹出程序工作环境，如图 5-43 所示。

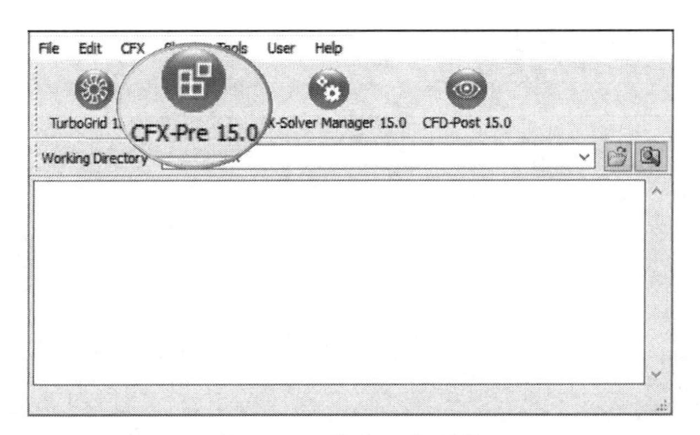

图 5-43 程序工作环境

(3) 新建计算文件。单击“New Case”，在弹出的对话框中选择“General”并单击“OK”；单击“File”—“Save Case”，将计算文件保存为 Steady. cfx，如图 5-44 所示。

如图 5-45 所示，CFX 软件主界面主要分为主菜单、控制树、主工具箱、浏览工具条、浏览界面及信息窗口等六部分。离心泵 CFX 软件计算设置按照控制树由上至下的顺序来定义模型。

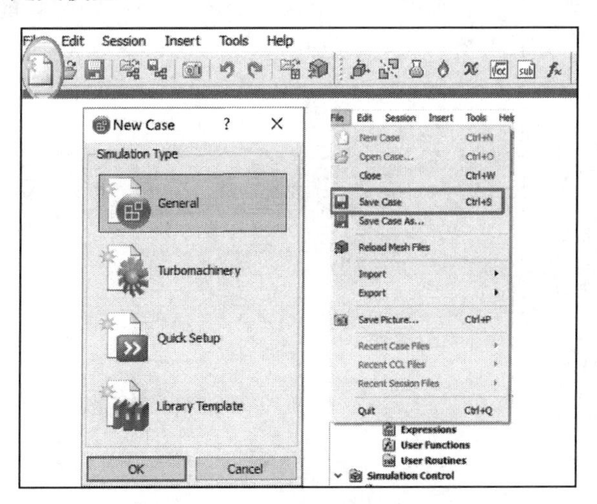

图 5-44 进入工作界面并保存

(4) 导入计算网格文件。单击“File”—“Import”—“Mesh”，弹出导入对话框，如图 5-46 所示，在“Files of type”中选择“ICEM CFD(*.cfx *.cfx5)”，右侧的“Mesh Units”选择“mm”。选择导入的网格文件，单击“Open”。导入网格文件后在 CFX 软件中显示如图 5-47 所示，控制树中出现软件自动创建的计算域。注意，选择网格时要选择所有的网格文件 (主要包括 Impeller.cfx5、Volute.cfx5、Jsg.cfx5、Csg.cfx5)。

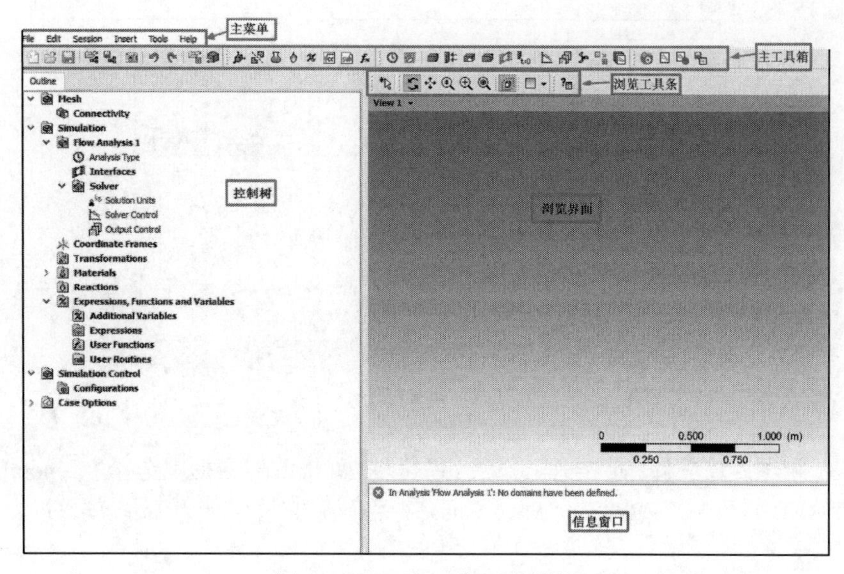

图 5-45　CFX 工作界面简介

(5) 定义计算类型。在左侧模型树上选择“Analysis Type”，双击进入属性编辑，如图 5-48 所示。如果是定常计算，选择“Steady State”，如若是非定常计算，选择“Transient”并单击“Apply”。本节介绍定常计算过程，选择“Steady State”。

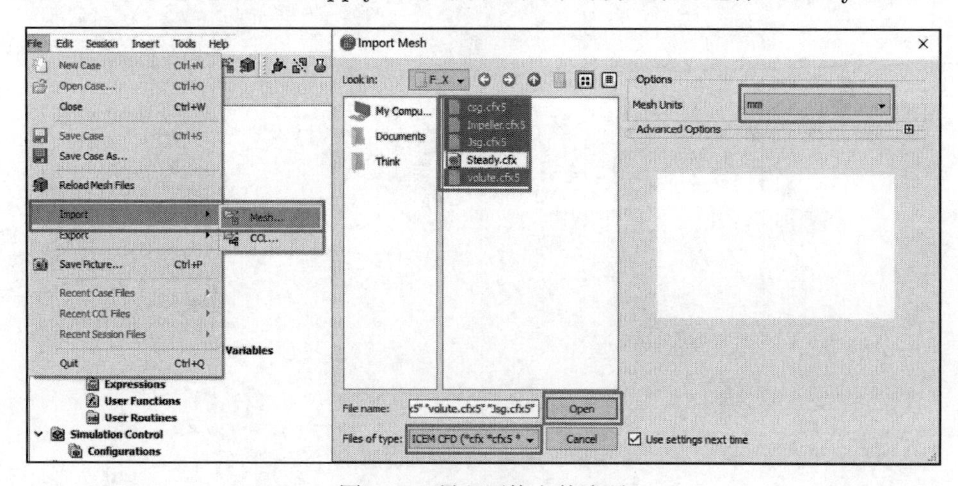

图 5-46　导入网格文件选项

(6) 定义计算域。首先对各个计算网格进行定义，单击“Insert”—“Domain”或直接单击工具条上的，在弹出的对话框中输入计算域名称，如图 5-49 所示。这里需要定义的计算域有：叶轮 IMPELLER、进水管 JSG、蜗壳 VOLUTE、出水管 CSG。

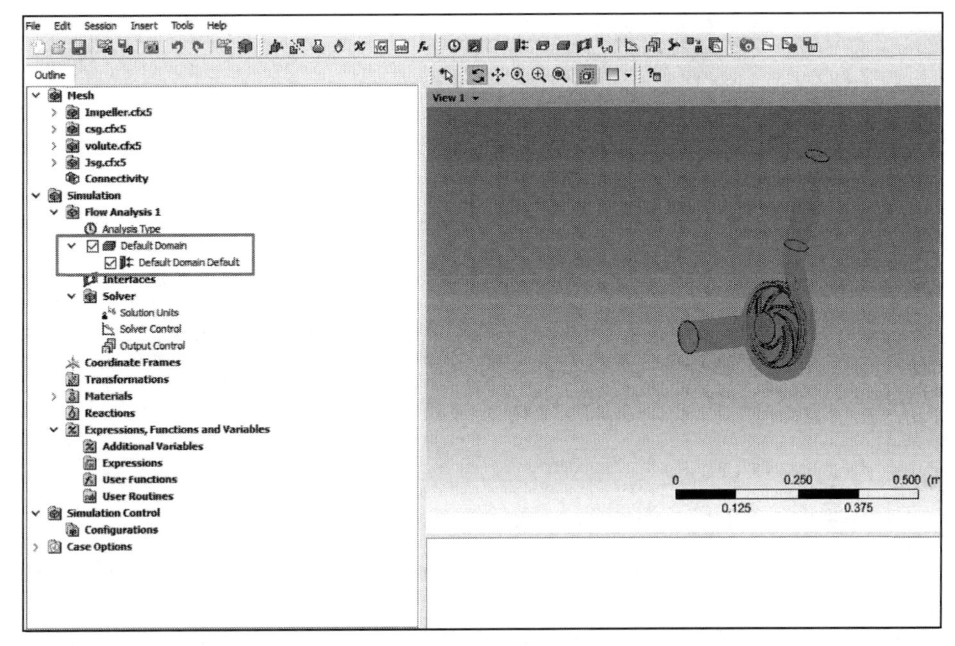

图 5-47 导入网格文件

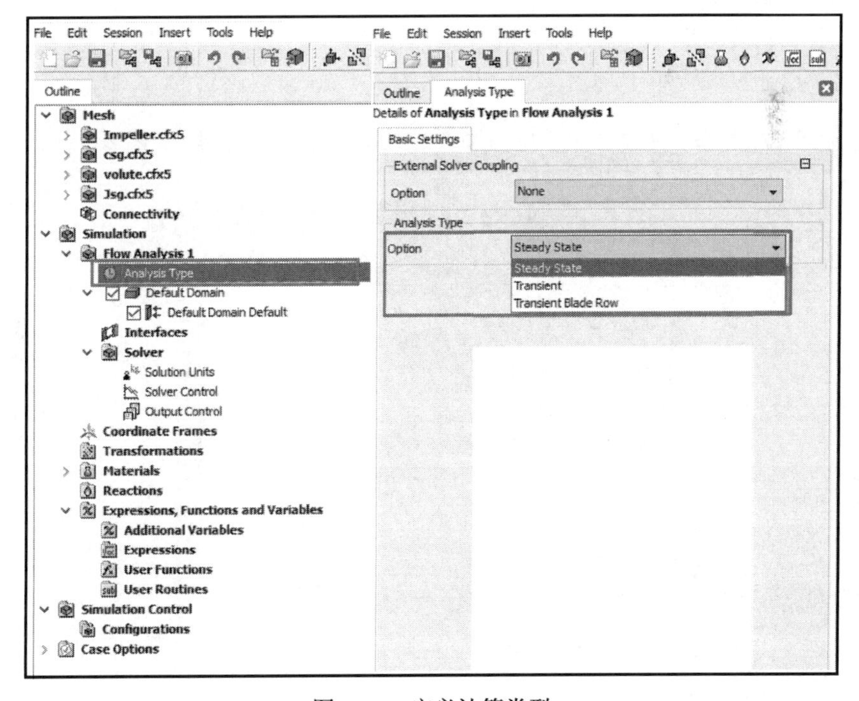

图 5-48 定义计算类型

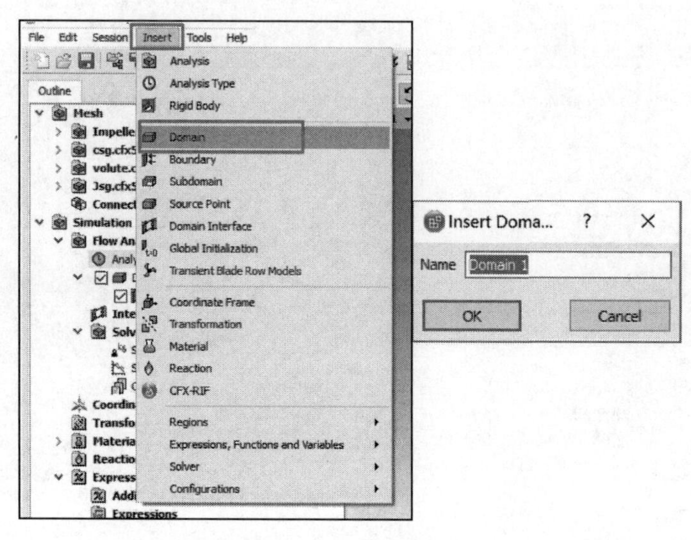

图 5-49　定义计算域

(7) 定义叶轮计算域属性。计算域属性定义主要包括计算域基本属性、运动属性、传热模型和湍流模型等。离心泵四个计算域中，叶轮属于旋转域，进水管、蜗壳及出水管属于静止域。

对于叶轮旋转域，在定义计算域名称“IMPELLER”后，单击“OK”按钮，左侧控制树弹出计算域选项卡，如图 5-47 所示。单击“Location”后的…，弹出如图 5-50

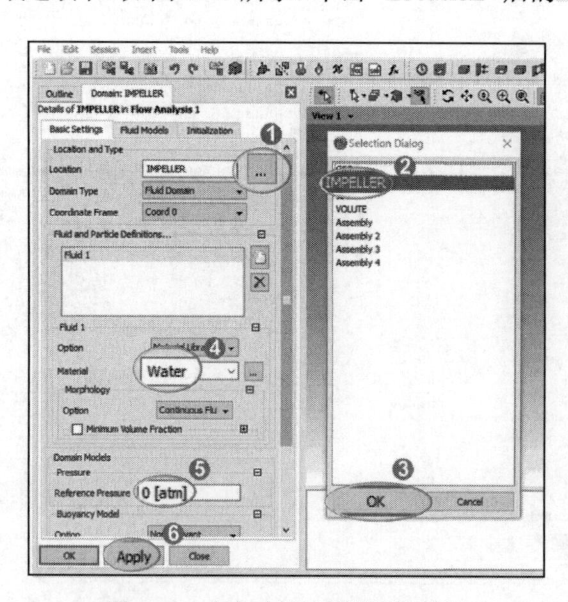

图 5-50　定义叶轮计算域属性过程

所示的“Selection Dialog”选择框，选中叶轮计算网格，单击“OK”按钮；在流体属性中，选择材料为“Water”；在参考压力输入框中，输入参考压力为“0 [atm]”，定义计算域属性过程如图 5-50 所示。

定义叶轮旋转域的运动属性。控制树向下拉看见“Domain Motion”区域，单击该区域下的“Option”—“Rotating”，在下面的“Angular Velocity”输入栏里输入叶轮的旋转速度，旋转速度的正负服从“右手法则”,“大拇指”指向旋转轴方向；在下方“Axis Definition”区域定义旋转轴如图 5-51 所示。

定义叶轮传热模型和湍流模型。由于 CFD 软件求解 N-S 方程，需要传热模型及湍流模型，方程才可以闭合，所以需要定义传热及湍流模型。控制树选择“Fluid Models”，定义过程如图 5-52 所示。

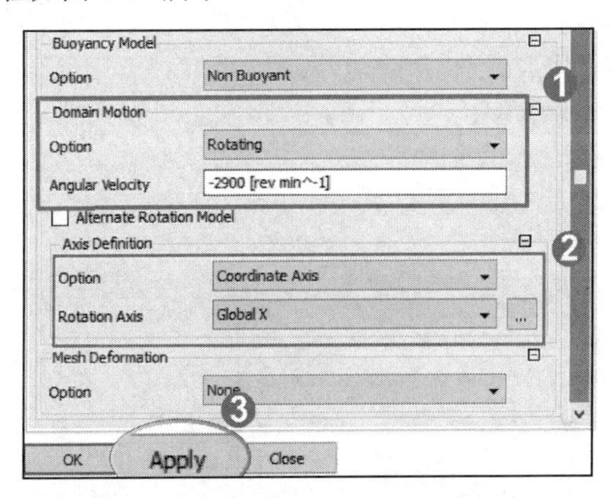

图 5-51 定义叶轮旋转域运动属性

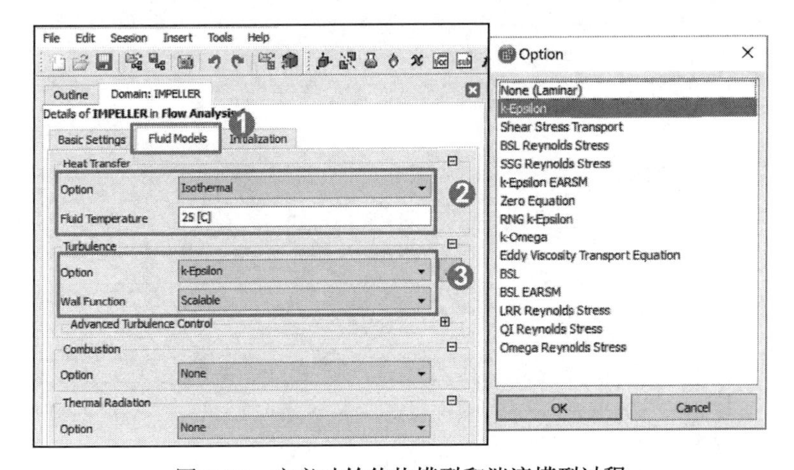

图 5-52 定义叶轮传热模型和湍流模型过程

对于湍流模型的选择，从图 5-52 可以看到，CFX 软件中有叶片泵数值计算常用的湍流模型，主要包括：k-ε、RNG k-ε、SST、k-ω 等。其中 k-ε 模型是目前应用最为广泛的工程湍流模型，其方程以耗散尺度作为特征长度，由求解相应的偏微分方程得到，适用范围更为广泛。研究结果表明，它能够较好地用于某些复杂的三维湍流。该方法已经广泛地应用于流体机械内部的流场预测。RNG k-ε 模型是对标准 k-ε 湍流模型的一种改进，在模拟间隙中由于剪切运动导致的湍流作用时有较大的优势。SST k-ω 模型在 BSL k-ω 模型的基础上改进了涡黏性的表达式，以考虑湍流切应力主项的影响，这样，SST k-ω 模型使得对逆压梯度流动的预测 (如分离流) 得到了重要的改进。选择不同湍流模型对于计算结果略有差异，需要根据实际情况进行比较选择。

(8) 定义静止域属性。离心泵静止计算域包括进水管、蜗壳及出水管三部分，其计算域基本属性、传热模型和湍流模型等与叶轮计算域定义相同。在运动属性定义中，由于这三部分为静止部分，单击“Domain Motion”下的“Option”选择“Stationary”。详细的定义过程如图 5-53~ 图 5-55 所示。

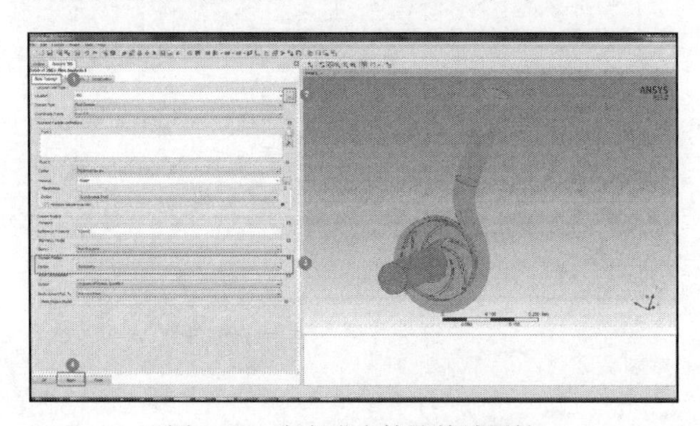

图 5-53 定义进水管计算域属性

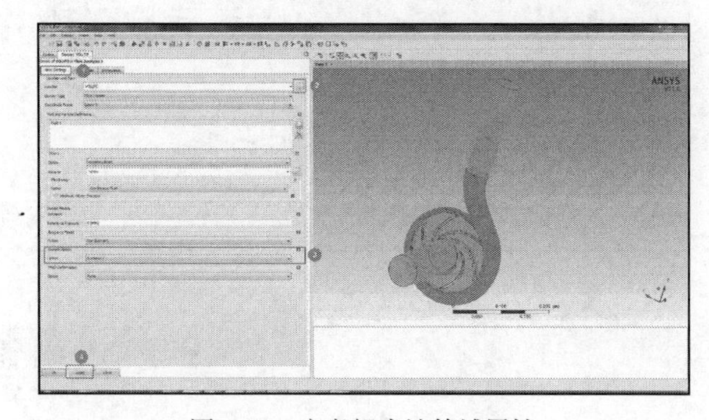

图 5-54 定义蜗壳计算域属性

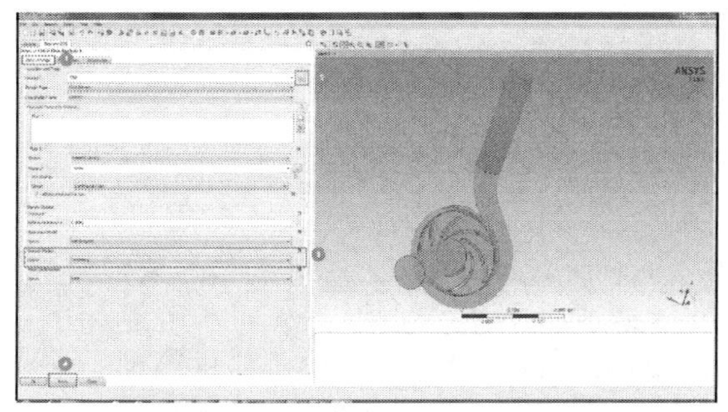

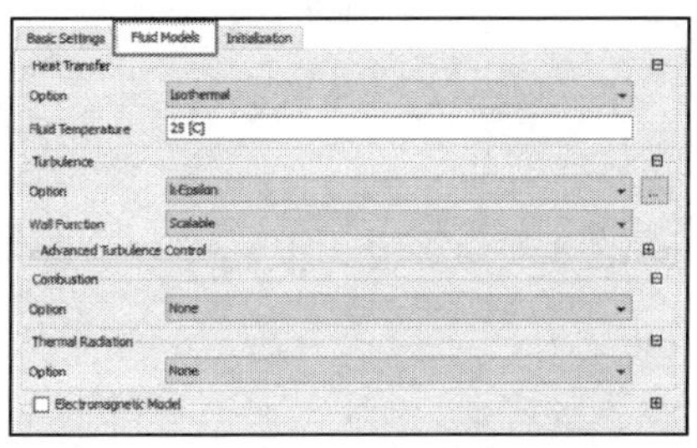

图 5-55　定义出水管计算域属性

(9) 定义进口边界条件。CFX 计算需要定义边界条件，即“进口边界”和“出口边界”。进口边界定义在进水管的进口边。单击“Inert”—“Boundary”—“in JSG”或者直接单击工具条上的 并选中下拉菜单中的 JSG 计算域，在弹出的对话框中输入“Inlet”，如图 5-56 所示。

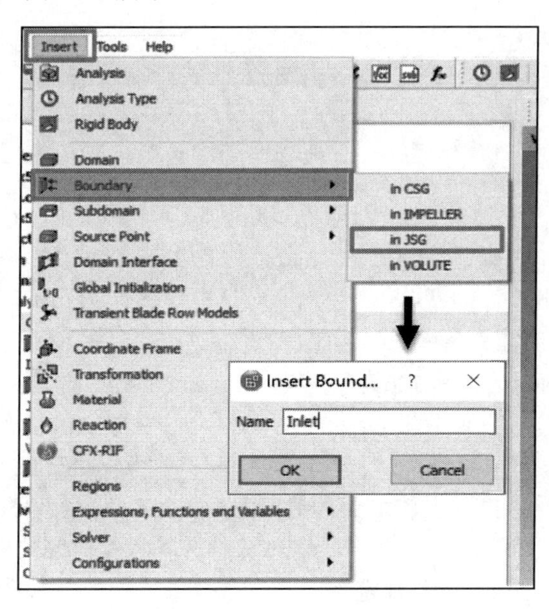

图 5-56　创建进口边界

在创建名称为“Inlet”的进口边界后，单击“OK”按钮，左侧控制树弹出边界条件属性编辑标签，如图 5-57 所示。在第一个标签“Basic Settings”中，选择“Boundary Type”为“Inlet”；单击“Location”后的，在弹出的对话框中选择对应的进水管的进口表面。单击第二个标签“Boundary Details”，在“Mass And Momentum”中的“Option”栏选择“Total Pressure(stable)”作为边界条件类型，并输入具体值“1 [atm]”；定义入口的湍流强度，“Turbulence”选为“Medium(Intensity=5%)”；单击“Apply”按钮，完成进口边界条件定义，如图 5-57 所示。

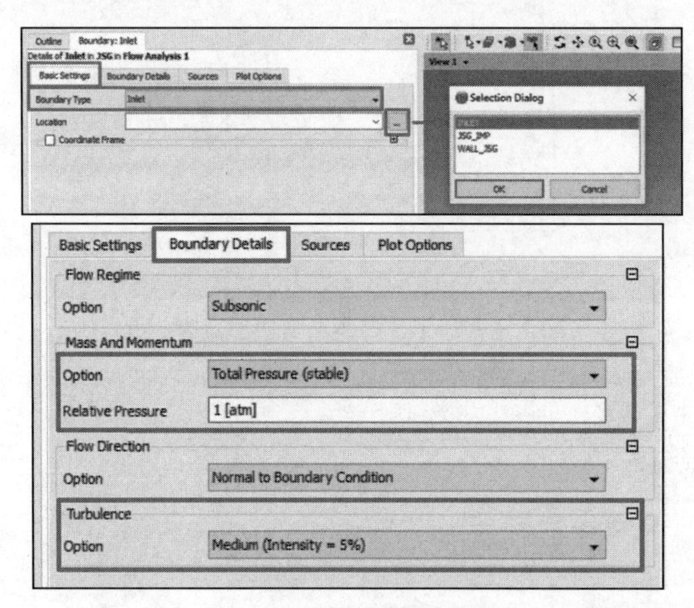

图 5-57　进口边界条件定义

(10) 定义出口边界条件。创建出口边界步骤与创建进口边界相同，单击“Insert”—“Boundary”—“in CSG”或直接单击工具条上的并选中下拉菜单中的“Outlet”出水管计算域，在弹出的对话框中输入“Outlet”，单击“OK”按钮，左侧控制树弹出边界条件属性编辑标签，如图 5-58 所示。

在第一个标签“Basic Settings”中，“Boundary Type”选择为“Outlet”；单击“Location”后的，在弹出的对话框中选择出水管中的出口表面。单击第二标签“Boundary Details”，在“Mass And Momentum”的“Option”中选择“Mass Flow Rate”作为边界条件类型，并输入具体的值为“55.56[kg s^-1]”(根据泵的流量进行定义)，也可选择“Normal Speed”作为边界条件并输入相对应的出口速度值；单击“Apply”按钮完成出口边界条件定义。

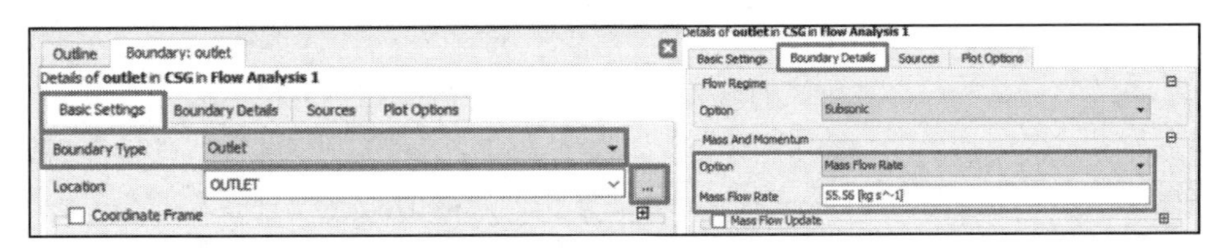

图 5-58 出口边界条件定义

(11) 定义旋转计算域的壁面条件。单击“Insert”—“Boundary”—“IMPELLER”或直接单击工具条上的 并选中下拉菜单中的 IMPELLER 叶轮计算域，在弹出的对话框中输入“blade”，单击“OK”按钮，左侧控制树弹出边界条件属性标签，如图 5-59 所示。在第一个标签“Basic Settings”中，选择“Boundary Tape”为“Wall”；单击“Location”后的，在弹出的对话框中选择对应的叶片表面，参考坐标系“Frame Type”选为“Rotating”。单击第二标签“Boundary Details”，在“Mass And Momentum”的“Option”中选择“No Slip Wall”作为边界条件类型；在“Wall Velocity”的“Option”中选择“Rotating Wall”，并输入具体的值为“0[rev min^-1]”；旋转轴选为“Global X”(读者可以根据实际情况定义表面粗糙度值的大小)；单击“Apply”按钮，完成旋转计算域壁面条件定义。旋转计算域的其余壁面 (前盖板 shroud 和后盖板 hub) 与叶片 blade 定义方式相同，定义后叶轮旋转计算域壁面边界条件如图 5-60 所示。

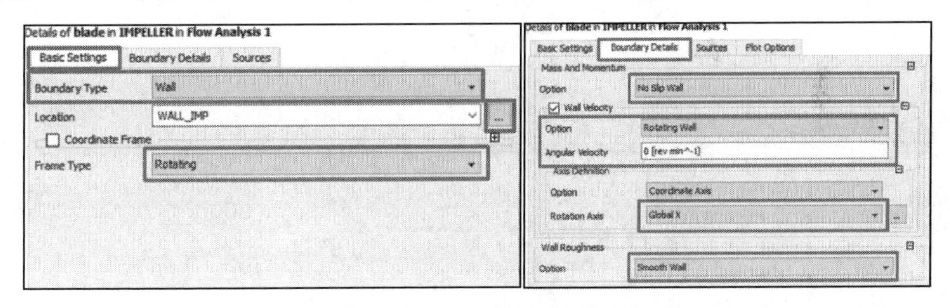

图 5-59 叶轮叶片旋转计算域壁面边界条件定义

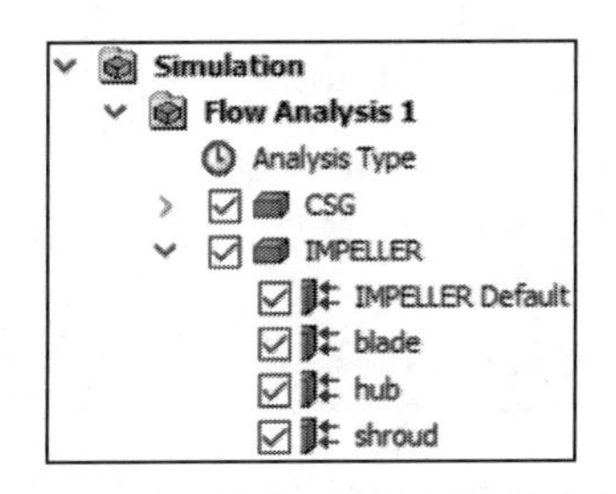

图 5-60 旋转计算域壁面边界条件定义结果

(12) 定义静止计算域的壁面条件。单击“Insert”—“Boundary”—“Volute Domain”或直接单击工具条上的 并选中下拉菜单中的“VOLUTE”计算域，在弹出的对话框中输入“wall_vol”，单击“OK”按钮，左侧控制树弹出边界条件属性编辑标签，如图 5-61 所示。在第一个标签“Basic Settings”中，选择“Boundary Tape”为“Wall”；单击“Location”后的 ，在弹出的对话框中选择对应的蜗壳壁面，参考坐标系“Frame Type”默认为全局静止坐标系。单击第二标签“Boundary Details”，在“Mass And Momentum”的“Option”中选择“No Slip Wall”作为边界条件类型；不勾选“Wall Velocity”选项；壁面的表面粗糙度“Wall Roughness”选为无滑移壁面“Smooth Wall”(读者可以根据实际情况定义表面粗糙度的大小)，单击“Apply”按钮完成静止计算域壁面条件定义。静止计算域的其余壁面包括进水管壁面、出水管壁面，其壁面边界条件定义类同，定义后静止计算域壁面条件如图 5-62 所示。

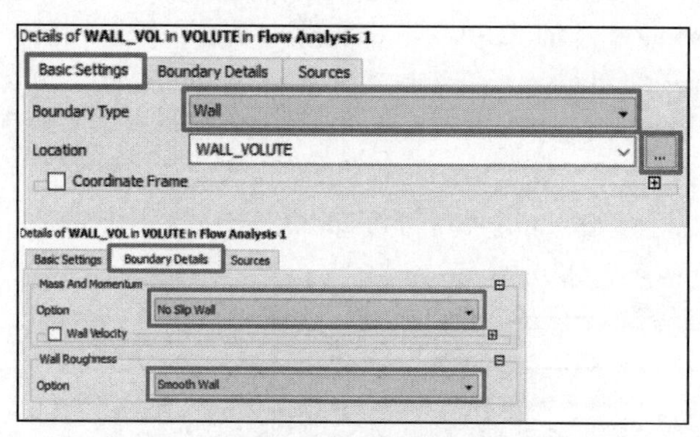

图 5-61　蜗壳静止计算域壁面边界条件定义

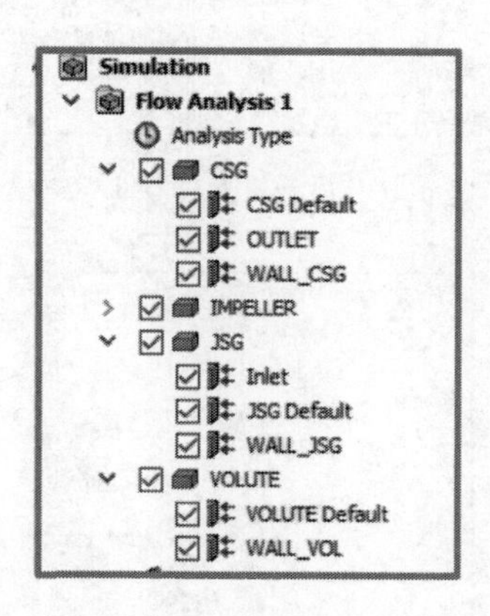

图 5-62　静止计算域壁面边界条件定义结果

(13) 定义动–静计算域交界面。定义交界面是为了计算不同计算域之间数据传递。由于存在动、静两种计算域，需要采用多重参考系 MRF，因此需要在动静计算域之间设置数据交界面。离心泵动–静计算域交界面包括进水管与叶轮交界面 JSG_IMP、叶轮与蜗壳交界面 IMP_VOL。以进水管与叶轮交界面的动–静计算域交界面定义为例，单击“Insert”—“Domain Interface”或直接单击工具条上的图标，在弹出的对话框中输入“JSG_IMP”，单击“OK”按钮，左侧控制树弹出交界面属性编辑标签，如图 5-63 所示。

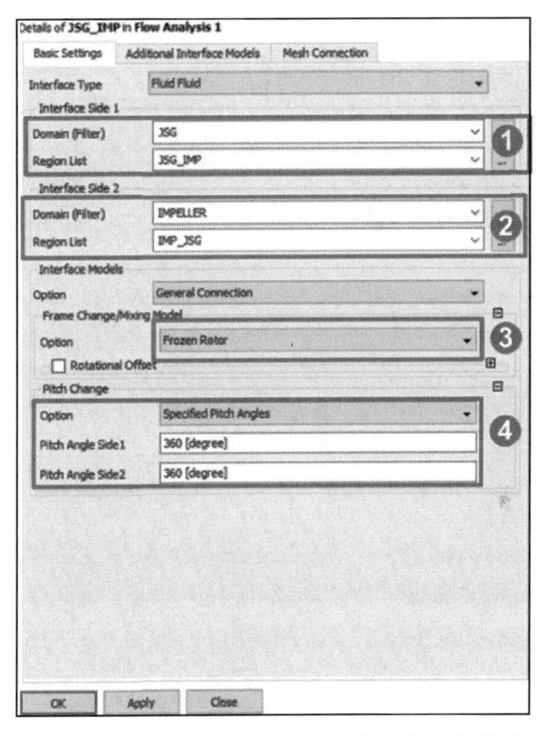

图 5-63 进水管与叶轮交界面的动–静计算域交界面定义

在第一个标签“Basic Settings”中，在“Interface Side 1”的“Domain”后单击图标，在弹出的对话框中选择进水管计算域“JSG”，在“Region List”后单击图标，在弹出的对话框中选择进水管与叶轮进口相连接的表面“JSG_IMP”；在“Interface Side 2”的“Domain”后单击图标，在弹出的对话框中选择叶轮计算域“IMPELLER”，在“Region List”后单击图标，在弹出的对话框中选择叶轮进口与进水管相连接的表面“IMP_JSG”；交界面的连接模型“Pitch Change”的“Option”选为“Specified Pitch Angles”，并输入具体的值“Pitch Angle Side 1”为“360[degree]”，“Pitch Angle Side 2”为“360[degree]”；单击“Apply”按钮完成进水管与叶轮交界面的动–静计算域交界面定义。叶轮与蜗壳交界面的动–静计算域交界面定义与此相同，具体如

图 5-64 所示。

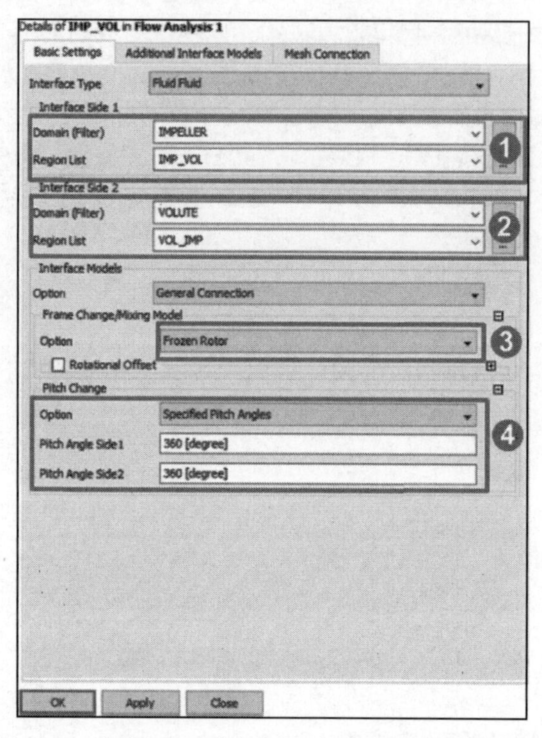

图 5-64 叶轮与蜗壳交界面的动–静计算域交界面定义

(14) 定义静–静计算域交界面。离心泵静–静计算域交界面为蜗壳与出水管间交界面 VOL_CSG。单击“Insert”—“Domain Interface”或直接单击工具条上的，在弹出的对话框中输入“VOL_CSG”，单击“OK”按钮，左侧控制树弹出交界面属性编辑标签，如图 5-65 所示。在第一个标签“Basic Settings”中“Interface Side 1”的“Domain”后单击，在弹出的对话框中选择出水管计算域“CSG”，在“Region List”后单击，在弹出的对话框中选择出水管与蜗壳相连接的表面“CSG_VOL”；在“Interface Side 2”的“Domain”后单击，在弹出的对话框中选择蜗壳计算域“VOLUTE”，在“Region List”后单击，在弹出的对话框中选择蜗壳与出水管相连接的表面“VOL_CSG”，交界面的连接模型“Interface Models”选为“General Connection”；坐标系变换“Frame Change/Mixing Model”选为“None”；面积比“Pitch Change”的“Option”选为“None”；单击“Apply”按钮完成静–静计算域交界面的定义。

(15) 设置计算域中的介质。计算空化时，需要将空泡介质添加到计算域中；选取“CSG”、“IMPELLER”、“VOLUTE”、“JSG”中任何一个流体域并双击 (本书选取“CSG”并双击)，单击，定义名称“Vapor”，单击“OK”按钮，单击“Material”

的▢，然后单击▢，选择“Water Data”中的“Water Vapor at 25C”，并单击“OK”，设置过程如图 5-66 所示。勾选 “Multiphase” 下的 “Homogeneous Model”，“Mass Transfer” 下选择 “Cavitation”，“Saturation Pressure” 中输入 25° 水的饱和蒸气压 “3169[Pa]”，如图 5-67 所示。

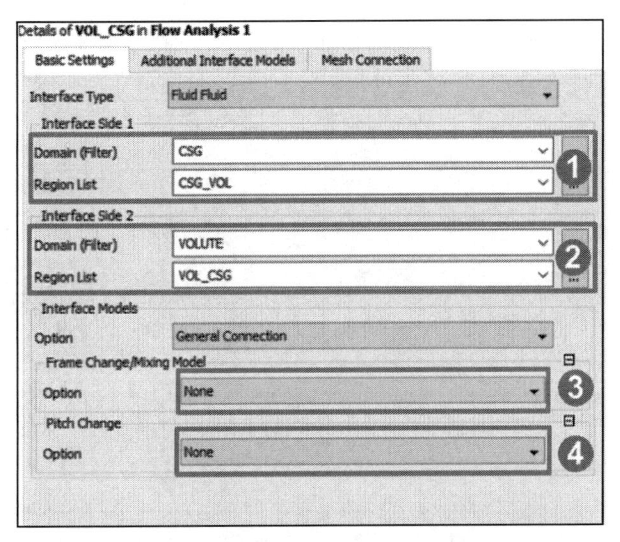

图 5-65 蜗壳与出水管静–静计算域交界面定义

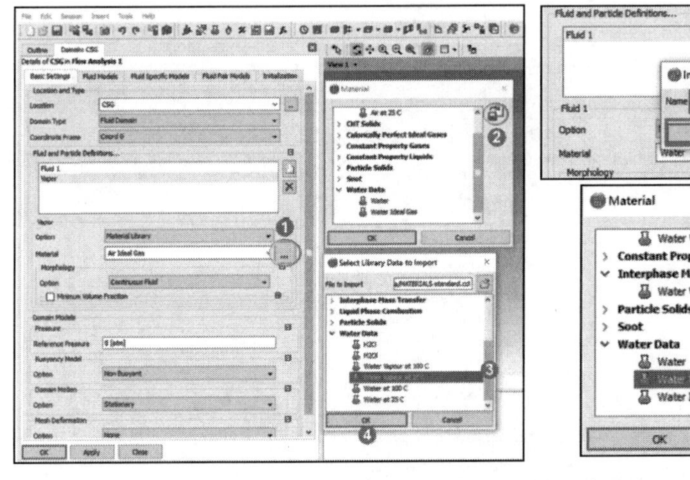

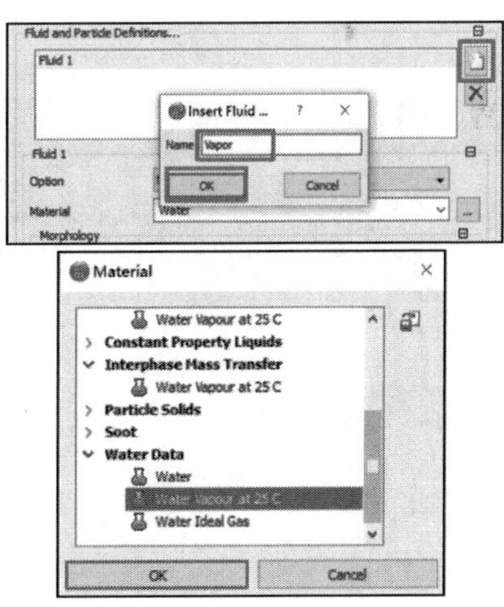

图 5-66 计算域中介质的基本设置

(16) 设置体积分数。双击进口边界条件进行编辑，将液态介质体积分数“Volume Fraction”设置为“1”，气态介质体积分数“Volume Fraction”设置为“0”，单击“OK”按钮；如图 5-68 所示。

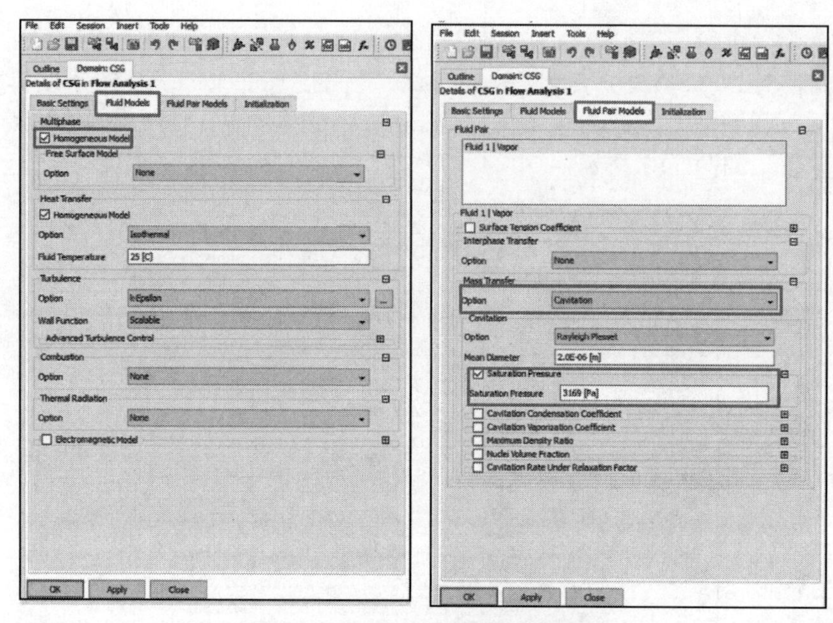

图 5-67　计算域中介质的模型设置

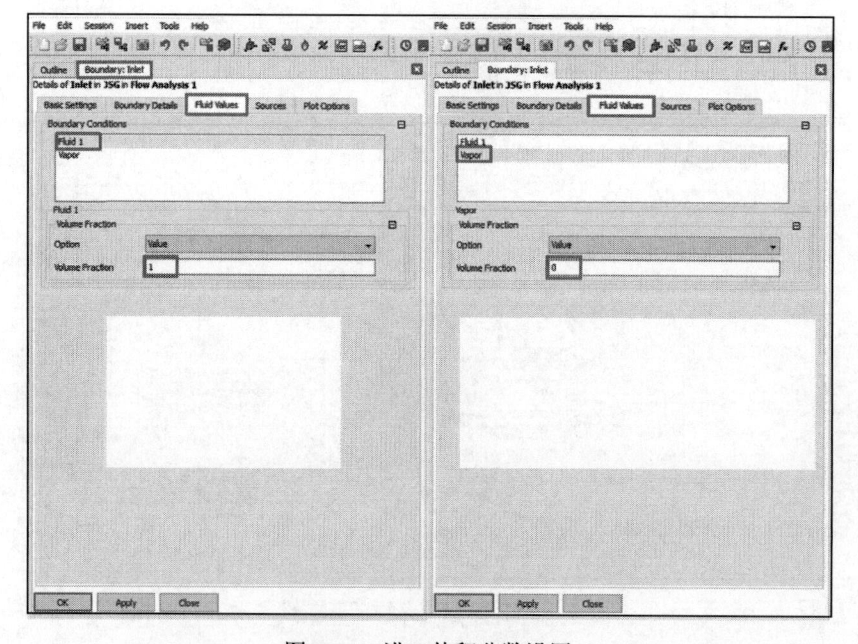

图 5-68　进口体积分数设置

(17) 修正出口边界条件。双击出口边界条件“OUTLET”，第二标签“Boundary Details”，在“Mass And Momentum”的“Option”中重新选择“Bulk Mass Flow

Rate”并输入具体的值为“55.56[kg s^-1]”。如图 5-69 所示。

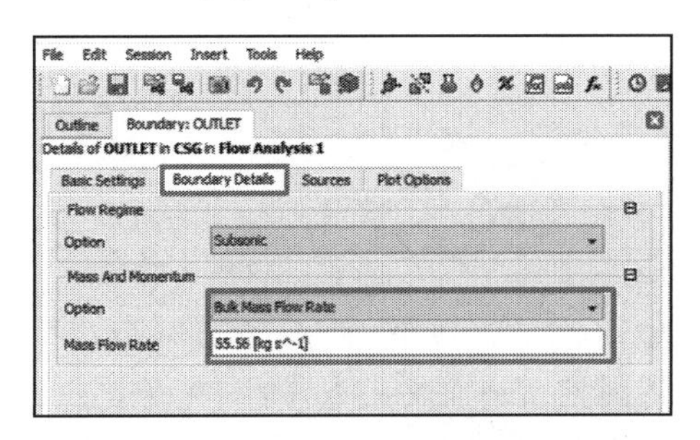

图 5-69 出口边界条件修正

(18) 定义求解器参数。双击模型树上的“Solver Control”或直接单击工具条上的，左侧控制树弹出求解参数属性编辑标签，如图 5-70 所示。在第一个标签“Basic Settings”中，对流相“Advection Scheme”的“Option”选为“High Resolution”；湍流数值项“Turbulence Numerics”的“Option”选为“First Order”；设置求解总步数，“Convergence Control”的“Max. Iterations”输入“1000”(读者可以自行调整)；求解参数的时间相“Timescale Control”选为“Physical Timescale”，并输入具体值“0.002[s]”(一般设为叶轮转速的倒数)；收敛判据“Convergence Criteria”选为平均值“RMS”，并输入具体的值 (收敛精度越高计算结果越准确，但是计算时间越长，取“1.E−4”即满足一般的工程需要)；单击“Apply”按钮，完成求解器参数的定义。注意，CFX 软件计算终止有两种方式，一是计算求解步数达到设定的求解总步数，二是达到收敛精度；只要满足其中一个条件，则计算终止。

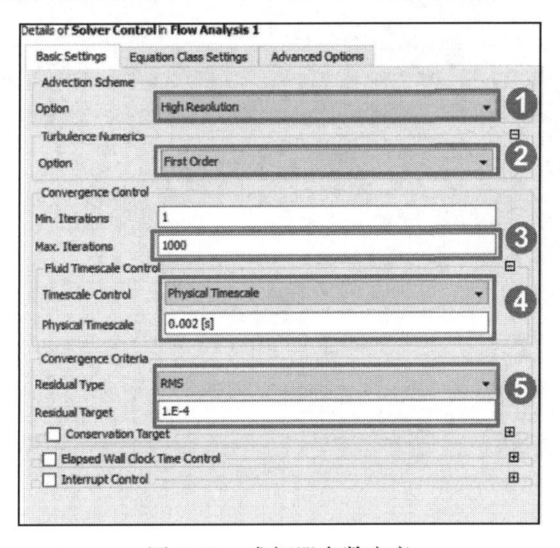

图 5-70 求解器参数定义

(19) 导出求解文件。在主工具箱最右端选择“Write Solver Input File”，如图 5-71 所示，在弹出的对话框中输入求解文件的名称，并保存。

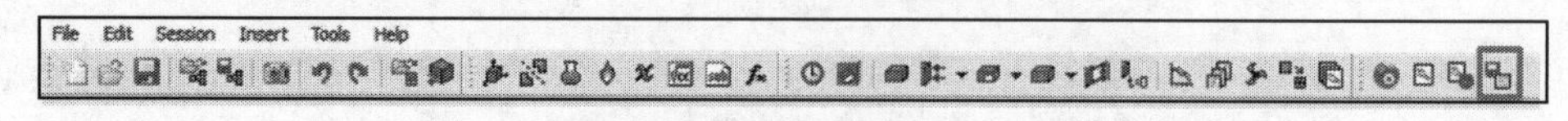

图 5-71　导出求解文件

(20) 计算。找到第 (19) 步保存好的.def 文件，双击打开，弹出如图 5-72 所示对话框，在进行定常计算时通常不需要初始流场。网格较少的情况下不需要开启并行计算模式，开启并行计算的方法如图 5-72 所示标注，在“Run Mode”的复选框中选择“Platform MPI Local Parallel”，单击按钮，增加并行 CPU 个数。在下方“Run Environment”中选择要保存结果的工作目录。最后单击“Start Run”按钮，开始计算。

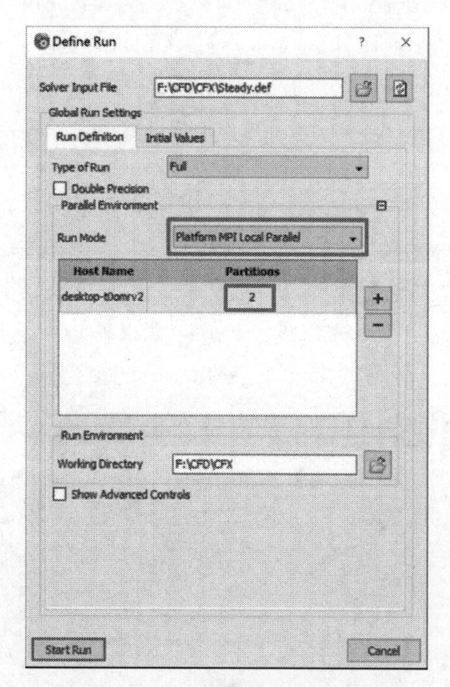

图 5-72　定常计算及并行设置

(21) 降低进口压力计算：在一个大气压条件下计算完成后，单击，对进口压力的值进行修改，如图 5-73 所示，单击“保存”按钮，然后单击，继续计算。降低进口压力的值根据扬程的变化进行调整，直至发生空化现象，一般认为扬程降低 3%是临界空化点。

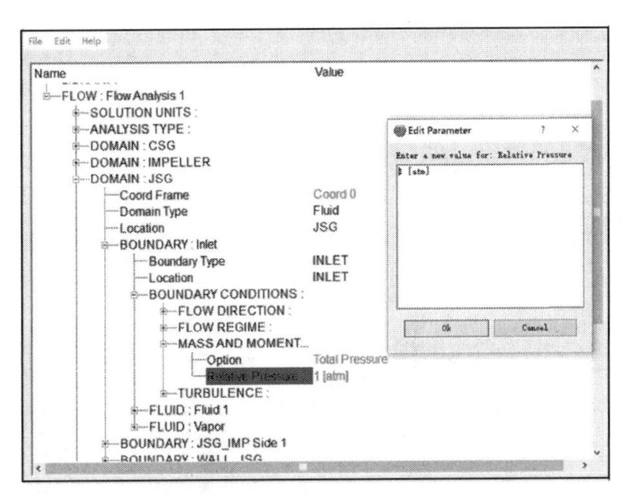

图 5-73 降低进口压力设置

5.5.2 离心泵空化非定常计算

非定常空化计算通常在定常计算的基础上进行修改获得，具体修改步骤分为以下几步。

(1) 瞬态设置。在左侧模型树上选择“Analysis Type”，双击进入属性编辑，如图 5-74 所示。非定常计算将“Analysis Type”中“Option”选为“Transient”；接下来定义非定常总计算时间，一般离心泵空化模拟得到可靠的解需要计算 5~8 个叶轮旋转周期，定义步骤如图 5-75 所示，在“Time Duration”下的“Total Time”输入框中输入总的计算时间，如本例的叶轮转速是 2900rpm，叶轮旋转一周所用时间 $60/2900\approx0.02069$s，旋转 5 周的时间 $5\times60/2900\approx0.10345$s；然后定义每一个旋转周期内计算步数，这里可以理解为定义叶轮每旋转几度计算一次，如本例中叶轮每转 1° 计算一次，其时间为 $1/360\times60/2900\approx0.00005747$s；最后单击“OK”按钮，完成非定常计算的瞬态设置。

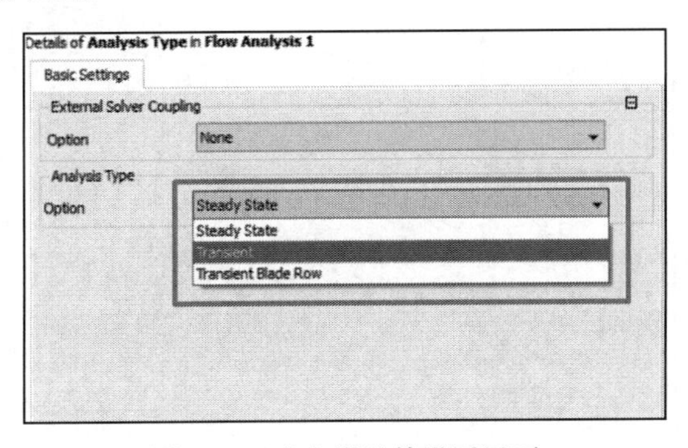

图 5-74 非定常计算设置界面

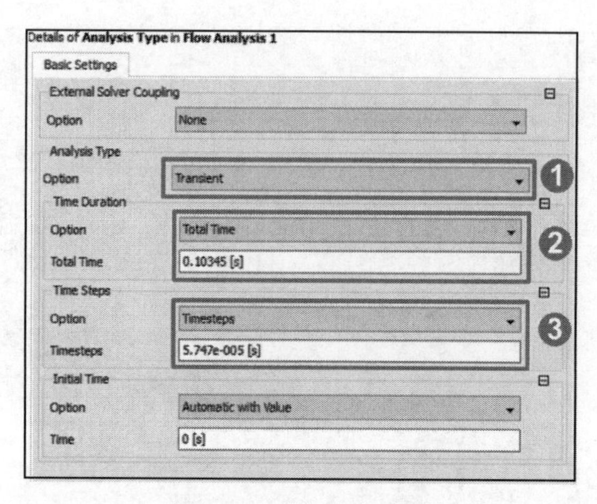

图 5-75　时间定义步骤

(2) 数据交界面模型修改。非定常数据的交界面设置不同于定常计算设置，其关键在于动–静计算域交界面的连接模型设置不同。在离心泵的动–静计算域交界面上双击，本例中为“IMP_VOL”和“JSG_IMP”，弹出如图 5-76 所示的标签。在交界面的连接模型“Interface Models”仍然选为“General Connection”；但是坐标系变换“Frame Change/Mixing Model”的“Option”选为“Transient Rotor Stator”；其余设置均与定常设置相同；单击“OK”按钮完成动–静计算域非定常计算的数据交界面的定义。

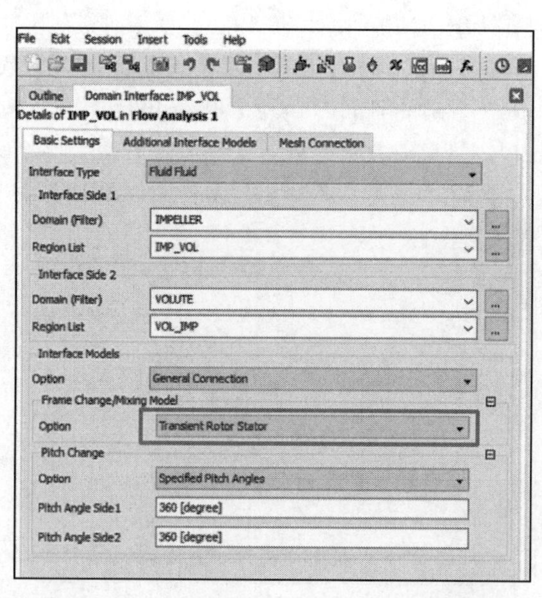

图 5-76　非定常动–静计算域交界面设置

(3) 求解器参数修改。双击模型树上的“Solver Control”或直接单击工具条上的 ，左侧控制树弹出求解参数属性编辑标签，如图 5-77 所示。可以看到非定常的求解器参数与定常计算的不同，主要不同点是对于瞬态时间相“Transient Scheme”及内循环计算“Convergence Control”的定义。通常对于瞬态相“Transient Scheme”，接受系统的默认设置；内循环计算是针对每个时间步的求解次数，可以理解为每个时间步内都是一个定常计算，而内循环计算的次数“Min. Coeff. Loops”和“Max. Coeff. Loops”对该定常计算的计算步数进行调整，一般非定常进入稳定计算后，每个非定常时间步内的计算很容易达到收敛值“RMS”、“1.E−4”，即内循环计算的次数可以很小，一般“Max. Coeff. Loops”设为“10”，“Min. Coeff. Loops”默认为“1”，即可以保证每个非定常时间步内的收敛。收敛判据“Convergence Criteria”的“Residual Type”依然选为平均值“RMS”，并输入具体的值“1.E−4”；单击“OK”按钮，完成非定常求解器参数的定义。

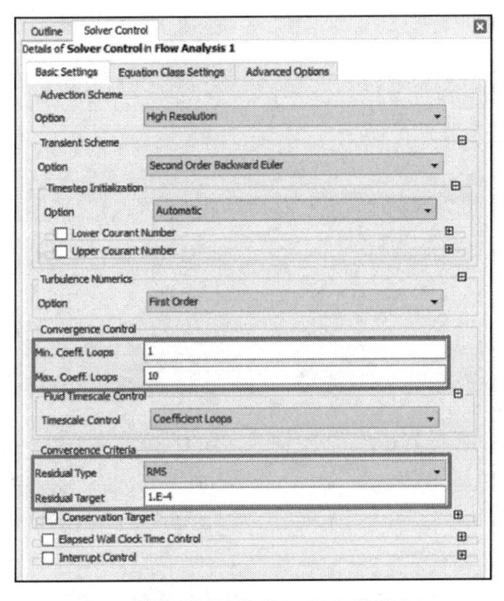

图 5-77 非定常求解器参数设置

(4) 瞬态计算数据设置。往往在做非定常计算的时候，需要查看中间计算过程的数据，即叶轮旋转过程中的流场信息，为达到这一目的，需要对瞬态计算数据的保存进行设置。双击模型树上的“Output Control”或直接单击工具条上的 ，左侧控制树弹出求解参数属性编辑标签，如图 5-78 所示。在弹出的对话框中，选择“Trn Results”标签，如图 5-79 所示，单击 新建一个瞬态数据保存，一般可以接受系统默认设置，只对“Output Frequency”进行改变，在下方的“Option”选项里选择“Every Timestep”或“Time Interval”。“Every Timestep”意味着非定常的数据在每个非定常计算步就保存一次，本例中为叶轮旋转 1° 保存一次，即为每 $1/360\times60/2900\approx0.00005747$s 保存一次瞬态结果，一般不推荐这样的设置，因为非定常数据会生成非常多的文件，占据大量的硬盘空间。一般只需要获得叶轮几个关键旋转位置的流场，如叶轮每旋转 20° 获得一次流场，可以选择“Time Interval”，在下方的输入框中输入具体的时间，本例中即 $20\times1/360\times60/2900\approx0.0011494$s。然后单击“OK”按钮，完成非定常数据保存的设置。

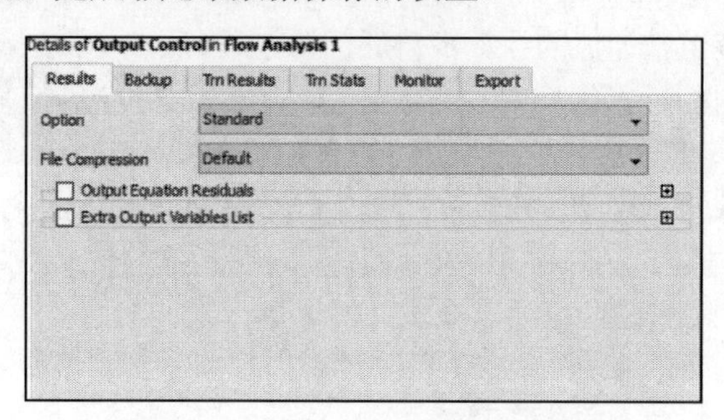

图 5-78　非定常求解参数属性编辑界面

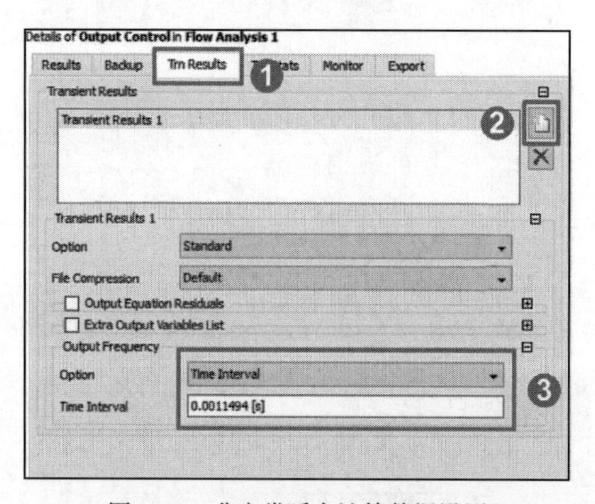

图 5-79　非定常瞬态计算数据设置

(5) 非定常文件的计算设置。进行计算文件的保存，这与定常计算的操作相同，不再赘述。找到上一步保存好的非定常.def 文件，双击打开弹出定义计算界面，在进行非定常计算时通常需要初始流场。这里的初始流场即定常计算结果。所以非定常计算的基础是进行定常计算。具体操作如图 5-80 所示。首先勾选“Initial Values Specification”，下方出现“Initial Values 1 Settings”对话框，单击 找到之前的定常计算结果文件 (.res)。最后单击“Start Run”按钮开始计算。

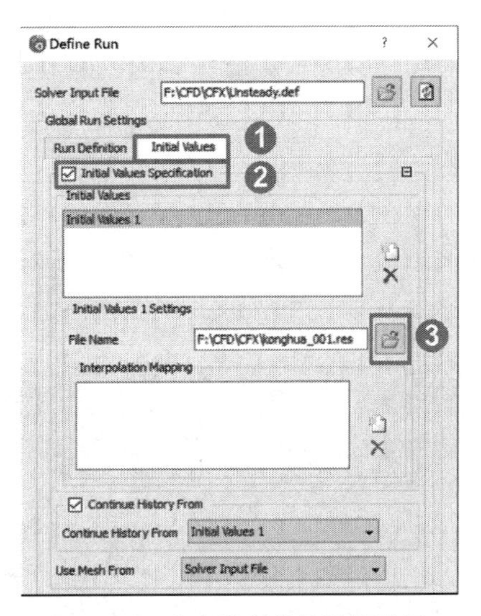

图 5-80 非定常文件的计算设置

参 考 文 献

[1] Wang Y, Liu H L, Liu D X, et al. Application of the two-phase three-component computational model to predict cavitating flow in a centrifugal pump and its validation[J]. Computers and Fluids, 2016, 131: 142-150

[2] Wang J, Wang Y, Liu H L, et al. An improved turbulence model for predicting unsteady cavitating flows in centrifugal pump[J]. International Journal of Numerical Methods for Heat and Fluid Flow, 2015, 25(5): 1198-1213.

[3] 王勇，刘厚林，袁寿其，等. 离心泵内部空化特性的 CFD 模拟 [J]. 排灌机械工程学报，2011，29(2): 99-103.

[4] Liu H L, Liu D X, Wang Y, et al. Experimental investigation and numerical analysis of unsteady attached sheet-cavitating flows in a centrifugal pump[J]. Journal of Hydrodynamics, 2013, 25(3): 370-378.

[5] Liu H L, Wang J, Wang Y, et al. Influence of the empirical coefficients of cavitation model on predicting cavitating flow in the centrifugal pump[J]. International Journal of Naval Architecture and Ocean Engineering, 2014, 6(1): 119-131.

[6] Liu H L, Wang Y, Liu D X, et al. Assessment of a turbulence model for numerical predictions of sheet-cavitating flows in centrifugal pumps[J]. Journal of Mechanical Science and Technology, 2013, 27(9): 2743-2750.

[7] Liu H L, Liu D X, Wang Y, et al. Application of modified k-ω model to predicting cavitating flow in centrifugal pump[J]. Water Science and Engineering, 2013, 6(3): 331-339.

[8] 刘厚林，刘东喜，王勇，等. 三种空化模型在离心泵空化流计算中的应用评价 [J]. 农业工程学报，2012，28(16): 54-59.

[9] Launder B E, Spalding D B. Lectures in Mathematical Models of Turbulence[M]. London: Academic Press, 1972.

[10] Launder B E, Spalding D B. The numerical computation of turbulent flows[J]. Computer Methods in Applied Mechanics and Engineering, 1974, 3(2): 269-289.

[11] Johansen S T, Wu J, Shyy W. Filter-based unsteady RANS computations[J]. International Journal of Heat and Fluid Flow, 2004, 25(1): 10-21.

[12] Liu H L, Wang J, Wang Y, et al. Partially-averaged navier-stokes model for predicting cavitating flow in centrifugal pump[J]. Engineering Applications of Computational Fluid Mechanics, 2014, 8(2): 319-329.

[13] Wang G Y, Ostoja-Starzewski M. Large eddy simulation of a sheet/cloud cavitation on a NAVA0015 hydrofoil[J]. Applied Mathematical Modelling, 2007, 31(3): 417-447.

[14] Kinzel M P, Lindau J W, Peltier L J, et al. Detached-eddy simulations for cavitating flows[C]//The 18th AIAA Computational Fluid Dynamics Conference, Miami, 2007.

[15] Coutier-Delgosha O, Fortes-Patella R, Reboud J L. Evaluation of the turbulence model influence on the numerical simulations of unsteady cavitation[J]. Journal of Fluids Engineering, 2003, 125(1): 38-45.

[16] Yakhot V, Orszag S A. Renormalization group analysis of turbulence. I. Basic theory[J]. Journal of Scientific Computing, 1986, 1(1): 3-51.

[17] Yakhot V, Orszag S, Thangam S, et al. Development of turbulence models for shear flows by a double expansion technique[J]. Physics of Fluids A: Fluid Dynamics (1989-1993), 1992, 4(7): 1510-1520.

[18] Shi W D, Zhang G J, Zhang D. Evaluation of turbulence models for the numerical prediction of transient cavitation around a hydrofoil[C] IOP Conference Series: Materials Science and Engineering, 2013, 52(6): 668-672.

[19] Zhou L J, Wang Z W. Numerical simulation of cavitation around a hydrofoil and evaluation of a RNG k-ε model[J]. Journal of Fluids Engineering, 2008, 130(1): 011302-011308.

[20] Wilcox D C. Reassessment of the scale-determining equation for advanced turbulence models[J]. AIAA Journal, 1988, 26(11): 1299-1310.

[21] Wilcox D C. Turbulence Modeling for CFD[M]. California: DCW Industries Inc, 1993.

[22] 占梁梁. 水力机械空化数值计算与试验研究 [D]. 武汉: 华中科技大学，2008.

[23] 王勇. 离心泵空化及其诱导振动噪声研究 [D]. 镇江: 江苏大学，2011.

[24] Menter F R. Two-equation eddy-viscosity turbulence models for engineering applications[J]. AIAA Journal, 1994, 32(8): 1598-1605.

[25] Menter F R. Zonal two-equation k-ω turbulence model for aerodynamic flows[J]. AIAA Journal, 1994, 32: 1598-1605.

[26] Menter F R, Kuntz M, Langtry R. Ten years of industrial experience with the SST turbulence model[J]. Turbulence, Heat and Mass Transfer 4, 2003, 4: 625-632.

[27] Li H, Kelecy F K, Egelja-Maruszewski A, et al. Advanced computational modeling of steady and unsteady cavitating flows[C]//Proceedings of 2008 ASME International Mechanical Engineering Congress and Exposition, Boston, 2008: 1-11.

[28] Frikha S, Coutier-Delgosha O, Astolfi J A. Influence of the cavitation model on the simulation of cloud cavitation on 2D foil section[J]. International Journal of Rotating Machinery, 2009, 2008(1): 1-12.

[29] Morgut M, Nobile E, Biluš I. Comparison of mass transfer models for the numerical prediction of sheet cavitation around a hydrofoil[J]. International Journal of Multiphase Flow, 2011, 37(6): 620-626.

[30] Olsson M. Numerical investigation on the cavitating flow in a waterjet pump[D]. Goteborg: Chalmers University of Technology, 2008.

[31] Coutier-Delgosha O, Fortes-Patella R, Reboud J L, et al. Stability of preconditioned Navier–Stokes equations associated with a cavitation model[J]. Computers and Fluids, 2005, 34(3): 319-349.

[32] Biluš I, Predin A. Numerical and experimental approach to cavitation surge obstruction in water pump[J]. International Journal of Numerical Methods for Heat and Fluid Flow, 2009, 19(7): 818-834.

[33] Esfahanian V, Akbarzadeh P, Hejranfar K. An improved progressive preconditioning method for steady non-cavitating and sheet-cavitating flows[J]. International Journal for Numerical Methods in Fluids, 2010, 68(2): 210-232.

[34] Asnaghi A, Jahanbakhsh E, Seif M S. Unsteady multiphase modeling of cavitation around NACA 0015[J]. Journal of Marine Science and Technology, 2010, 18(5): 689-696.

[35] Mejri I, Bakir F, Rey R. Comparison of computational results obtained from a homogeneous cavitation model with experimental investigations of three Inducers [J]. Journal of Fluids Engineering, 2006, 128(6): 1308-1323.

[36] Yuan W X, Schnerr G H. Numerical simulation of two-phase flow in injection nozzles: Interaction of cavitation and external jet formation [J]. Journal of Fluids Engineering, 2003, 125(6): 963-969.

[37] Gőlcü M. Neural network analysis of head-flow curves in deep well pumps[J].Energy Conversion and Management, 2006, 47(7-8): 992-1003.

[38] 王瑞金，张凯，王刚. Fluent 技术基础与应用实例 [M]. 北京: 清华大学出版社，2007.

[39] Schneider G, Raw M. Control volume finite-element method for heat transfer and fluid flow using colocated variables-1. computational procedure[J]. Numerical Heat Transfer, Part A: Applications, 1987, 11(4): 363-390.

第6章　离心泵空化数值计算模型改进

离心泵的叶轮叶片曲率大，内部形成的空泡还会受到离心力等旋转效应的影响，空化流动复杂。因此，本章综合考虑离心泵的旋转效应与大曲率结构特征，提出一种适用于离心泵内空化数值模拟的湍流模型和空化模型。

6.1　离心泵湍流模型的改进

1. 可压缩性修正

空化的产生使得流体具备了可压缩的物理性质，但在传统湍流模型中并未考虑流体的可压缩性。事实上，流体的可压缩性能够在很大程度上影响流场的压力脉动，而压力脉动又是引起水力机械振动噪声的主要原因之一。因此，本节考虑流体的可压缩性，对 RNG k-ε 模型进行修正，定义液相密度为流场内局部压力的单值函数，具体表达式如下：

$$\rho_{\mathrm{l}}' = \rho_{\mathrm{ref}} \sqrt[n]{\frac{p+B}{p_{\mathrm{ref}}+B}} \tag{6-1}$$

式中，p_{ref} 为系统参考压力；ρ_{ref} 为液相的参考密度，其值为 998.2kg/m^3；B 和 n 为常数项，当液相为水时，其值分别为 300MPa 和 7。

2. 湍流涡黏度修正方法

常用湍流模型中对湍流涡黏度的过预测阻碍了反射流的发展，而反射流又是造成空泡团脱落的主要原因[1]，所以传统的两方程模型无法有效地同时捕捉到宏观尺度上空泡的准周期脱落现象以及微观尺度下杂乱无序的湍流现象。为了解决这一问题，本节基于 RNG k-ε 湍流模型，采用密度修正方法[2]，对湍流涡黏度 μ_{t} 进行修正，其具体表达式如下：

$$\mu_{\mathrm{t}}' = f(\rho_{\mathrm{m}}) C_\mu \frac{k^2}{\varepsilon} \tag{6-2}$$

$$f(\rho_{\mathrm{m}}) = \rho_{\mathrm{v}} + \frac{(\rho_{\mathrm{m}}-\rho_{\mathrm{v}})^n}{(\rho_{\mathrm{l}}-\rho_{\mathrm{v}})^{n-1}} \tag{6-3}$$

式中，幂指数 n 为常数。图 6-1 为 n 取不同值时，$f(\rho_{\mathrm{m}})$ 随混合相密度改变的变化趋势。从图中可以发现，当 n 增大时，该函数能够有效地降低混合区域的涡黏度。Coutier-Delgosha 通过与实验对比标定，认为当其值为 10 时与实际情况最为符合[2]。

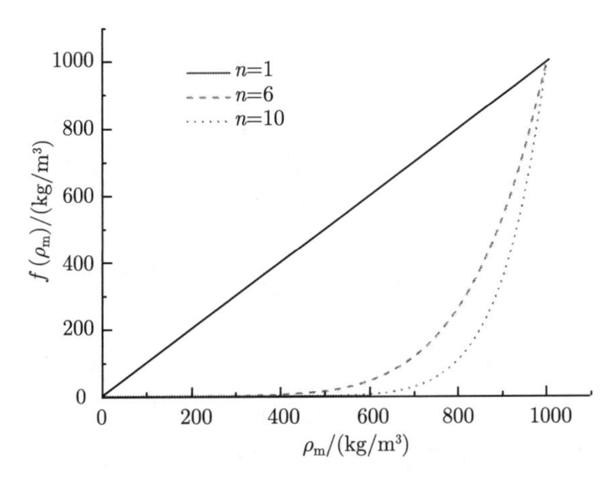

图 6-1 n 取不同值时 $f(\rho_m)$ 随混合相密度改变的变化趋势

3. *考虑旋转和大曲率特性*

离心泵的动静干涉及流道大曲率的结构特征，决定了离心泵内的流动极为复杂。现以 RNG k-ε 湍流模型为基础，考虑旋转效应与大曲率结构修正的改进方法[3,4]。该方法由 Spalart 在 Knight 和 Saffman 提出的回转稳态效应 (gyroscopic stability effect) 基础上建立[5]，其基本思想是采用一个经验修正系数 f_{rotation} 对湍流模型中的湍动能生成项 P_{t} 进行修正，即 $P_{\text{t}} \rightarrow P_{\text{t}} \cdot f_{\text{rotation}}$。$f_{\text{rotation}}$ 定义为

$$f_{\text{rotation}} = (1 + c_{r1})\frac{2r^*}{1+r^*}[1 - c_{r3}\arctan(c_{r2}\tilde{r})] - c_{r1} \tag{6-4}$$

若设离心泵转子参照系统的旋转速度为 Ω，则式 (6-4) 中 r^* 与 $\tilde{r}$ 可以定义为

$$r^* = S/\Omega \tag{6-5}$$

$$\tilde{r} = 2\Omega_{ik}S_{jk}\left[\frac{DS_{ij}}{Dt} + (\varepsilon_{imn}S_{jn} + \varepsilon_{jmn}S_{in})\Omega_m^{\text{rot}}\right]\frac{1}{\Omega D^3} \tag{6-6}$$

式中，$S_{ij} = \dfrac{1}{2}\left(\dfrac{\partial u_i}{\partial x_j} + \dfrac{\partial u_j}{\partial x_i}\right)$，$\Omega_{ik} = \dfrac{1}{2}\left(\left(\dfrac{\partial u_i}{\partial x_j} - \dfrac{\partial u_j}{\partial x_i}\right) + 2\varepsilon_{mji}\Omega_m^{\text{rot}}\right)$，$\Omega^2 = 2\Omega_{ij}\Omega_{ij}$，$D^2 = \max\left(S^2, 0.09\Omega^2\right)$，其中的常数项分别为 $c_{r1} = 1.0$，$c_{r2} = 2$ 和 $c_{r3} = 1.0$。

为了稳定计算的收敛性，对经验修正系数 f_{rotation} 进行适当的调整，为

$$\tilde{f}_{\text{rotation}} = \max\left\{\min\left(f_{\text{rotation}}, 1.25\right), 0\right\} \tag{6-7}$$

使其范围限定在 0~1.25[4]。当值为 0 时，表明此时的流动为稳态流动，并无湍动能生成；而当值为 1.25 时，表明此时的流动受旋转效应或大曲率结构的影响。

综合考虑以上修正方法，得到最终的 RCD 湍流模型 (rotating-compressible-density based turbulence model) 表达式如下：

$$\frac{\partial(\rho_{\mathrm{m}}k)}{\partial t}+\frac{\partial(\rho_{\mathrm{m}}k\overline{u_j})}{\partial x_j}=\frac{\partial}{\partial x_j}\left[\left(\mu_{\mathrm{m}}+\frac{\mu_{\mathrm{t}}'}{\sigma_k}\right)\frac{\partial k}{\partial x_j}\right]+\tilde{f}_{\mathrm{rotation}}P_{\mathrm{t}}-\rho_{\mathrm{m}}\varepsilon \tag{6-8}$$

$$\frac{\partial\left(\rho_{\mathrm{m}}\varepsilon\right)}{\partial t}+\frac{\partial\left(\rho_{\mathrm{m}}\varepsilon u_i\right)}{\partial x_i}=\frac{\partial}{\partial x_j}\left[\left(\mu_{\mathrm{m}}+\frac{\mu_{\mathrm{t}}'}{\sigma_\varepsilon}\right)\frac{\partial\varepsilon}{\partial x_j}\right]+C_{\varepsilon1}\tilde{f}_{\mathrm{rotation}}P_{\mathrm{t}}\frac{\varepsilon}{k}-C_{\varepsilon2}\rho_{\mathrm{m}}\frac{\varepsilon^2}{k}-R \tag{6-9}$$

6.2　改进湍流模型性能评估

为了评估 RCD 模型在离心泵空化数值模拟中的表现，选用第 4 章的单级单吸离心泵为研究对象。模型泵实物如图 4-5 所示。为了验证计算的准确性与可靠性，将计算结果与空化可视化实验数据进行对比[6]。

6.2.1　三维建模及网格划分

离心泵水体采用三维造型软件 Pro/Engineer 进行建模，图 6-2 为其三维水体造型。为了保证数值计算中进出口流态的稳定，将泵的进出口延长，保证进出口管路长度为 4 倍管径。采用 ANSYS-ICEM 软件对计算区域进行网格划分。

图 6-2　实验泵三维水体造型

在正式计算前，首先对计算网格进行无关性分析。采用离心泵扬程作为评估标准，一般认为前后两次的扬程预测值绝对误差在 2% 内即可忽略网格数的影响[7]，定义网格数相关性百分比为

$$\xi=\frac{|H_{\mathrm{m}}-H_{\mathrm{l}}|}{H_{\mathrm{m}}}\times100\% \tag{6-10}$$

式中，H_{m} 为精密网格数扬程预测结果；H_{l} 为粗糙网格数扬程预测结果。

表 6-1 给出了采用五种不同网格划分方法计算得到的扬程预测值。从表中可以看出，当网格数高于 6.5×10^6 时，方案 3 的扬程预测值为 6.29m，方案 4 和方案 5 的扬程为 6.28m，网格无关性小于 1%。为了同时兼顾计算效率与计算精度，决定采用方案 3 作为后续计算网格，如图 6-3 所示。叶片近壁区网格做了加密处理。图 6-4(a) 为当截面 Span=0.5(叶轮后盖板到前盖板的无量纲距离) 时，从叶轮进口前缘 (Streamwise=0) 至叶轮出口边 (Streamwise=1) 的 y^+ 分布，图 6-4(b) 为截面 Span=0.5 与叶片截得的 Streamwise 示意图。从图中可知边界层的网格密度能够满足各湍流模型的基本要求。

表 6-1 采用五种不同网格划分方法计算得到的扬程预测值

对比方案	方案 1	方案 2	方案 3	方案 4	方案 5
网格数/10^6	4.8	5.3	6.5	7.4	8.0
扬程/m	6.34	6.32	6.29	6.28	6.28

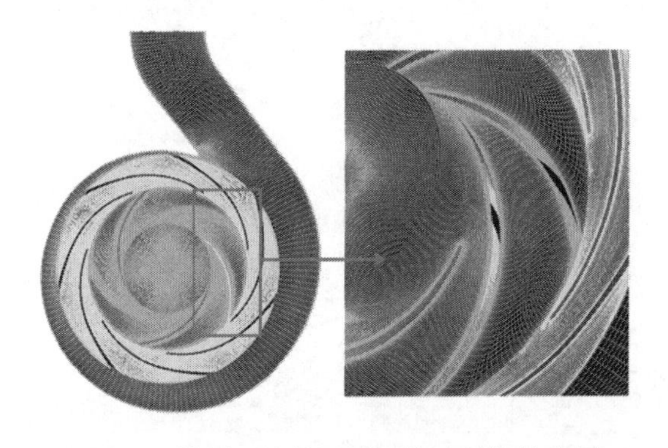

图 6-3 模型泵计算区域网格及局部放大图

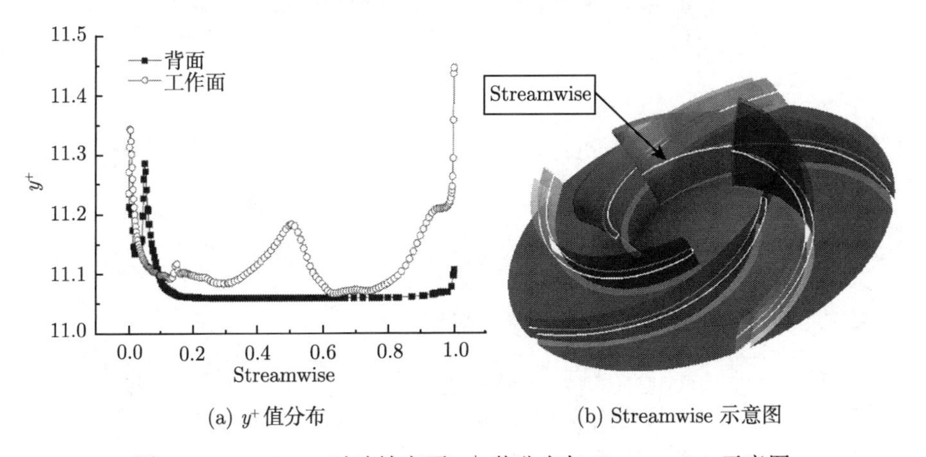

(a) y^+ 值分布　　(b) Streamwise 示意图

图 6-4 Span=0.5 时叶轮表面 y^+ 值分布与 Streamwise 示意图

6.2.2 边界条件设置

本章数值模拟采用 ANSYS-CFX 软件进行计算。离心泵空化数值模拟边界条件具体设为：总压进口与质量流量出口；固壁表面绝热无滑移，粗糙度设为 0.05mm；进口延长段与叶轮、叶轮与导叶采用动静交界面耦合；导叶与蜗壳、蜗壳与出口延长段之间采用静态交界面耦合；计算采用多重参考坐标系，叶轮设为旋转部件，其他部件设为固定部件。

由于离心泵内的空化流较为复杂，既包含旋转效应又属于两相流范畴，直接进行空化计算会导致计算发散或收敛缓慢，严重影响计算结果的准确性。故本章结合定常与非定常空化计算方法，以定常单相无空化结果为初始场进行计算。不同的是，定常空化计算方法仅需计算一次初始单相无空化结果，之后的计算均以前一步的计算结果为初始场，泵内工况通过修改进口压力值实现[8]。非定常空化计算方法则需要分别计算每一个工况下的单相无空化流场，并以之为初始场进行计算。为了便于与可视化实验结果进行比较，非定常数值计算时间步长设为 $\Delta t = T/120$，与实验中的采样频率一致，即叶轮每旋转 3° 时计算一次。T 为叶轮的旋转周期。

6.2.3 计算结果及分析

1. 空化性能分析

图 6-5 给出了设计工况下分别采用 RCD 湍流模型、标准 k-ε 模型与 SST k-ω 模型计算得到的离心泵扬程下降曲线。

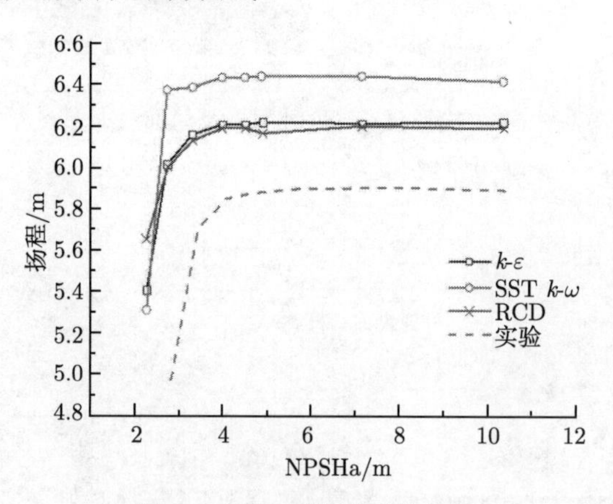

图 6-5 离心泵扬程下降曲线

从图 6-5 中可以看出，在无空化状态下，即当空化余量 NPSHa 较大时，三种湍流模型的模拟值与实验值均存在误差。这可能是因为实验泵在加工时由于工艺原因与设计尺寸有一定的差异。实验的扬程 H_{Exp} 约为 5.9m，RCD 模型与标准 k-ε

模型的预测值较为接近，RCD 模型的预测值更为接近实验结果，两者在无空化状态下扬程分别为 6.14m 和 6.23m，而采用 SST k-ω 湍流模型的计算结果误差最大，其值为 6.39m。

当空化余量继续减小，即泵进口压力降低后，泵内产生的空泡将逐渐堵塞流道，使泵的扬程降低。从图 6-5 中可以发现，三种不同湍流模型的扬程预测曲线下降趋势基本相同，尤其是标准 k-ε 模型与 RCD 模型。这是由于影响离心泵扬程下降曲线数值预测结果精度的主要是空化模型[9]。为了具体量化不同湍流模型的预测结果精度，得到标准 k-ε 模型、SST k-ω 模型、RCD 模型的必需空化余量分别为 2.73m、2.66m、2.79m。可以看出数值计算结果均低于实验值 3.44m，但 RCD 模型仍然小幅度地提升了计算精度。

2. 不同工况下空泡分布

图 6-6 为数值计算和实验在不同工况下运行时的空泡分布情况。从实验结果

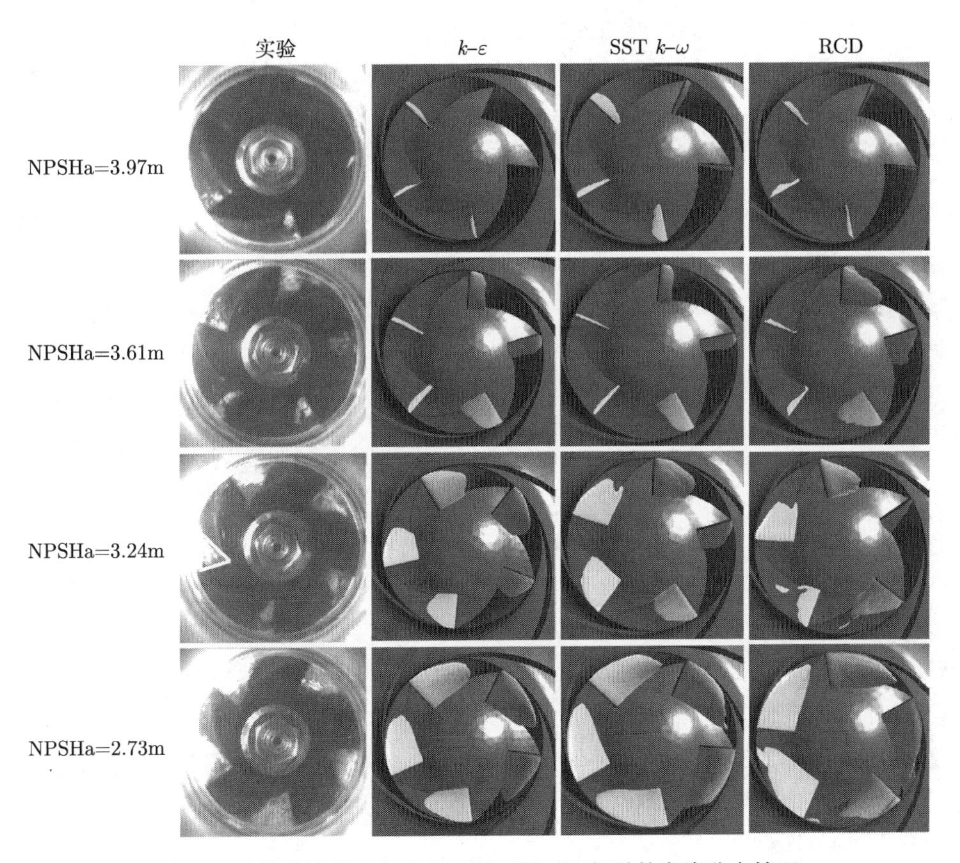

图 6-6 数值计算和实验在不同工况下运行时的空泡分布情况

中可以发现：随着空化余量的降低，空泡首先在叶片进口边吸力面产生 (NPSHa =3.97m)。各流道内的空泡分布并不对称，这是由于叶轮与导叶的动静干涉作用使得叶轮内部压力分布不均。当压力进一步降低，空泡的体积与长度逐渐增大。NPSHa =3.24m 时空泡已经在一定程度上堵塞了流道，破坏了流动的连续性，使离心泵扬程下降，如图 6-5 所示，此时泵内的扬程已经下降了 3%。当空化余量降至 2.73m 时，产生的空泡几乎覆盖了整个叶片背面，严重堵塞了流道，使扬程下降曲线呈现断裂现象。

对比数值计算结果与实验结果，空化程度随工况的变化规律与实验吻合较好，且反映出了由于压力分布不均而导致的空泡分布不对称现象，而对空化非定常演变过程的预测，三种湍流模型的计算结果则有所不同。从图 6-5 泵扬程下降曲线可知，标准 k-ε 模型与 RCD 模型预测得到的扬程预测结果较为相似，然而从图 6-6 中的空泡分布情况可以看出 RCD 模型捕捉到了附着空穴尾端空泡的脱落与溃灭现象，而标准 k-ε 模型与 SST k-ω 模型则几乎无法获得离心泵内空化流的不稳定现象。尽管数值计算与实验吻合较好，仍然能够发现两者存在的差异：实验中空泡为三角结构，叶片与泵前盖板相连的区域空泡多于叶片与后盖板相连的区域，如图 6-6 中框线所示，而数值计算则未捕捉到这一现象，这可能是由于采用的 Zwart 空化模型未考虑离心泵的旋转运动特性。

3. 离心泵非定常空泡演变规律

图 6-7 给出了空化余量 NPSHa=3.24m 时，离心泵空化在工况不变时叶轮流道内的瞬态空泡分布及演变规律，相邻图片的时间间隔为 $4\Delta t$，$\Delta t = T/120$。

从实验结果中可以观察到明显的空化非定常脱落溃灭现象，如流道 1 内：在 $t = t_0$ 时空泡附着在叶片前缘；$t = t_0 + 4\Delta t$ 时空泡团从附着空穴尾端开始断裂，并在 $t = t_0 + 8\Delta t$ 时刻完全脱离；随后脱落的空泡团随着主流向下游移动，并在这一过程中由于叶轮流道内压力的增大而逐渐缩小溃灭，并最终在 $t = t_0 + 20\Delta t$ 时完全消失，而依然附着在叶片前缘的空泡团随着叶轮旋转也逐渐缩小，但并不会消失，在某一时刻会开始重新生长发展。故当空化余量不变时，离心泵内同一流道内的空化经历发展、局部脱落、缩小再发展的周期性过程。

对于数值模拟结果，可以发现标准 k-ε 模型和 SST k-ω 模型均无法捕捉到空穴尾端的非定常脱落与溃灭的现象，泵内空化属于附着空泡。这是由于两种湍流模型均过预测了汽液混合区域的湍流黏度，而湍流黏度是导致空泡脱落的主要原因，过高的湍流黏度使得反射流无法到达恰当的位置使附着空泡团发生断裂。相比标准 k-ε 模型，SST k-ω 模型仍然能够捕捉到附着空泡尾端细微的不稳定现象。RCD 模型则较好地解决了过预测的问题，有效地解析出了空泡团的脱落和溃灭的过程，与实验结果吻合较好。

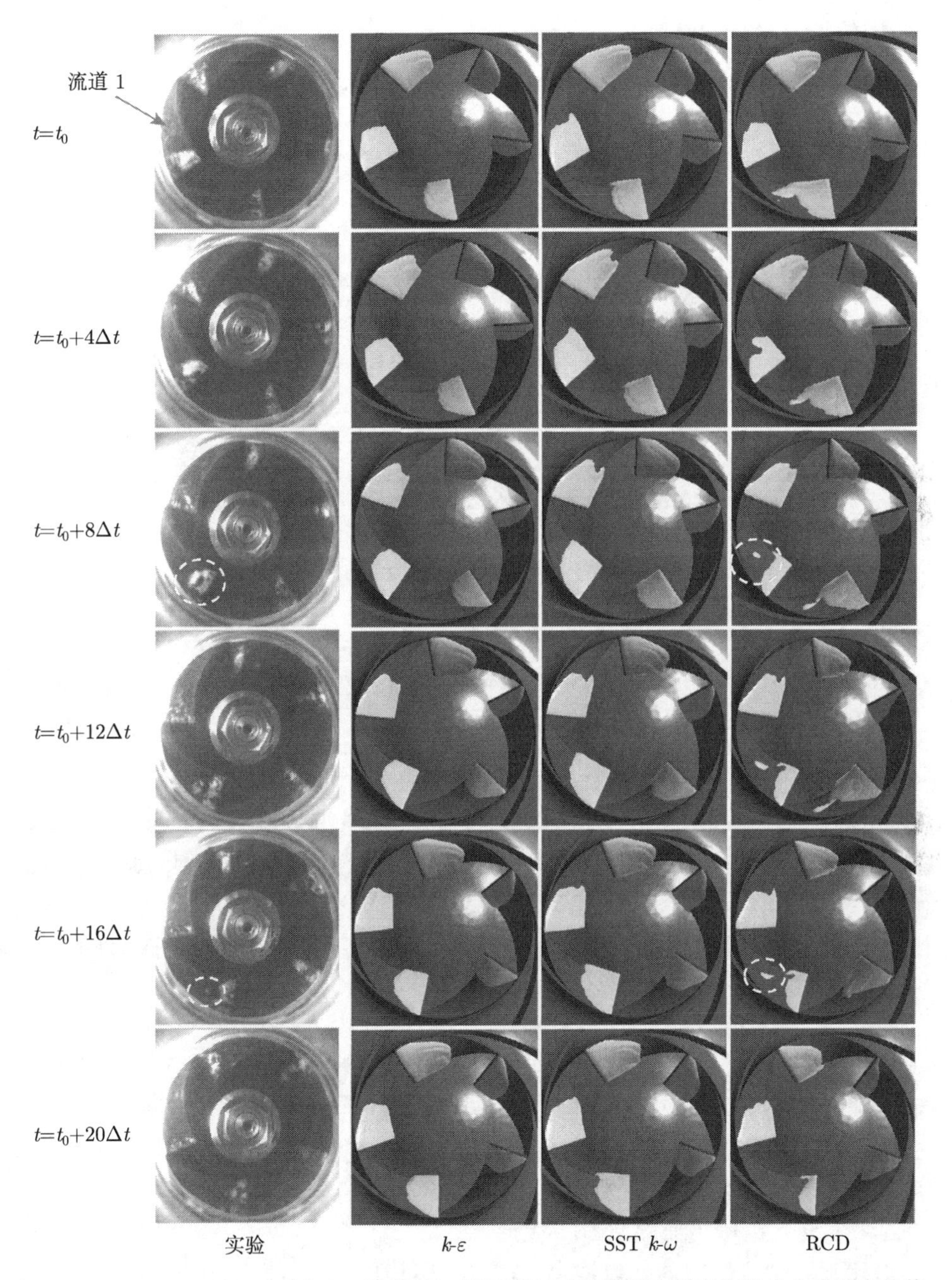

图 6-7 NPSHa=3.24m 时离心泵空化在工况不变时叶轮流道内瞬态空泡分布及演变规律

4. 涡旋黏度分布

图 6-8 给出了当 NPSHa=3.24m，Span=0.6 时叶轮展开面上不同湍流模型计

算获得的涡旋黏度分布云图。

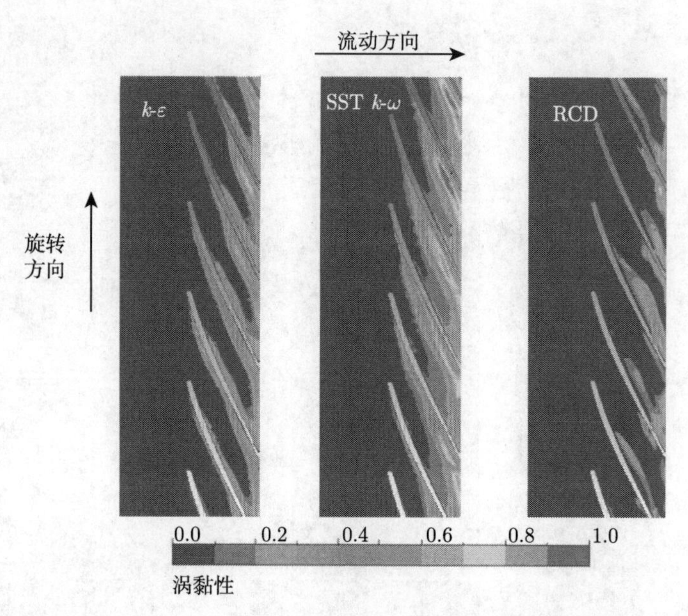

图 6-8　NPSHa=3.24m，Span=0.6 时叶轮展开面上不同湍流模型涡旋黏度分布云图

图中叶轮转向为由下至上，液体流动方向为自左向右。为了便于不同湍流模型计算结果间的比较，对涡旋黏度进行了无量纲化处理。从图中可以发现，RCD 模型较好地解决了标准 k-ε 模型和 SST k-ω 模型湍流黏度过预测的问题，尤其是在汽液两相混合区域，即叶片吸力面的前缘附着空泡区域，RCD 模型减弱了涡黏度的产生，增强了数值计算中流动分离的形成条件，使得空穴尾部形成的反射流能够到达合适的位置，从而为空泡脱落创造了条件。

5. 叶轮内压力分布

图 6-9 为当 NPSHa=3.24m 时，叶轮中间截面的压力分布图。从图中可以看出，叶轮各流道内的压力分布并不均匀对称，揭示了前面为何空泡分布不对称的原因。总体来说，泵内压力从叶轮进口向出口逐渐增加：在叶片吸力面前缘最小，随后沿着叶轮流道逐渐增加，并在叶轮出口处最大，这也揭示了为何离心泵内的空化初生发生在叶片进口处吸力面的原因。

对比不同湍流模型的计算结果，可以发现相比标准 k-ε 模型和 SST k-ω 模型，RCD 模型预测的低压区较大，该低压区位于叶片吸力面前缘，如图中实线方框所示。此外，RCD 模型能揭示空泡的脱落现象，如图中虚线框所示：两个分离的低压区，其中下游较小的低压区为脱落后的空泡团所在位置。

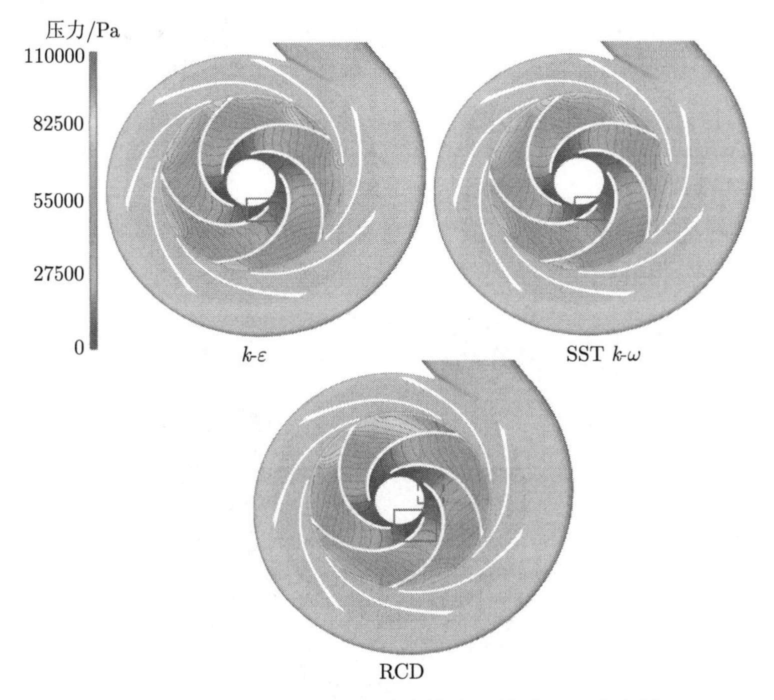

图 6-9 NPSHa=3.24m 时叶轮中间截面压力分布图

6. 叶轮内速度分布分析

图 6-10 为当空化余量 NPSHa=9.87m 时，即离心泵在无空化状态下 Span=0.5 截面叶轮速度流线图。可以看出：三种湍流模型均能模拟出叶轮流道内的不稳定涡流，但 RCD 模型捕捉到的流场结果最为细致，SST k-ω 模型对于流场内脱流涡流的预测则偏弱，使得流道内的能量损失相对较小，这也解释了为何图 6-5 中 RCD 模型预测得到的离心泵空化扬程下降曲线预测结果最优，SST k-ω 模型的误差相对较大。

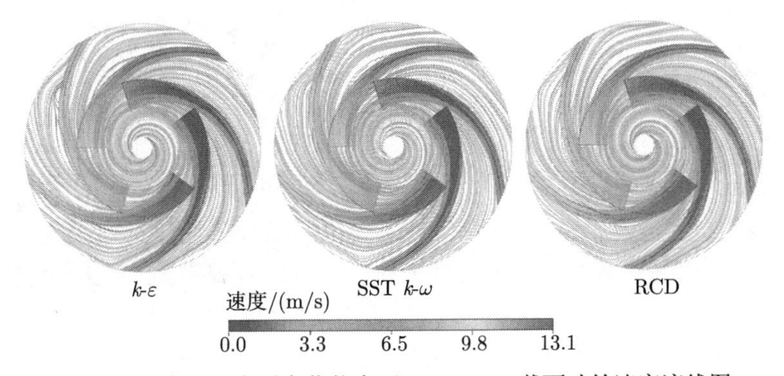

图 6-10 离心泵在无空化状态下 Span=0.5 截面叶轮速度流线图

为了研究数值模拟方法在求解离心泵内空化近壁面处反射流的有效性，以 RCD 模型计算结果中的一个叶轮流道为研究对象，分析空泡区域附近从一个叶片吸力面至另一个叶片压力面的速度矢量分布，所选空化余量为 NPSHa=3.24m。具体分析位置为 Span=0.5 截面与叶片相对位置为 Streamwise=0.2、0.25 和 0.3 的截线，分别将截线记为 A、B、C，具体位置如图 6-11(a) 所示。6-11(a) 图为单个叶轮流道及分析线位置示意图；6-11(b) 图为空泡体积分布及速度矢量分布局部放大图，其中 A 线与叶片吸力面相连的一端位于准稳态附着空泡区域内，B 线位于空穴尾部非稳态闭合区域内，C 线则完全位于空泡区域之外。6-11(b) 图为三条截线上的速度矢量沿 Streamwise 方向的投影及空泡分布情况。

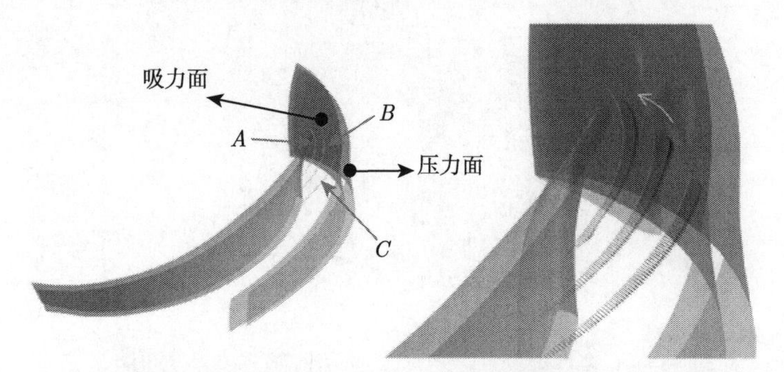

(a) 截线位置示意图　　(b) 空泡体积分布及速度矢量分布局部放大图

图 6-11　叶轮流道间速度矢量分布

综合来看，叶轮流道内的速度从一个叶片的吸力面到另一个叶片的压力面不断减小。对比不同截线上速度在叶片吸力面附近的分布，可以在 B 线接近空穴尾部闭合区域空泡脱落点内的一端观察到反射流的形成，如 6-11(b) 图中弧线箭头标示，而在准稳态附着空泡区域内 (A 线) 与空泡区域外 (C 线) 均无反射流发生。

图 6-12 为叶片表面绝对速度沿 Streamwise 的变化情况，所选工况为 NPSHa=3.24m，截面为 Span=0.5，其中 (a) 图为叶片吸力面，(b) 为叶片压力面。可以发现由于考虑了旋转效应，RCD 模型的预测结果更为精确。在吸力面 Streamwise=0.2~0.8，RCD 模型的速度绝对值高于标准 k-ε 模型和 SST k-ω 模型，反映了离心泵大曲率结构对流场的影响，而标准 k-ε 模型和 SST k-ω 模型得到的速度值变化较小。另外，从图中还可以看出 RCD 模型能够更为准确地表现叶片吸力面前缘附着空泡区域的非定常现象：Streamwise=0~0.2 的速度值波动更为显著。在叶片压力面上，三种模型计算得到的速度分布在 Streamwise=0~0.6 差异不大。而当 Streamwise 大于 0.6 时，RCD 模型中叶片表面速度值迅速增加直到叶片出口达到最大值，而标准 k-ε 模型和 SST k-ω 模型则从 Streamwise=0.75 开始增加。

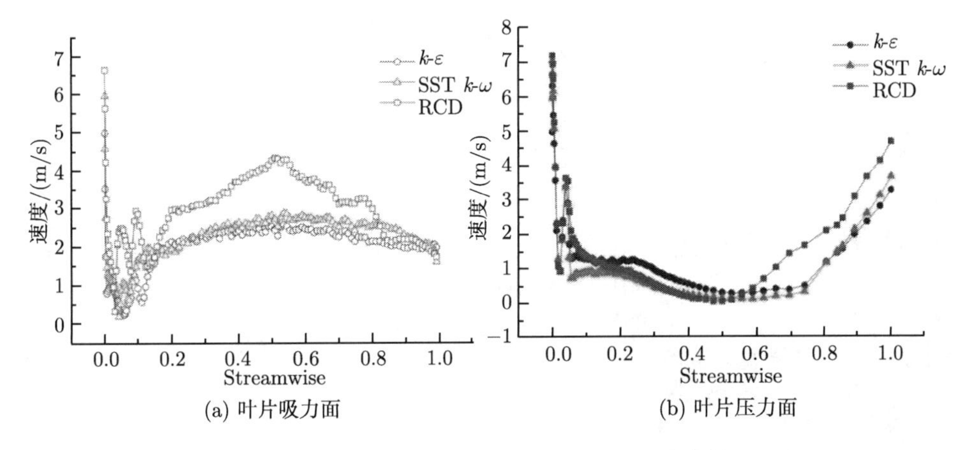

(a) 叶片吸力面　　(b) 叶片压力面

图 6-12　叶片表面绝对速度沿 Streamwise 变化情况

7. 叶轮内流体可压缩性分析

图 6-13 为不同湍流模型计算得到的某个叶轮流道内流体密度由进口至出口的变化曲线，所选工况为 NPSHa=3.24m。从图中可知，由于 RCD 模型考虑了流体的可压缩性，流体密度在压力变化不大的叶轮进口至叶片进口基本不变，而从叶片进口处至叶片出口密度随着压力的增大而增大，这是由于根据式 (6-1) 流体密度定义为局部压力的单值函数，因而从叶轮进口到出口密度增大了约 0.03。标准 k-ε 模型和 SST k-ω 模型因为未考虑流体的可压缩性，所以流体的密度始终保持不变。

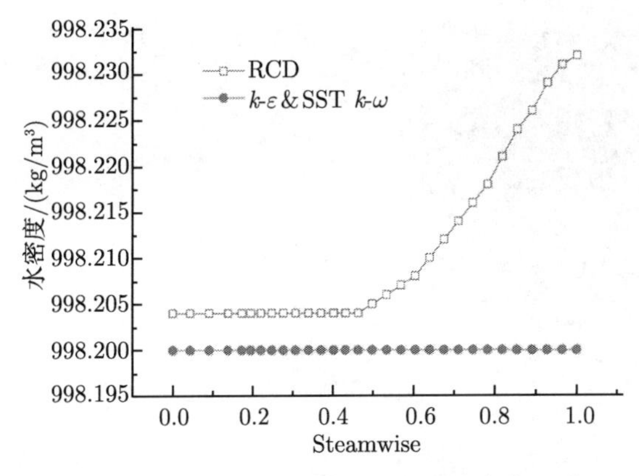

图 6-13　不同湍流模型计算得到的某个叶轮流道内流体密度由进口至出口的变化曲线

6.3　Zwart 空化模型经验系数适应性评价

经过前面的研究，可以发现湍流模型的改变主要提升了数值计算对离心泵空化非定常特性的捕捉，而对于离心泵空化特性曲线预测精度的提升并不显著，但是工程应用中，离心泵的扬程下降曲线 —— 泵的空化性能则是研究人员最为关注的问题之一。因此，研究空化模型各项对计算结果的影响、提出一种适合各比转速离心泵空化数值模拟的空化模型具有重要的实际意义。

第 5 章对 Zwart 空化模型进行了介绍，该模型中包含三个主要的经验系数：空泡半径 R_{B}、汽化系数 F_{vap} 和凝结项系数 F_{cond}，详见式 (5-37) 与式 (5-38)。本节分析这三个经验系数对计算结果的影响，为后续的模型改进提供基础。

6.3.1　研究对象及研究方案

1. 研究对象

本节以第 2 章的模型泵为研究对象，网格划分如图 6-14 所示。为了尽量消除网格数量对计算结果的影响，划分了四种不同数量的网格模型对网格无关性进行验证，结果如表 6-2 所示：可以发现当网格数超过 1.81×10^6 时，扬程几乎不变。因此，在同时考虑计算的经济性与准确性的情况下，选用方案 3 的网格方案，相应的叶片表面 Yplus 分布如图 6-15 所示。

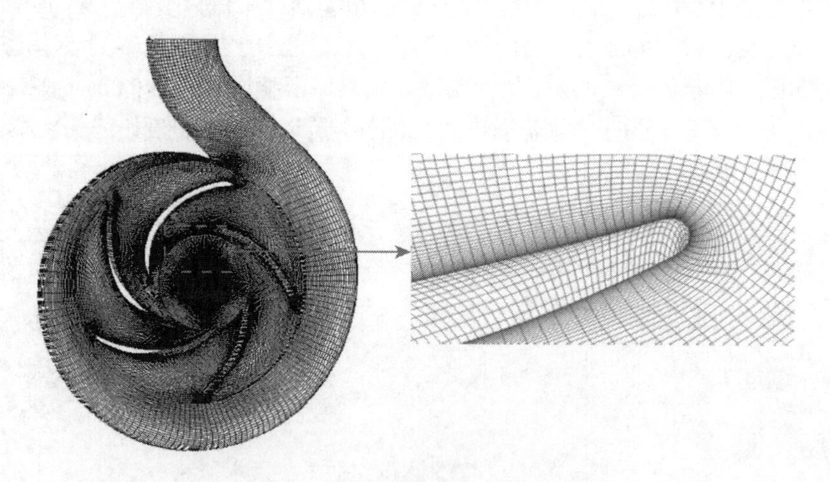

图 6-14　离心泵流体计算区域网格

表 6-2　离心泵网格无关性验证

对比方案	方案 1	方案 2	方案 3	方案 4
网格数/10^6	0.62	1.20	1.81	2.57
扬程/m	31.54	30.86	30.74	30.74

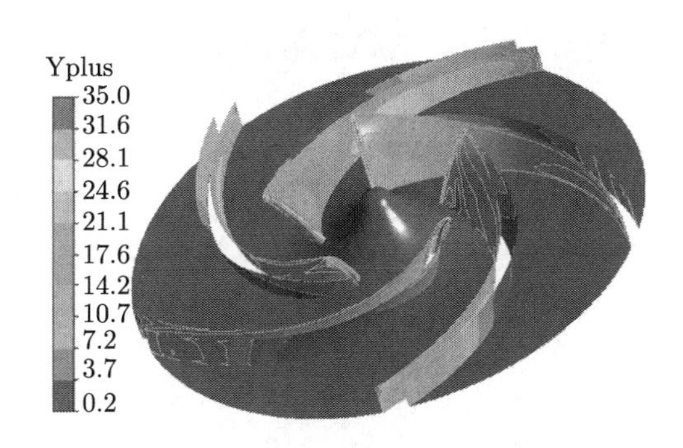

图 6-15 叶片表面 Yplus 分布

2. 研究方案

为了探究各系数对离心泵空化数值计算的影响，首先基于离心泵空化外特性实验结果对各系数进行系统地研究。在评估其中某一系数时，其他两个系数设为默认值。各系数的具体取值见表 6-3。在计算过程中将空泡半径 R_B 设为 2×10^{-9}m 计算发散，故仅选取了三组空泡半径值进行分析。汽化经验系数 F_{vap} 与凝结经验系数 F_{cond} 各选择五组不同的值进行研究，相邻值间相差 10 倍。

表 6-3 经验系数具体取值

经验系数	取值					经验系数		
						R_B	F_{vap}	F_{cond}
空泡半径 R_B/m	2×10^{-4}		2×10^{-6}		2×10^{-8}	—	50	1×10^{-2}
汽化系数 F_{vap}	0.5	5	50	500	5000	2×10^{-6}	—	1×10^{-2}
凝结系数 F_{cond}	1×10^{-4}	1×10^{-3}	1×10^{-2}	1×10^{-1}	1	2×10^{-6}	50	—

6.3.2 空泡半径

图 6-16 为不同空泡半径时离心泵扬程下降曲线，其中虚线为实验结果，点实

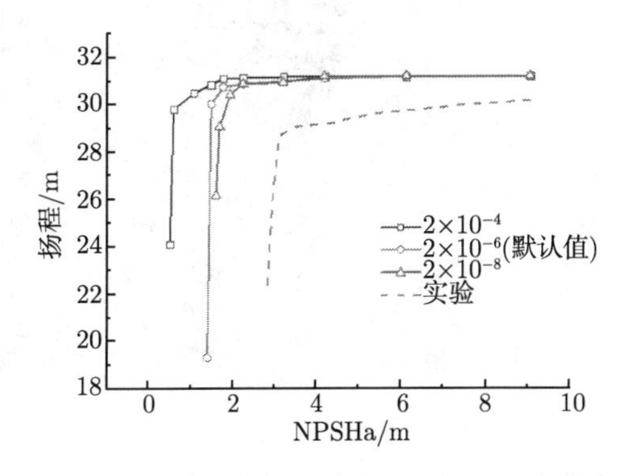

图 6-16 不同空泡半径时离心泵扬程下降曲线

线为数值计算结果，$R_B = 2\times10^{-6}$m 为默认值。

从图中可以看出，在非空化阶段，数值模拟结果略大于实验结果，这可能是由于实验泵的加工结构与设计参数存在差异。各半径下的必需空化余量如表 6-4 所示，总体而言，空泡半径越小预测得到的必需空化余量越大。当空泡半径为 2×10^{-8}m 时，必需空化余量提升为 1.86m。

表 6-4 不同空泡半径离心泵必需空化余量

空泡半径/m	2×10^{-4}	2×10^{-6}	2×10^{-8}	实验
必需空化余量/m	0.85	1.52	1.86	3.41

为了研究空泡半径改变后对空泡形态的影响，图 6-17 给出了 Span=0.5 叶轮展开面上的空泡体积分布情况，所选择的工况为 NPSHa=2.21m。图中流体流动方向为从左向右，叶轮旋转方向为由下向上。

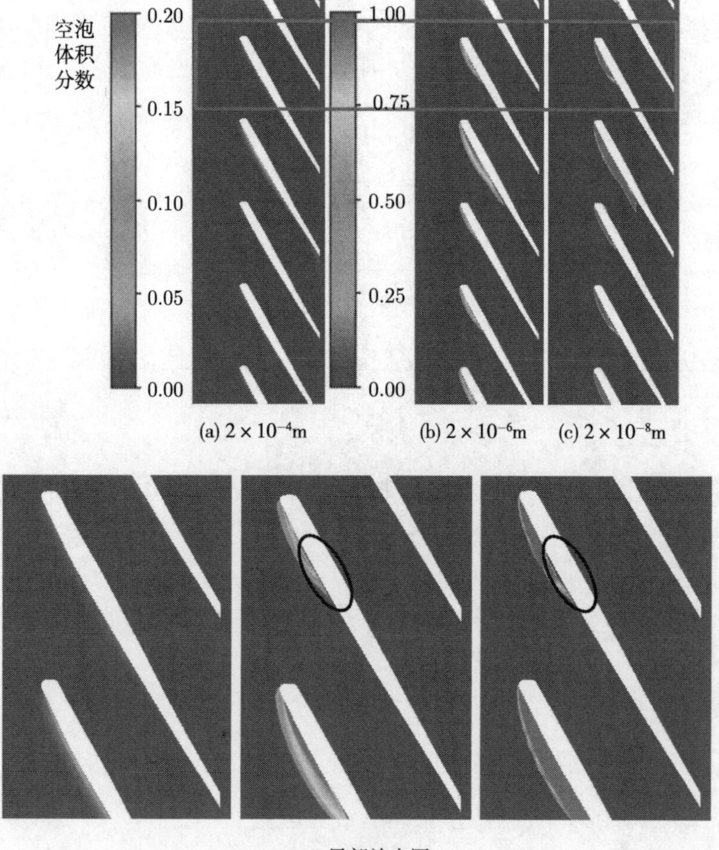

(a) 2×10^{-4}m (b) 2×10^{-6}m (c) 2×10^{-8}m

(d) 局部放大图

图 6-17 Span=0.5 叶轮展开面上的空泡体积分布

可以发现，当空泡半径不同时，空泡形态与空泡体积率变化梯度差异较大。当 $R_{\rm B} = 2 \times 10^{-6}$m 时，空泡附着于叶轮进口边吸力面，其空泡体积分数变化梯度由叶片表面沿法相均匀地增加；当空泡半径增大至 2×10^{-4}m 时，叶轮内部仅有很少一部分的空泡产生 (注意图 6-17(a) 中图例与其他两者不同)；当空泡半径缩小至 2×10^{-8}m 时，空泡形态和长度均与 $R_{\rm B} = 2 \times 10^{-6}$m 大致相当，但是空泡含量较高的区域却明显大于后者，如局部放大图 6-17(d) 所示。

空泡体积含量的高低将对叶片表面压力的大小造成影响，图 6-18 为相同工况下 Span=0.5 截面沿流线方向的叶片表面压力曲线。图中位于上方的曲线为叶片压力面数据，下方为吸力面数据。可以看出除了吸力面进口前缘，各空泡半径下的叶片表面压力变化趋势是类似的，大致是由叶片进口向出口缓慢增加。当空泡半径较大时 $R_{\rm B} = 2 \times 10^{-4}$m，叶片吸力面压力逐渐增大，且无阶跃性变化，这是由于此时叶片表面空泡体积含量较低；当空泡半径降低时，由于高含气量空泡的增多并附着于叶片前缘，吸力面压力在靠近进口前缘处接近于零。该低压区的长度随着空泡半径的降低而延长，$R_{\rm B} = 2 \times 10^{-8}$m 时的无量纲 Streamwise 长度约为 0.18，而 $R_{\rm B} = 2\times10^{-6}$m 时的长度仅为 0.1。低压区后的压力在陡升后逐渐降低再缓慢增长直至叶轮出口，这一现象在空泡半径为 2×10^{-8}m 时最为明显。压力陡升现象是由于反射流使得空穴尾端的空泡远离叶片表面，叶片表面受到液体压力作用，如图 6-17(d) 圆框内所示。压力的下降则因为脱落空泡重新接近叶片表面，使得相邻区域压力降低。最后脱落空泡溃灭消失，故压力下降后逐渐恢复。同样的，在叶片压力面也能观察到压力波动现象，其原因则可能是由于叶片前缘的大曲率使得此处形成了压力滞止点。

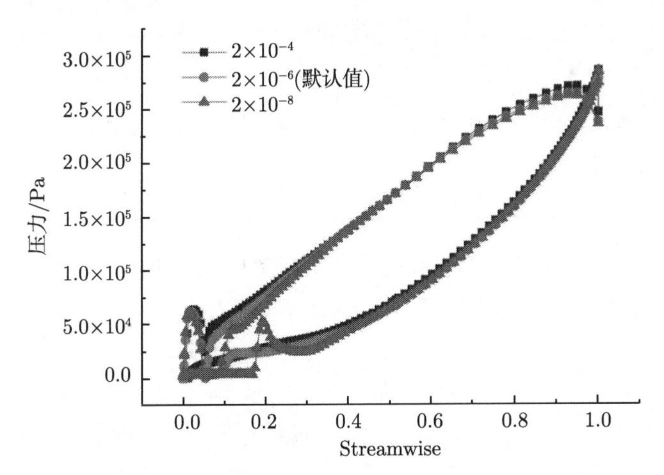

图 6-18 相同工况下 Span=0.5 截面沿流线方向的叶片表面压力曲线

6.3.3　汽化经验系数

图 6-19 为不同汽化经验系数下离心泵扬程下降曲线，其中 $F_{\text{vap}} = 50$ 为默认值，所以其计算结果与 $R_{\text{B}} = 2\times10^{-6}\text{m}$ 时相同。可以发现：F_{vap} 值越小，数值计算预测值越偏离实验结果，而当增大 F_{vap} 时，预测结果仅有小幅提升。各汽化系数下的泵必需空化余量如表 6-5 所示。从表中可以看出，当 F_{vap} 降低至 0.5 时，必需空化余量由 $F_{\text{vap}} = 50$ 时的 1.51m 变为 0.41m，变化率为 73%；当 F_{vap} 设为 5000 时，必需空化余量提升至 1.89m，变化率为 25%，仍然与实验结果有一定的差距。由此可知，减小汽化经验系数 F_{vap} 对离心泵空化流数值计算的影响较大，此时的空化模型低估了泵内空泡的生成率，故扬程下降点预测值偏小；增大汽化经验系数 F_{vap} 使扬程下降点预测值有所提升，但影响幅度较小。

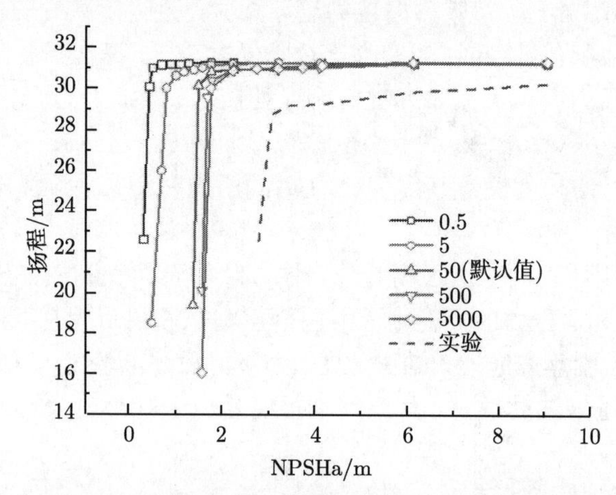

图 6-19　不同汽化经验系数下离心泵扬程下降曲线

表 6-5　不同汽化经验系数下离心泵必需空化余量

汽化系数	0.5	5	50	500	5000	实验
必需空化余量/m	0.41	0.85	1.51	1.71	1.89	3.41

图 6-20 和图 6-21 分别为不同汽化经验系数下空泡体积分布及叶片表面压力。从图 6-20 中可以看出，改变汽化系数将同时影响空泡长度与空泡含气量：当减小汽化系数，即从默认值 50 下降为 0.5 时，空泡长度与空泡含气量均显著减小，故导致泵扬程下降延后；当增大汽化系数，即从默认值 50 增大为 5000 时，空泡含气量明显增多，而空泡长度则变化较小。根据前面的分析，空泡长度可由叶片吸力面进口边低压区的长度确定，如图 6-21 所示：$F_{\text{vap}} = 500$ 和 5000 的空泡长度最长，但两者差距不大。

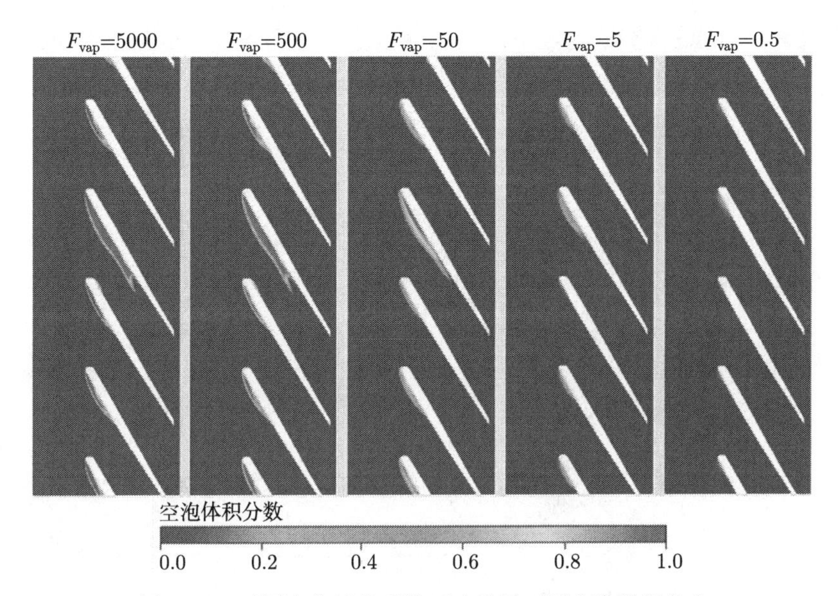

图 6-20 不同汽化经验系数下叶轮展开图空泡体积分布

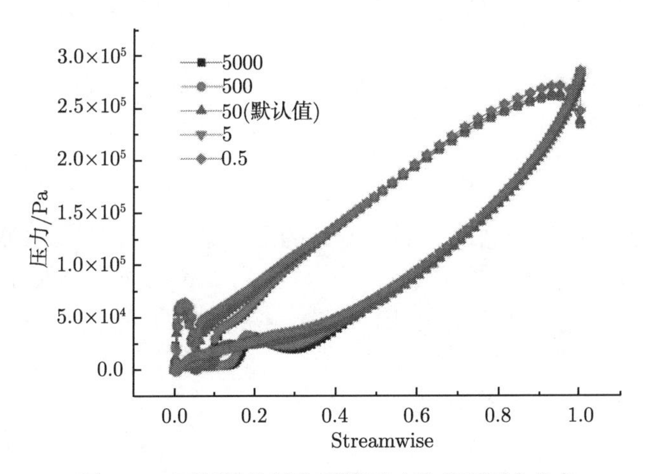

图 6-21 不同汽化经验系数下叶片表面压力分布

6.3.4 凝结经验系数

图 6-22 为不同凝结系数对离心泵扬程下降曲线的影响，其中 $F_{\rm cond}=1\times10^{-2}$ 为默认值。从图中可以发现，增大 $F_{\rm cond}$ 值对曲线几乎没有影响 (即将 $F_{\rm cond}=1\times10^{-2}$ 升高至 1×10^{-1} 或 1)，必需空化余量均为 1.48m，如表 6-6 所示；而当将凝结系数缩小 1/10 至 1×10^{-3} 时，必需空化余量提升至 1.86m，提升效率几乎与将汽化系数放大 100 倍的效率相同；进一步缩小 $F_{\rm cond}$ 至 1×10^{-4}，可以发现数值

计算精度有了显著的提高，扬程下降曲线更为接近实验结果，此时的必需空化余量为 3.47m。可见，降低凝结经验系数使得空泡溃灭转为液体的速率降低，能够显著提升必需空化余量的预测精度，且其对扬程变化的影响远大于汽化经验系数。

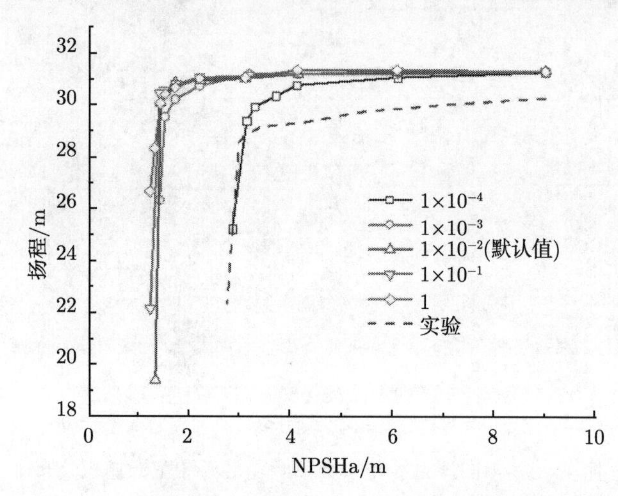

图 6-22 不同凝结经验系数对离心泵扬程下降曲线的影响

表 6-6 不同凝结经验系数下离心泵必需空化余量

凝结系数	1×10^{-4}	1×10^{-3}	1×10^{-2}	1×10^{-1}	1	实验
必需空化余量/m	3.47	1.86	1.50	1.48	1.48	3.41

同样的，为了分析由经验系数改变导致的空泡形态、空泡长度及空泡含气量的变化对离心泵扬程的影响，图 6-23 与图 6-24 给出了 NPSHa=3.15m 时的空泡体积分布云图与叶片表面压力曲线。从图 6-23 可以看出，当 F_{cond} 从 1×10^{-2} 降低至 1×10^{-4} 时，空泡长度明显增加，几乎覆盖了整个叶片吸力面。这是由于凝结系数的降低导致空泡单位时间内的质量转化率降低，使得空泡的长度变长。而当 F_{cond} 从 1×10^{-2} 增至 1 时，空泡长度则变化不大。另外，无论凝结系数如何变化，空泡的含气量分布几乎不变，这也可以从图 6-24 中看出，叶片吸力面低压区长度大致相同。

综上所述：空化模型中空泡半径与汽化系数能够同时影响空泡的长度及含气量大小，凝结系数则主要影响空泡的长度；高空泡含气量区域主要影响叶片吸力面进口前缘低压区的范围，低压区的长度与高空泡含气量的长度相当，而高空泡含气量区域的大小对离心泵扬程的影响较小，影响扬程预测精度的主要因素为空泡长度。因此，在这三个经验系数中，调整凝结系数是提升离心泵空化数值计算精度的最有效方法。

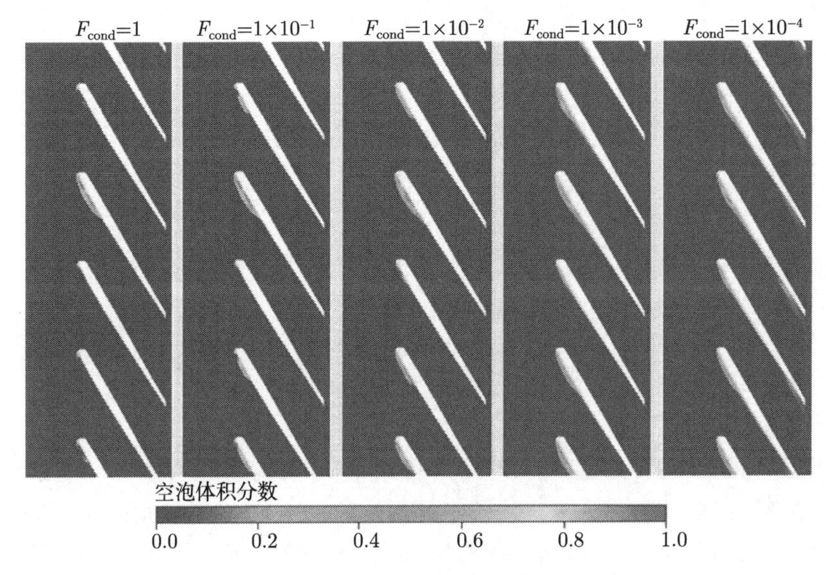

图 6-23 NPSHa=3.15m 时的空泡体积分布

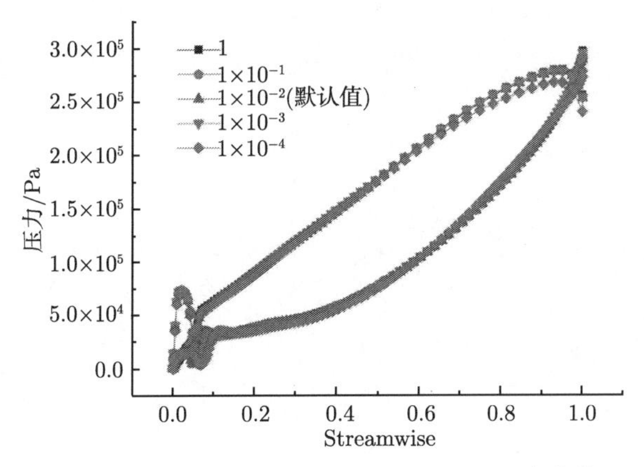

图 6-24 NPSHa=3.15m 时的叶片表面压力曲线

6.4 离心泵空化模型的改进

基于 6.3 节分析，了解到离心泵内空化数值计算很大程度上受到空化模型经验系数的影响。在实际的工程应用中，往往不同的研究对象都需要采用不同的经验系数，建议汽化系数与凝结系数分别为 50 和 0.01，而 Morgut 等[10] 则指出当采用 $F_{\mathrm{vap}} = 300$、$F_{\mathrm{cond}} = 0.03$ 时数值模拟结果与实验更为吻合，甚至 Zwart 等[11] 在验证模型时也采用与推荐值不同的经验系数 $F_{\mathrm{vap}} = 0.4$ 和 $F_{\mathrm{cond}} = 0.001$。另一方面，目前许多空化模型均未考虑空泡半径对离心泵空化数值计算结果的影响，往往在不同比转速的离心泵空化计算中采用相同的空泡半径。然而，Minemura 等[12,13]研究表明，在离心泵空化流中，当空泡经过叶片进口时，湍流与剪切力将打破大于某一尺寸的空泡。换言之，在离心泵叶轮流道中的空泡半径存在某一极值，超过这一尺寸的空泡将破碎为许多较小的空泡。本节将考虑离心泵内空泡的这一特征，对 Zwart 空化模型进行改进。

在空泡动力学领域，空泡受到的力主要为惯性力与表面张力[14]，两者的比值称为韦伯数 (Weber number)

$$We = \frac{\rho_l u^2 L_\infty}{S} \tag{6-11}$$

式中，u 为特征速度；L_∞ 为特征长度。

当惯性力大于表面张力某一程度时，即韦伯数超过某一临界值，大于该临界值所对应的空泡将被打破为许多尺寸较小的空泡团。Minemura 和 Murakami[15] 通过大量实验观察得出离心泵中最大空泡半径 R_m 与叶片节距 t 的比值和韦伯数 We 之间的关系，如图 6-25 所示。

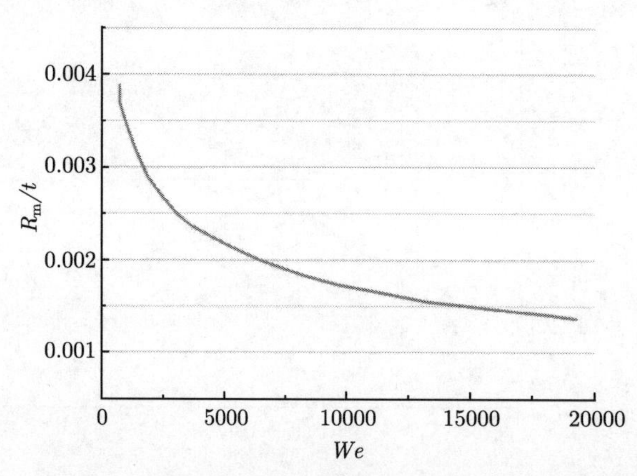

图 6-25　不同韦伯数下离心泵中空泡最大半径与叶片节距比值变化

Minemura 等采用叶片进口圆周速度 U_1 作为特征速度，叶片节距 t 作为特征长度，故式 (6-11) 可以表达为

$$We = \frac{\rho_l U_1^2 t}{S} \tag{6-12}$$

$$U_1 = \frac{n\pi D_1}{60} \tag{6-13}$$

$$t = \frac{\pi D_1}{z} \tag{6-14}$$

式中，D_1 为叶片进口边与叶轮前盖板处的直径；n 为泵转速；z 为叶片数。于是，根据图 6-25，通过数据拟合方法可以推导出 R_{m} 和 We 的关系式为

$$R_{\mathrm{m}}=\frac{0.03t}{We^{1/3}} \tag{6-15}$$

将式 (6-12)~式 (6-14) 代入式 (6-15)，即可得到离心泵内空泡最大半径与泵转速和几何尺寸之间的函数关系式，即

$$R_{\mathrm{m}}=\frac{0.03}{z}\left(\frac{\rho_{\mathrm{l}}n^2}{3600z}\right)^{-1/3} \tag{6-16}$$

另一方面，Markatos 和 Singhal[16] 指出空泡的最大半径还与汽液两相间相对速度的二次幂成反比，即

$$R_{\mathrm{m}}\propto\frac{1}{(V_{\mathrm{g}}-V_{\mathrm{l}})^2}=\frac{1}{v_{\mathrm{rel}}^2} \tag{6-17}$$

式中，V_{g} 和 V_{l} 分别为汽相速度与液相速度；v_{rel} 为汽液相相对速度。在两相流领域中，汽液两相的相对速度通常是流场平均速度的 0.1~1，且两者为线性关系。在绝大多数湍流流场内，局部湍流脉动也在同样的数量级下[17]，故式 (6-17) 可以改写为

$$R_{\mathrm{m}}\propto\frac{1}{\sqrt{k}} \tag{6-18}$$

即空泡的最大半径与流场局部湍动能的平方根成反比。联立式 (6-16) 与式 (6-18)，可得到离心泵空化流中的最大空泡半径为

$$R_{\mathrm{m}}=\frac{0.03C}{z\sqrt{k}}\left(\frac{\rho_{\mathrm{l}}n^2}{3600z}\right)^{-1/3} \tag{6-19}$$

式中，C 为常数项系数。

同时，大量的实验证明在绝大多数情况下空泡群的平均半径为其最大半径的 0.6[18−21]，根据这一结论可以估算出离心泵中空泡的平均半径为

$$R=\frac{0.018C}{z\sqrt{k}}\left(\frac{\rho_{\mathrm{l}}n^2}{3600z}\right)^{-1/3} \tag{6-20}$$

将式 (6-20) 导入式 (5-37) 和式 (5-38) 中，并考虑数值计算的稳定性，用 $\max(1,\sqrt{k})$ 代替 $\sqrt{k}$ [22]，最终可得到一种考虑离心泵旋转运动特征与几何特征的 RZCM 空化模型 (rotation-based Zwart cavitation model)，具体表达式如下所示：

$$\dot{m}^{+}=C_{\mathrm{vap}}\frac{3r_{\mathrm{nuc}}(1-\alpha_{\mathrm{v}})\rho_{\mathrm{v}}z\max\left(1,\sqrt{k}\right)}{0.018\left(\dfrac{\rho_{\mathrm{l}}n^2}{3600z}\right)^{-1/3}}\sqrt{\frac{2}{3}\frac{p_{\mathrm{v}}-p}{\rho_{\mathrm{l}}}},\quad p<p_{\mathrm{v}} \tag{6-21}$$

$$\dot{m}^{-} = C_{\text{cond}} \frac{3\alpha_{\text{v}}\rho_{\text{v}} z \max\left(1, \sqrt{k}\right)}{0.018\left(\dfrac{\rho_{\text{l}} n^2}{3600z}\right)^{-1/3}} \sqrt{\frac{2}{3}\frac{p - p_{\text{v}}}{\rho_{\text{l}}}}, \quad p > p_{\text{v}} \tag{6-22}$$

式中，C_{vap} 与 C_{cond} 为经验系数。

6.5 RZCM 空化模型的应用及验证

6.5.1 RZCM 空化模型离心泵扬程下降曲线预测分析

为了验证改进的 RZCM 空化模型在离心泵空化数值模拟中的可靠性与普适性，除采用前面选用的模型泵 (中比转速)，另外分别选取两台比转速分别为 34.3(模型泵 2，低比转速) 和 260.5(模型泵 3，高比转速) 的离心泵作为研究对象。模型泵 2 与模型泵 3 的结构参数与实验性能如表 6-7 所示，三维几何模型如图 6-26 所示。数值计算湍流模型采用前面提出的 RCD 湍流模型。

表 6-7 模型泵 2 与模型泵 3 结构参数与实验性能

	性能参数的实验值					几何参数					
	n_{s}	Q /(m³/h)	H /m	N /(r/min)	η /%	z	D_2 /mm	b_2 /mm	β /(°)	D_3 /mm	b_3 /mm
模型泵 2	34.3	23.15	72.00	2900	58.25	4	248.0	5.0	34.2	252	15
模型泵 3	260.5	400.00	12.81	1450	86.81	5	244.5	58.5	28.0	260	80

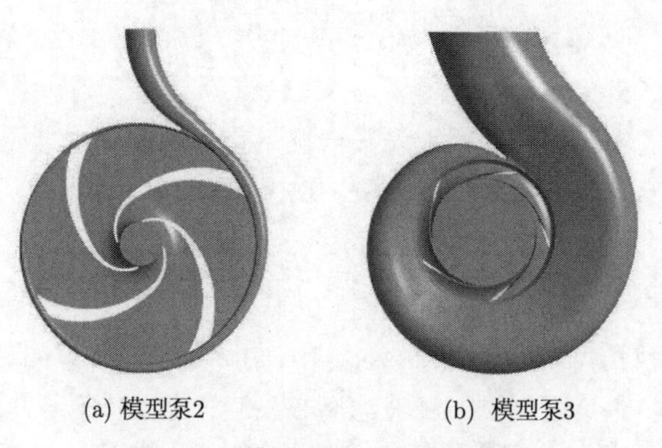

(a) 模型泵2　　(b) 模型泵3

图 6-26 模型泵的三维几何模型

图 6-27 给出了不同比转速模型泵分别采用改进的 RZCM 模型与原 Zwart 模型计算得到的扬程下降曲线，并将计算结果与实验结果进行对比。

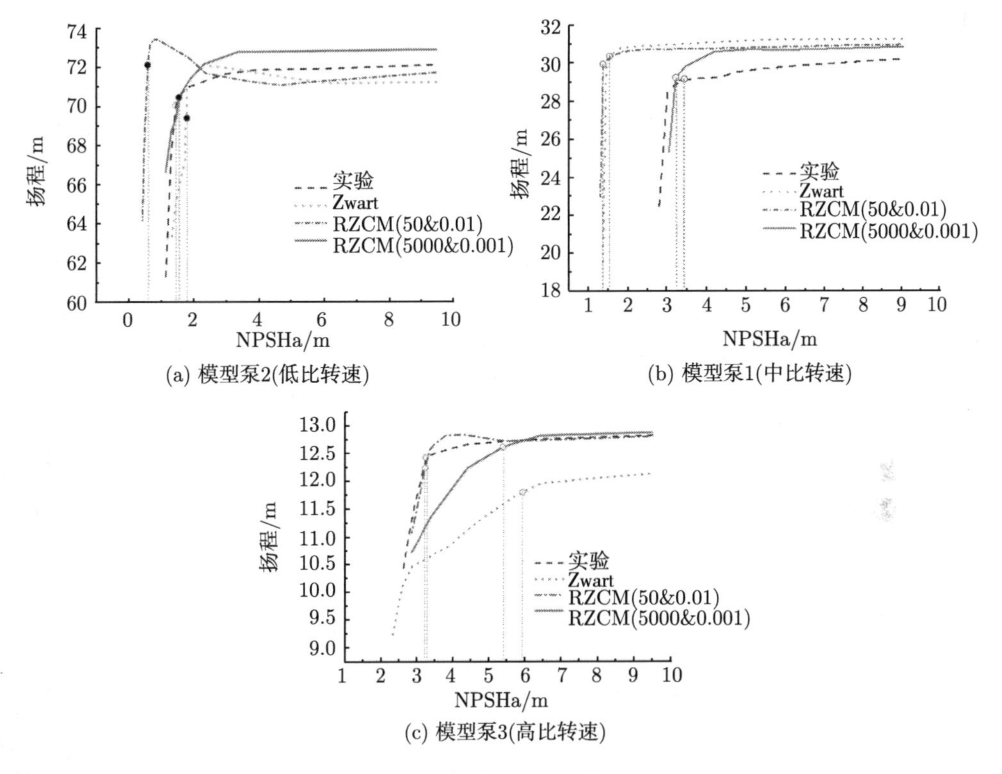

(a) 模型泵2(低比转速)

(b) 模型泵1(中比转速)

(c) 模型泵3(高比转速)

图 6-27 不同比转速模型泵扬程下降曲线对比

其中 RZCM 模型采用两组不同的经验系数，分别为 $C_{\text{vap}}=5000$、$C_{\text{cond}}=0.001$ 和 $C_{\text{vap}}=50$、$C_{\text{cond}}=0.01$。图中的垂直线标示出了各数值计算曲线的必需空化余量。

图 6-27(a) 为低比转速模型泵 2 扬程下降曲线图。可以看出各模型在无空化状态下的扬程预测值均比较接近。扬程下降曲线则是经验系数为 $C_{\text{vap}}=5000$ 和 $C_{\text{cond}}=0.001$ 的 RZCM 模型的值与实验值更为接近，必需空化余量为 1.44m，与实验值 (1.37m) 几乎相同。Zwart 模型的必需空化余量则略高于实验值，为 1.73m，且扬程从 NPSHa=2.89m 至必需空化余量 1.73m 之间出现一个微小的上升现象。经验系数为 $C_{\text{vap}}=500$、$C_{\text{cond}}=0.01$ 的 RZCM 模型则低估了汽液两相的质量交换，使得扬程下降点预测值明显滞后，必需空化余量仅为 0.51m，且临近断裂点扬程也发生了更为明显的上升现象。

图 6-27(b) 为中比转速模型泵 1(即前面 Zwart 空化模型评估模型泵) 采用不同空化模型计算得到的扬程下降曲线图。可以看出，较之 Zwart 模型，当经验系数为 $C_{\text{vap}}=5000$、$C_{\text{cond}}=0.001$ 时，RZCM 模型的预测精度得到了显著地提升：在无空

化工况下，即空化余量较大时，泵扬程预测值由原先的 31.24m 提升到 30.80m，更为接近实验值 30.20m；必需空化余量的预测精度也得到了较大的提升，如图中点竖线所示，RZCM 模型计算所得的必需空化余量与实验值几乎一致，分别为 3.44m 和 3.41m，而 Zwart 模型的预测值则与实验值偏差较大，为 1.52m，低估了空泡的生成率，使得扬程下降点预测值滞后。当经验系数为 $C_{\mathrm{vap}}=500$、$C_{\mathrm{cond}}=0.01$ 时，RZCM 模型的预测精度与 Zwart 模型较为相似。尽管 RZCM($C_{\mathrm{vap}}=5000$、$C_{\mathrm{cond}}=0.001$) 模型的预测精度有所提高，但是从图中仍然能够发现一些差异：随着泵进口处压力的不断下降，实验测量中泵扬程也随之缓慢下降，而在数值模拟中，空化余量较大时泵的扬程下降幅度却较小，当空化余量降为 4.74m 时，扬程才明显开始下降。

同样的，高比转速模型泵 3 的扬程下降曲线如图 6-27(c) 所示。从图中可以明显看出 Zwart 模型与 RZCM 模型模拟结果的差异。RZCM 模型显然在高比转速离心泵空化流数值计算中的综合表现优于 Zwart 模型，尤其是在无空化状态下对于扬程的预测。RZCM 模型在两组不同经验系数下对离心泵处于无空化状态下的扬程计算值几乎与实验值相同：实验中无空化发生时泵的扬程为 12.81m，RZCM 模型当 $C_{\mathrm{vap}}=50$、$C_{\mathrm{cond}}=0.01$ 时的计算值为 12.79m，$C_{\mathrm{vap}}=5000$、$C_{\mathrm{cond}}=0.001$ 时的计算值为 12.84m，而 Zwart 模型的计算值则为 12.11m。对于扬程下降趋势以及必需空化余量的预测，经验系数分别为 50 与 0.01 时的 RZCM 模型预测精度较高，必需空化余量与实验值十分吻合，分别为 3.23m 和 3.25m。但扬程下降趋势与实验存在着一些差异：当 NPSHa $<$ 5.26m 时，数值预测扬程出现一个较小的上升现象，而实验值则持续下降。经验系数分别为 5000 与 0.001 时的 RZCM 模型则过早的预测了扬程的下降，使得扬程在空化余量为 4.91m 时就下降了 3%。反观 Zwart 模型计算所得的扬程下降曲线，可以看到不仅无空化状态下的扬程偏小，且早在 NPSHa=6.31m 时就有了较大的下降，使得其必需空化余量与实验值的误差较大。

表 6-8 和表 6-9 分别给出了 Zwart 空化模型和两种不同经验系数的 RZCM 空化模型对低、中、高比转速离心泵空化数值计算的扬程预测精度，以及与实验值的绝对偏差。

从表 6-8 和表 6-9 中可以看出，对于低比转速离心泵，当 $C_{\mathrm{vap}}=5000$、$C_{\mathrm{cond}}=0.001$ 时，RZCM 模型的空化性能预测精度最高，无空化状态下的扬程系数与必需空化余量与实验值间的绝对偏差均在 1% 以内；其次是 Zwart 模型，其对于必需空化余量的预测值略微偏高；当 RZCM 模型的经验系数为 $C_{\mathrm{vap}}=50$、$C_{\mathrm{cond}}=0.01$ 时扬程下降曲线与实验值误差最大。

在中比转速离心泵空化计算中，同样是经验系数为 $C_{\mathrm{vap}}=5000$、$C_{\mathrm{cond}}=0.001$ 的 RZCM 模型的预测较为精确，无空化扬程与必需空化余量的误差均在 2% 以内；Zwart 模型与经验系数为 $C_{\mathrm{vap}}=50$、$C_{\mathrm{cond}}=0.01$ 的 RZCM 模型预测结果较为相近，均低估了泵内空泡的生成率，使得扬程下降 3%的点较实验值相比偏后。

表 6-8 两种空化模型无空化扬程计算偏差

模型	实验	无空化扬程 H/m			绝对偏差/%		
		Zwart	RZCM		Zwart	RZCM	
			50&0.01	5000&0.001		50&0.01	5000&0.001
2(低)	72.00	71.18	71.18	72.45	1.1	1.1	0.6
1(中)	30.20	31.23	30.89	30.80	3.4	2.3	2.0
3(高)	12.81	11.76	12.79	12.85	0.8	0.1	0.3

表 6-9 两种空化模型必需空化余量计算偏差

模型	实验	必需空化余量 NPSHr/m			绝对偏差/%		
		Zwart	RZCM		Zwart	RZCM	
			50&0.01	5000&0.001		50&0.01	5000&0.001
2(低)	1.37	1.73	0.51	1.44	26.2	63.2	5.1
1(中)	3.41	1.52	1.36	3.44	55.6	60.1	0.9
3(高)	3.23	5.93	3.25	4.91	83.6	0.62	52.01

在高比转速离心泵空化计算中，RZCM 模型在预测无空化扬程时的预测精度优于 Zwart 模型。对于必需空化余量，当 RZCM 模型的经验系数为 $C_{vap}=50$、$C_{cond}=0.01$ 时的预测精度最高，与实验值的误差仅为 0.5%；而当系数变为 $C_{vap}=5000$、$C_{cond}=0.001$ 时高估了空泡的生成率，使得离心泵扬程过早下降。Zwart 模型的预测结果与实验值偏差较为明显，必需空化余量误差达到了 83.7%。

总体而言，在计算低、中比转速离心泵时，经验系数为 $C_{vap}=5000$、$C_{cond}=0.001$ 的 RZCM 模型更为精确，而对于高比转速离心泵，则建议使用 $C_{vap}=50$、$C_{cond}=0.01$。

6.5.2 RZCM 空化模型空泡结构预测分析

为了研究改进的 RZCM 空化模型在预测离心泵内空泡分布时的准确性，将其应用于前面导叶式离心泵空化计算中，由于该离心泵的比转速为 135，属于中比转速离心泵，故经验系数选用 $C_{vap}=5000$、$C_{cond}=0.001$。湍流模型采用前面提出的 RCD 湍流模型。扬程下降曲线计算结果如图 6-28 所示，可见 Zwart 空化模型与 RZCM 空化模型的预测结果差异不大。

空泡瞬态分布如图 6-29 所示。

前面指出 Zwart 空化模型计算得到的空泡结构与实验结果的差异：实验中空泡为三角结构，空泡在叶片与泵前盖板相连的区域多于叶片与后盖板相连的区域；而 Zwart 空化模型中的情况则恰好相反。RZCM 模型由于考虑了离心泵的旋转运动特性以及空泡与湍流强度间的相互关系，在保证了扬程预测精度的前提下成功地解决了这一问题，从图中可以看到 RZCM 模型计算得到的空泡结构与实验吻合较好，都为三角结构，并且在空穴尾端体现出较强的非定常特性。

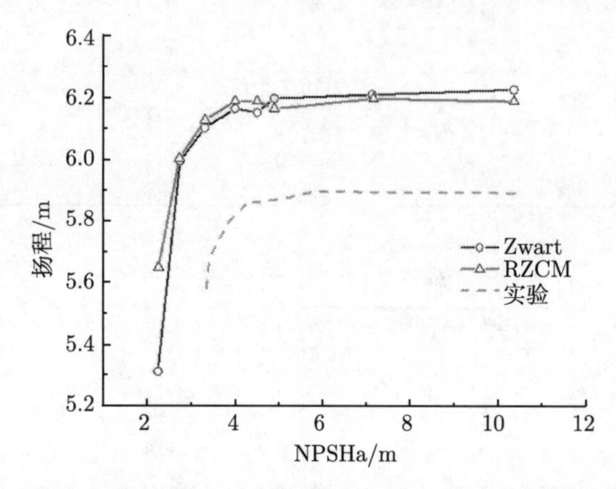

图 6-28　可视化实验泵 Zwart 空化模型与 RZCM 空化模型扬程预测对比

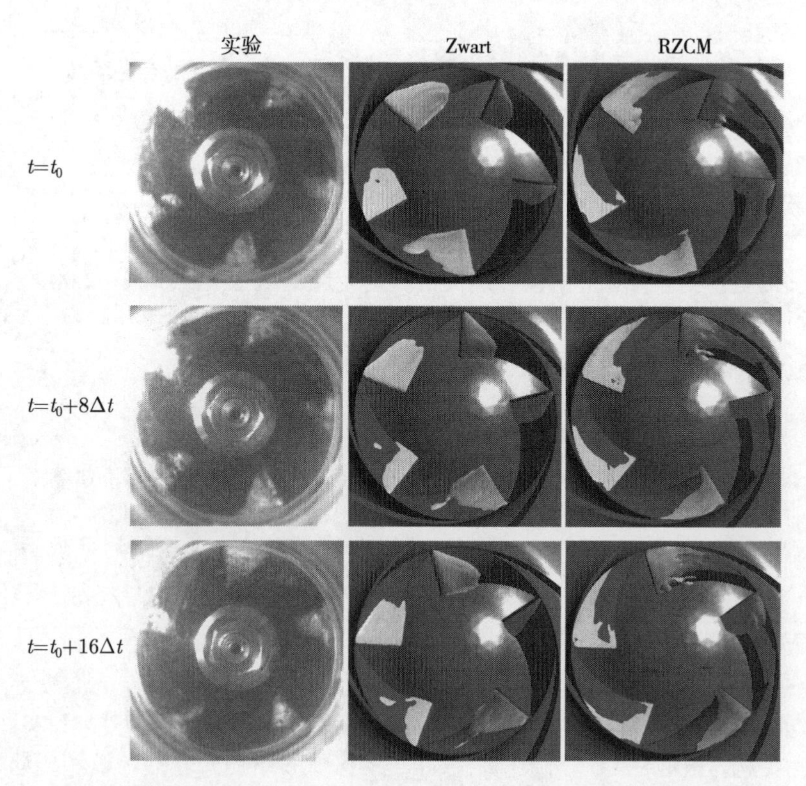

图 6-29　实验结果与数值计算结果叶轮流道内瞬态空泡分布及演变对比 (NPSHa=3.24m)

参 考 文 献

[1] Decaix J, Goncalvès E. Compressible effects modeling in turbulent cavitating flows[J]. European Journal of Mechanics—B/Fluids, 2013, 39: 11-31.

[2] Coutier-Delgosha O, Fortes-Patella R, Reboud J L, et al. Experimental and numerical studies in a centrifugal pump with two-dimensional curved blades in cavitating condition[J]. Journal of Fluids Engineering, 2003, 125(6): 970.

[3] Spalart P R, Shur M. On the sensitization of turbulence models to rotation and curvature[J]. Aerospace Science and Technology, 1997, 1(5): 297-302.

[4] Smirnov P E, Menter F R. Sensitization of the SST turbulence model to rotation and curvature by applying the Spalart-Shur correction term[J]. Journal of Turbomachinery, 2009, 131(4): 1-8.

[5] Knight D, Saffman P. Turbulence model predictions for flows with significant mean streamline curvature[C]//The 16th Aerospace Sciences Meeting, Huntsville, 1978.

[6] 王勇，刘厚林，王健，等. 离心泵叶轮进口空化形态的试验测量 [J]. 农业机械学报，2013，44(7)：45-49.

[7] 王福军. 计算流体动力学分析: CFD 软件原理与应用 [M]. 北京：清华大学出版社，2004.

[8] Wang J，Wang Y，Liu H L，et al. An improved turbulence model for predicting unsteady cavitating flow incentrigd pumps[J]. International Journal of Numerical Methods for Heat and Fluid Flow，2014，25(5): 1198-1213.

[9] Liu H L, Wang J, Wang Y, et al. Influence of the empirical coefficients of cavitation model on predicting cavitating flow in centrifugal pump[J]. International Journal of Naval Architecture and Ocean Engineering, 2014, 6: 119-131.

[10] Morgut M, Nobile E, Biluš I. Comparison of mass transfer models for the numerical prediction of sheet cavitation around a hydrofoil[J]. International Journal of Multiphase Flow, 2011, 37(6): 620-626.

[11] Zwart P J, Gerber A G, Belamri T. A two-phase flow model for predicting cavitation dynamics[C]//The Fifth International Conference on Multiphase Flow, Yokohama, 2004.

[12] Minemura K, Murakami M. A theoretical study on air bubble motion in a centrifugal pump impeller[J]. Journal of Fluids Engineering, 1980, 102(4): 446-453.

[13] Murakami M, Minemura K, Takimoto M. Effects of entrained air on the performance of centrifugal pumps under cavitating conditions[J]. Bulletin of JSME, 1980, 23(183): 1435-1442.

[14] 克里斯托弗・厄尔斯・布伦南. 空化与空泡动力学 [M]. 王勇，潘中永，译. 镇江: 江苏大学出版社，2013.

[15] Minemura K, Murakami M. Flow of air bubbles in centrifugal impellers and effect on

the pump performance[C]//The 6th Australasian Hydraulics and Fluid Mechanics Conference, Adelaide, 1977: 382-385.

[16] Markatos N C, Singhal A K. Numerical analysis of one-dimensional, two-phase flow in a vertical cylindrical passage[J]. Advances in Engineering Software (1978), 1982, 4(3): 99-106.

[17] Singhal A K, Athavale M M, Li H, et al. Mathematical basis and validation of the full cavitation model[J]. Journal of Fluids Engineering, 2002, 124(3): 617-624.

[18] Evans G, Jameson G, Atkinson B. Prediction of the bubble size generated by a plunging liquid jet bubble column[J]. Chemical Engineering Science, 1992, 47(13): 3265-3272.

[19] Zhang S H, Yu S C, Zhou Y C, et al. A model for liquid-liquid extraction column performance—The influence of drop size distribution on extraction efficiency[J]. The Canadian Journal of Chemical Engineering, 1985, 63(2): 212-226.

[20] Calabrese R V, Chang T P K, Dang P T. Drop breakup in turbulent stirred-tank contactors. Part I: Effect of dispersed-phase viscosity[J]. AIChE Journal, 1986, 32(4): 657-666.

[21] Hesketh R P, Fraser R T W, Etchells A W. Bubble size in horizontal pipelines[J]. AIChE Journal, 1987, 33(4): 663-667.

[22] Zwart P J. Numerical modelling of free surface and cavitating flows[C]//VKI Lecture Series, Waterloo, 2005.

第7章　诱导轮设计方法及设计参数影响

诱导轮技术是提高离心泵空化性能的有效方法之一，国内外众多研究表明，在改善泵空化性能的诸多措施中，加装诱导轮效果最为显著。本章首先介绍了诱导轮的设计基础，然后基于实际设计情况，对诱导轮的设计方法进行改进。此外，基于CFD研究叶栅稠密度及角度变化系数等设计参数对诱导轮性能的影响，为诱导轮的设计提供有益的参考。

7.1　诱导轮设计基础

在泵进口加装诱导轮，可以极大地提高泵的空化性能。在诱导轮设计时要保证两个基本原则：① 诱导轮本身具有良好的空化性能；② 保证其产生的扬程满足泵主叶轮进口的能量需求[1]。

诱导轮属于轴流式叶轮，其产生的扬程可以表示为

$$H_{\mathrm{i}} = \frac{\nu_2^2 - \nu_1^2}{2g} + \frac{w_2^2 - w_1^2}{2g} + \frac{u_2^2 - u_1^2}{2g} \tag{7-1}$$

一般 $u_2 = u_1$，$\nu_{m2} \approx \nu_{m1}$，假设进口无预旋即 $\nu_{u1} = 0$，则 $\nu_2 - \nu_1 = \nu_{m2}^2 + \nu_{u2}^2 - \nu_{m1}^2 - \nu_{u1}^2 \approx \nu_{u2}^2$，此时式 (7-1) 可以表示为

$$H_{\mathrm{i}} = \frac{\nu_{u2}^2}{2g} + \frac{w_2^2 - w_1^2}{2g} \tag{7-2}$$

图 7-1 是诱导轮进出口速度三角形，因为诱导轮叶片进出口角相差不大，所以 w_1 和 w_2 相差较小，所以，诱导轮产生的扬程主要由动扬程 $\frac{\nu_{u2}^2}{2g}$ 决定，动扬程 $\frac{\nu_{u2}^2}{2g}$ 表示诱导轮出口液体旋转。一般情况下，诱导轮后面不需要加装导叶，在泵主叶轮进口，诱导轮出口液体的旋转速度分量将以 $\nu_u R = C$ 的规律进行变化，这样就会使主叶轮叶片前产生一个较大的旋转分量。

图 7-2 为加装诱导轮前后泵主叶轮进口前的速度三角形。由图 7-2 可知，加装诱导轮之后，泵主叶轮叶片进口前相对速度 W_1 和未加装诱导轮相比有所减小，则主叶轮的空化余量 $\mathrm{NPSHr} = \frac{V_1^2}{2g} + \lambda_y \frac{W_1^2}{2g}$ 减小，泵的空化性能提高。同时泵主叶轮在加装诱导轮之后叶片进口前液体的绝对速度 V_1 相比无诱导轮时也有所增加，但是 V_1 的增加是由诱导轮的运动作用产生的，因而并不会引起压力下降 (可能会增加诱导轮和泵主叶轮之间流道的摩擦损失，使压力少许下降)。

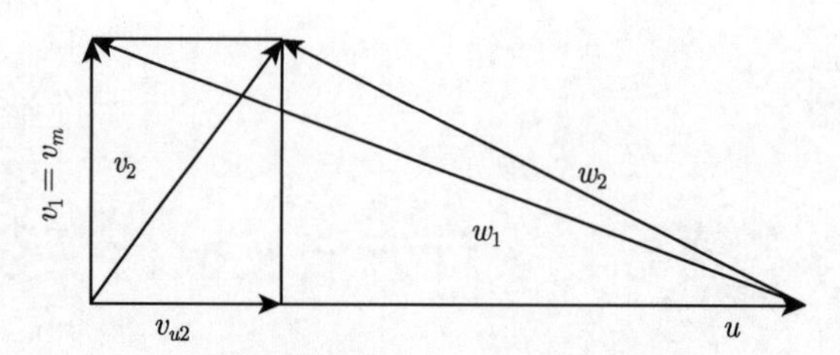

图 7-1　诱导轮进出口速度三角形图

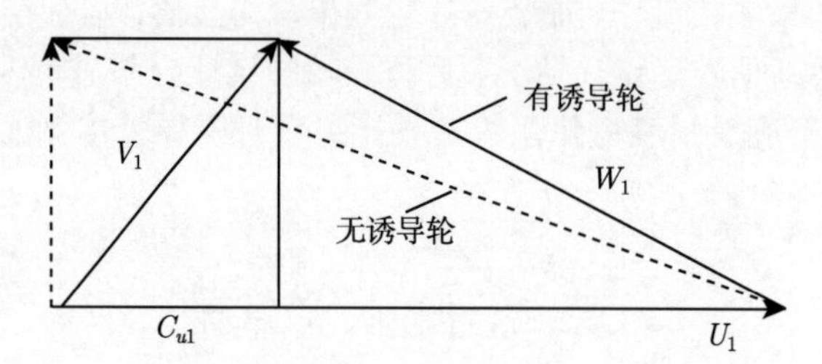

图 7-2　加装诱导轮前后泵主叶轮进口前速度三角形

1. **诱导轮的空化性能**

诱导轮空化余量的公式为

$$\text{NPSHi}=\frac{\nu_1^2}{2g}+\lambda\frac{w_1^2}{2g} \tag{7-3}$$

式中，λ 为诱导轮进口压降系数，通常 $\lambda=0.01\sim0.02$。

诱导轮轮缘进口速度三角形如图 7-3 所示，则：

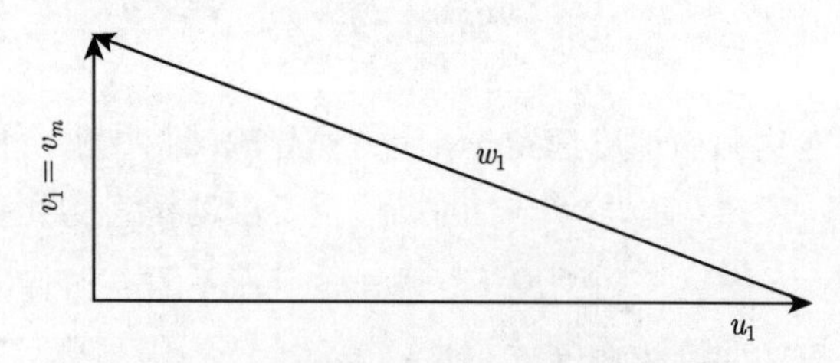

图 7-3　诱导轮轮缘进口速度三角形

$$\omega_1^2=\nu_1^2+u_1^2 \tag{7-4}$$

$$\nu_1=\nu_{m1}=\frac{4Q}{\pi D_y^2\left(1-\xi_1^2\right)} \tag{7-5}$$

$$u_1=\frac{n\pi D_y}{60} \tag{7-6}$$

由此，将式 (7-4) 代入式 (7-3) 得

$$\begin{aligned}\mathrm{NPSHi} &= \frac{1}{2g}\left[(1+\lambda)\nu_1^2+\lambda u_1^2\right]u_1^{-\frac{4}{3}}u_1^{\frac{4}{3}} \\ &= \frac{1}{2g}u_1^{\frac{4}{3}}\left[(1+\lambda)\nu_1^2+\lambda u_1^2\right]u_1^{-\frac{4}{3}}\end{aligned} \tag{7-7}$$

将式 (7-6) 代入式 (7-7) 得

$$\mathrm{NPSHi}=\frac{1}{2g}\left(\frac{\pi}{60}\right)^{\frac{4}{3}}n^{\frac{4}{3}}D_y^{\frac{4}{3}}\left[(1+\lambda)\left(\frac{\nu_1}{u_1}\right)^{\frac{4}{3}}+\lambda\left(\frac{u_1}{\nu_1}\right)^{\frac{2}{3}}\right]\nu_1^{\frac{2}{3}} \tag{7-8}$$

诱导轮进口流量系数 ϕ_1 为

$$\phi_1=\frac{\nu_{m1}}{u_1}=\frac{\nu_1}{u_1}=\frac{240Q}{n\pi^2D_y^3\left(1-\xi_1^2\right)} \tag{7-9}$$

将式 (7-5)、式 (7-9) 代入式 (7-8) 得

$$\begin{aligned}\mathrm{NPSHi} &= \frac{1}{2g}\left(\frac{1}{30}\right)^{\frac{4}{3}}\pi^{\frac{2}{3}}\left(1-\xi_1^2\right)^{-\frac{2}{3}}Q^{\frac{2}{3}}n^{\frac{4}{3}}\left[(1+\lambda)\phi_1^{\frac{4}{3}}+\lambda\phi_1^{-\frac{2}{3}}\right] \\ &= 0.1144732\left(1-\xi_1^2\right)^{-\frac{2}{3}}Q^{\frac{2}{3}}n^{\frac{4}{3}}\left[(1+\lambda)\phi_1^{\frac{4}{3}}+\lambda\phi_1^{-\frac{2}{3}}\right]\end{aligned} \tag{7-10}$$

对式 (7-10) 取导数，求对应 NPSHi 最小的最佳流量系数：

$$\frac{\partial\,\mathrm{NPSHi}}{\partial\,\phi_{\mathrm{t}}}=0 \tag{7-11}$$

式中，ϕ_{t} 为最佳流量系数，即得到布伦菲尔德 (Brumfield) 准则：

$$\phi_{\mathrm{t}}^2=\frac{\lambda}{2(1+\lambda)} \tag{7-12}$$

$$\lambda=\frac{2\phi_{\mathrm{t}}^2}{1-2\phi_{\mathrm{t}}^2} \tag{7-13}$$

将式 (7-13) 代入式 (7-10) 中得 $\mathrm{NPSHi}_{\min}$：

$$\mathrm{NPSHi}_{\min}=0.00352\left(1-\xi_1^2\right)^{-\frac{2}{3}}Q^{\frac{2}{3}}\left(n\phi_{\mathrm{t}}\right)^{\frac{4}{3}}\left(n\phi_{\mathrm{t}}\right)^{\frac{4}{3}}\left(1-2\phi_{\mathrm{t}}^2\right)^{-1} \tag{7-14}$$

将式 (7-14) 代入空化比转数 C_{i}：

$$C_{\mathrm{i}}=\frac{5.62n\sqrt{Q}}{\mathrm{NPSHi}^{\frac{3}{4}}} \tag{7-15}$$

得到：

$$C_{\mathrm{i\,max}}=389\left(1-\xi_1^2\right)^{\frac{1}{2}}\frac{\left(1-2\phi_{\mathrm{t}}^2\right)^{\frac{3}{4}}}{\phi_{\mathrm{t}}} \tag{7-16}$$

由式 (7-9) 得

$$\phi_{\mathrm{t}}=\frac{240Q}{n\pi^2D_y^3\left(1-\xi_1^2\right)} \tag{7-17}$$

2. 诱导轮与离心泵的能量匹配

离心泵前加装诱导轮后，进口速度三角形如图 7-2 所示，使泵主叶轮前存在较大的旋转速度分量 C_{u1}，从而使泵叶片进口前相对速度 W_1 减小，即降低了离心泵进口绕流压降。同时诱导轮产生的扬程，增加了泵叶轮进口的能量，使离心泵进口的压力增大，不容易发生空化，从而提高了离心泵的空化性能。

离心泵叶轮的空化余量：

$$\mathrm{NPSHr} = \frac{V_1^2}{2g} + \lambda_y \frac{W_1^2}{2g} \tag{7-18}$$

则：

$$\mathrm{NPSHr} = \frac{C_{u1}^2 + C_{m1}^2}{2g} + \lambda_y \frac{C_{m1}^2 + (U_1 - C_{u1})^2}{2g} \tag{7-19}$$

由扬程系数 $\varphi_1 = \dfrac{C_{u1}}{U_1}$ 得

$$C_{u1} = \varphi_1 U_1 \tag{7-20}$$

则可以推导出：

$$\varphi_1 = \frac{C_{u1}}{U_1} = \frac{\lambda_y}{1 + \lambda_y} \tag{7-21}$$

NPSHr 取得极小值：

$$\mathrm{NPSHr}_{\min} = \frac{1}{2g}\left[C_{m1}^2 (1 + \lambda_y) + \frac{\lambda_y U_1^2}{1 + \lambda_y}\right] \tag{7-22}$$

式中，C_{m1}、C_{u1} 和 U_1 分别为离心泵叶轮进口前液流绝对轴面分速度、圆周分速度和圆周速度；离心泵的空化系数 λ_y 一般为 $0.1 \sim 0.2$[2]。

离心泵理论扬程 H_{ty} 的计算公式为

$$H_{\mathrm{ty}} = \frac{1}{g}(C_{u2}U_2 - C_{u1}U_1) = \frac{1}{g}\left(C_{u2}U_2 - \varphi_1 U_1^2\right) \tag{7-23}$$

式中，C_{u2} 为离心泵叶轮出口的液流绝对圆周分速度；U_2 为离心泵叶轮出口的液流绝对圆周速度。从式 (7-23) 可知，φ_1 值的增加将会使离心泵的理论扬程 H_{ty} 下降，并影响离心泵的效率。

在设计诱导轮时，必须兼顾其空化性能及效率。浙江大学陈鹰与朱祖超和王乐勤[3] 课题组曾提出了诱导轮实际扬程的经验计算公式：

$$H_y \geqslant \mathrm{NPSHr} - \mathrm{NPSHi} + 0.08\frac{u_{2p}^2}{2g} \tag{7-24}$$

式中，u_{2p} 为诱导轮计算直径处的圆周速度。

7.2 诱导轮设计方法改进

在离心泵与诱导轮的设计中，诱导轮的出口尺寸必须和叶轮的入口尺寸相匹配，然而在设计过程中，要求的叶轮入口直径和诱导轮出口直径经常发生矛盾，而且这些尺寸对诱导轮和泵的扬程有一定的影响。在实际的设计中，往往在泵装置已经确定的情况下，为了改善其空化性能，而进行诱导轮的设计。在这种情况下，现有的诱导轮设计方法便存在一些不足，即现有设计方法中泵与诱导轮在设计中往往独立完成，从而会导致诱导轮出口直径要比泵进口直径大，如果减小诱导轮出口直径，则会降低诱导轮的扬程，并且影响其效率；如果保持诱导轮外径不变，则会导致装配困难，需要调整泵进口的管道，加装锥形导流套等连接装置。因此，精确地匹配诱导轮的出口直径和叶轮的入口直径是诱导轮设计的一个难点。

为了解决上述问题，本书在不改变泵装置 (即诱导轮出口直径和叶轮直径优先匹配) 的前提下，对诱导轮的设计方法进行改进和优化，使诱导轮在特定装置条件下取得最优解。

下面以变螺距诱导轮的设计为例，来详细介绍改进的诱导轮设计方法。

(1) 估算诱导轮的扬程 H_{i} 及空化比转数 C_{i}。

根据已知条件或根据 GB/T13006—1991 估算诱导轮的扬程及空化比转数。

若已知条件中未给出泵的空化余量，可以根据 GB/T13006—1991，对应已知设计工况条件查出泵的临界空化余量，因为临界空化余量只能由空化实验确定，所以该标准中所说的临界空化余量应理解为必需空化余量。

$$H_{\mathrm{i}} = \mathrm{NPSHr} - \mathrm{NPSHa} + K \tag{7-25}$$

式中，H_{i} 为诱导轮的实际扬程；NPSHr 为泵主叶轮的空化余量；NPSHa 为装置空化余量，按下式进行计算 $\mathrm{NPSHa} = \dfrac{P_c}{\rho g} \pm h_g - h_c - \dfrac{P_v}{\rho g}$；$K$ 为扬程损失。

$$C_{\mathrm{i}} = \frac{5.62n\sqrt{Q}}{(\mathrm{NPSHi})^{\frac{3}{4}}} \tag{7-26}$$

式中，NPSHi = NPSHa。

(2) 根据实际生产中的装置情况，确定诱导轮的轮缘直径 D_y。

诱导轮的最佳径向间隙 $(D_1 - D_y)/D_y = 0.8\%\sim1\%$，可得诱导轮轮缘直径：

$$D_y = \left(\frac{100}{101} \sim \frac{100}{100.8}\right) D_1 \tag{7-27}$$

式中，D_1 为泵叶轮进口直径；为了保持较高的同心度，D_y 可以取较大值。

入口轮毂比 ξ_1，一般取 $0.2 \sim 0.4$，当入口无轴穿过时，取 $\xi_1 = 0.2 \sim 0.3$；当入口有轴穿过时，取 $\xi_1 = 0.3 \sim 0.4$。

由式 (7-14)$\phi_{\rm t} = \dfrac{240Q}{n\pi^2 D_y^3 (1-\xi_1^2)}$，求得在 D_y 及 ξ_1 条件下的最佳进口流量系数 $\phi_{\rm t}$，Q 为泵的流量，n 为泵的转速。

将 ξ_1 及 $\phi_{\rm t}$ 代入式 (7-16) 得 $C = 389\sqrt{1-\xi_1^2}\left(1-2\phi_{\rm t}^2\right)^{3/4}\Big/\phi_{\rm t}$，检验诱导轮空化比转数的大小 (大于 (1) 中估算的 $C_{\rm i}$ 即可)，如果过小，返回重新选取进口轮毂比 ξ_1，计算最佳进口流量系数 $\phi_{\rm t}$。

(3) 诱导轮进口液流角 $\beta_{\rm i1}$。

确定了诱导轮的最佳进口流量系数 $\phi_{\rm t}$，那么也就同时确定了进口液流角 $\beta_{\rm i1}$，而诱导轮的进口叶片角 β_1 则为进口液流角 $\beta_{\rm i1}$ 和进口液流冲角 $\alpha_{\rm i1}$ 之和，即

$$\beta_{\rm i1} = \arctan \phi_{\rm i} \tag{7-28}$$

$$\beta_1 = \beta_{\rm i1} + \alpha_{\rm i1} \tag{7-29}$$

$$\beta_1 = \arctan \phi_{\rm i} + \alpha_{\rm i} \tag{7-30}$$

(4) 入口螺距值 S_1 的计算。

$$S_1 = \pi D_y \tan \beta_1 \tag{7-31}$$

(5) 出口螺距值 S_2 和出口叶片安放角 β_2。

运用式 (7-14) 计算出诱导轮的最小空化余量:

$$\mathrm{NPSHi} = 0.00352\left(1-\xi_1^2\right)^{-\frac{2}{3}} Q^{\frac{2}{3}} \left(n\phi_{\rm t}\right)^{\frac{4}{3}} \left(1-2\phi_{\rm t}^2\right)^{-1}$$

根据 (1) 中估算的诱导轮扬程，运用式 (7-24) 计算诱导轮的扬程，保证诱导轮的扬程满足离心泵的能量需求。

$$H_y \geqslant \mathrm{NPSHr} - \mathrm{NPSHi} + 0.08\frac{u_{2p}^2}{2g}$$

式中，$u_{2p} = \dfrac{n\pi D_p}{60}$，$D_p = \sqrt{0.5 D_y^2 \left(1+\xi_2^2\right)}$

根据 (1) 中估算的诱导轮扬程，运用此经验公式进行诱导轮扬程的计算。

诱导轮的理论扬程:

$$H_{\rm t} = H_y/\eta_{\rm h} \tag{7-32}$$

诱导轮的出口计算直径处液流轴向速度:

$$c_{m2p} = \frac{nS_2}{60} - \left(\frac{nS_2}{60} - \frac{4kQ}{\pi D_y^2 \left(1-\xi_2^2\right)}\right)\frac{D_y^2\left(1-\xi_2^2\right)}{2D_p^2 \ln\frac{1}{\xi_2}} \tag{7-33}$$

式中，k 为诱导轮出口排挤系数，一般取 k 为 1.03 左右。

诱导轮的理论扬程可以表示为

$$H_{\mathrm{t}}=\frac{u_{2p}^2-u_{2p}c_{m2p}\cot\beta_{2p}}{g}=\frac{u_{2p}^2-u_{2p}c_{m2p}\pi D_p/S_2}{g} \tag{7-34}$$

联合式 (7-33) 和式 (7-34) 求解 S_2。

出口叶片安放角：

$$\beta_2=\arctan\frac{S_2}{\pi D_y} \tag{7-35}$$

(6) 确定叶栅稠密度 τ，计算节距 t。

选定叶栅稠密度 τ，τ 的取值范围为 $1.5\sim3.0$。

计算节距：

$$t=\pi D_y/Z \tag{7-36}$$

轮缘展开长度：

$$l=\tau t \tag{7-37}$$

(7) 选定角度变化系数 m。

诱导轮的型线变化规律如图 7-4 所示，其主要形状由角度变化系数决定。

型线变化规律：

$$\beta=\beta_1+(\beta_2-\beta_1)\left(\frac{\theta}{\psi}\right)^m \tag{7-38}$$

当 $m=1$ 时，上式对应 a 线；

当 $0<\ m<\ 1$ 时，上式对应 b 线；

当 $m>\ 1$ 时，上式对应 c 线；

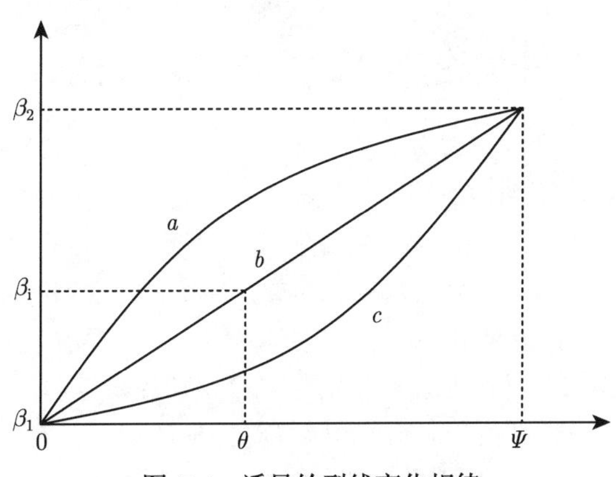

图 7-4 诱导轮型线变化规律

以 $m=1$ 为例进行型线设计。

诱导轮轮缘包角的计算由 $l=\int_0^{\psi}\frac{\pi D_y \mathrm{d}\theta}{360}\sqrt{1+\tan^2\left(\beta_1+\frac{\beta_2-\beta_1}{\psi}\theta\right)}$ 求解得

$$\psi=\frac{2l\left(\beta_2-\beta_1\right)}{D_y\ln\dfrac{\tan\left(0.25\pi+0.5\beta_2\right)}{\tan\left(0.25\pi+0.5\beta_1\right)}} \tag{7-39}$$

诱导轮轴向长度的计算：

$$L=\int_0^{\psi}\frac{\pi D_y \mathrm{d}\phi}{360}\tan\left(\beta_1+\frac{\beta_2-\beta_1}{\psi}\theta\right)=\frac{\pi D_y\psi}{360}\ln\frac{\cos\beta_1}{\cos\beta_2} \tag{7-40}$$

(8) 进口修圆半径 R。

$$R=\frac{\left(1-\xi_1\right)D_y}{4}\sim\frac{\left(1+\xi_1\right)D_y}{4} \tag{7-41}$$

(9) 叶缘厚度 δ、叶片表面夹角 α。

诱导轮叶片叶缘厚度越薄，诱导轮的空化性能越好，考虑强度、工艺等因素，厚度一般取 $\delta=1\sim3\mathrm{mm}$。

轮毂处叶片厚度一般由表面夹角 α 决定，一般推荐取 $3^\circ<\alpha<7^\circ$。

诱导轮与泵叶轮之间的轴向间隙 δ_l 如下：

$$\delta_l=\frac{\pi D_y\tan\beta_2}{z} \tag{7-42}$$

诱导轮与泵叶轮之间的轴向旋转角度 δ_ψ 如下：

$$\delta_\psi=\frac{360\delta_l}{S_2} \tag{7-43}$$

7.3 叶栅稠密度对诱导轮空化性能的影响

叶栅稠密度作为一个无量纲量，其与叶片节距、叶片安放角及叶片包角等几何参数相关，影响叶片负荷和偏离角，因此对诱导轮的性能有重要的影响。对于低扬程诱导轮，除了进口处叶片后掠影响叶栅稠密度，所有半径上的稠密度是相等的。大的稠密度能改善空化性能，降低由空化引起的震荡。叶栅稠密度过小则不能保证液流在叶片上流动以获得足够的能量，叶栅稠密度过大，则水力损失增加，导致效率降低，制造加工困难，而且对改善空化性能的效果甚微[4]。

为了更加深入地研究叶栅稠密度对诱导轮性能的影响，在保证叶片安放角和叶片节距不变的基础上，通过改变叶栅稠密度设计了四台诱导轮，叶栅稠密度分别为 1.6、2.1、2.5 和 3.0。

7.3.1 计算模型

四台不同叶栅稠密度诱导轮的几何参数如表 7-1 所示，使用 Pro/Engineer 软件对诱导轮进行造型，造型如图 7-5 所示。

表 7-1 不同叶栅稠密度下诱导轮的几何参数

	d_{h1} /mm	d_{h2} /mm	D_y /mm	φ_i	$\Psi/(^\circ)$	$\Delta\Psi/(^\circ)$	τ	$\beta_1/(^\circ)$	$\beta_2/(^\circ)$	h_h /mm	z
模型 1	58	70	166.6	0.093	280	90	1.6	8	21.4	108.07	2
模型 2	58	70	166.6	0.093	360	90	2.1	8	21.4	131.23	2
模型 3	58	70	166.6	0.093	440	90	2.5	8	21.4	168.86	2
模型 4	58	70	166.6	0.093	520	90	3.0	8	21.4	200.71	2

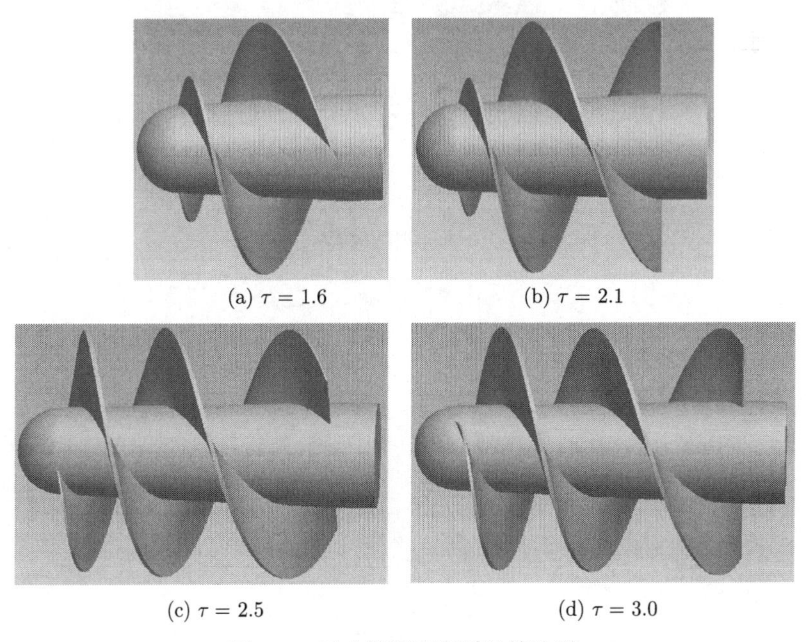

(a) $\tau = 1.6$　(b) $\tau = 2.1$　(c) $\tau = 2.5$　(d) $\tau = 3.0$

图 7-5 同叶栅稠密度诱导轮造型

对四台诱导轮进行网格划分，网格划分数量如表 7-2 所示，图 7-6 为不同叶栅稠密度诱导轮计算区域及网格。

表 7-2 不同叶栅稠密度下诱导轮计算区域的网格划分数量

τ	进口延长段	诱导轮	出口延长段	总数
1.6	158368	1042647	114968	1315983
2.1	158368	1335271	114968	1608607
2.5	158368	1428440	114968	1701776
3	158368	1535738	114968	1809074

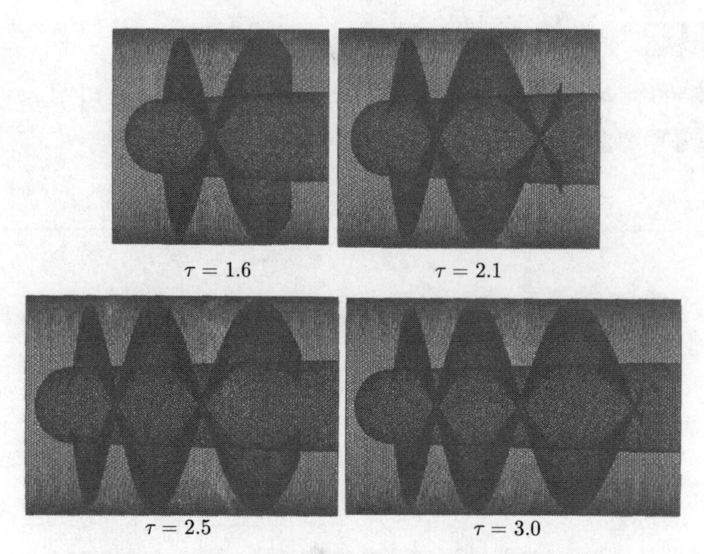

图 7-6　不同叶栅稠密度诱导轮计算区域及网格

7.3.2　能量性能分析

图 7-7 为不同叶栅稠密度下诱导轮的能量特性曲线。

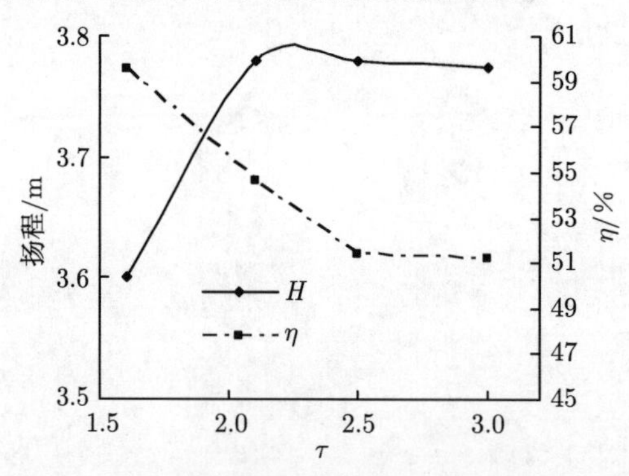

图 7-7　不同叶栅稠密度诱导轮的能量特性曲线

由图可知当 $\tau = 1.6$ 时，诱导轮的扬程最低，这主要是由于叶栅稠密度 τ 过小，流体在流动中不能获得足够的能量，导致扬程过小，随着叶栅稠密度 τ 的增加，诱导轮的扬程开始增加，最后基本稳定，继续增大叶栅稠密度，扬程将会出现下降趋势；而当 $\tau = 1.6$ 时，诱导轮的效率最高，并随叶栅稠密度 τ 的增加而逐渐降低，这主要是由于叶栅稠密度 τ 过大，诱导轮水力损失增加，导致效率降低。

7.3.3　空化性能分析

图 7-8 为不同叶栅稠密度诱导轮的空化特性曲线，由图可知，$\tau = 1.6$ 诱导轮

的空化性能低于其他叶栅稠密度的诱导轮，如前面所述，大的叶栅稠密度有助于改善诱导轮的空化性能，当继续增大叶栅稠密度时，诱导轮的空化性能相对稳定，但当增大到一定值时，如图 7-7 所示，会导致效率下降。本书诱导轮叶片数为 2，由图 7-9 的统计结果可以看出，当 $\tau \geqslant 2$ 时，诱导轮的空化系数保持在某一固定值不再继续下降，这样诱导轮的临界空化余量如图 7-10 所示保持稳定，本书的研究结果与实际统计结果相符。

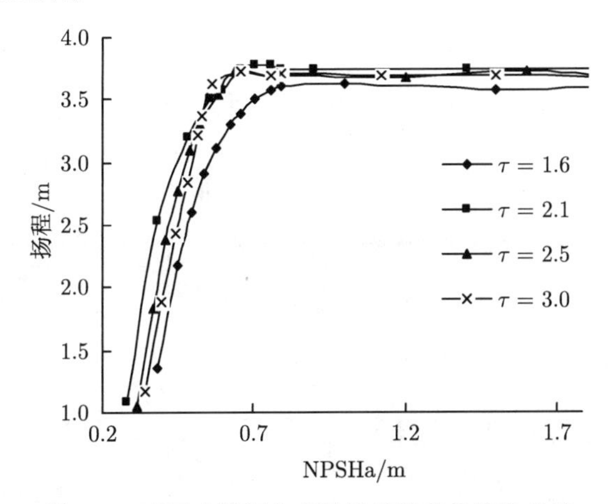

图 7-8　不同叶栅稠密度诱导轮的空化特性曲线

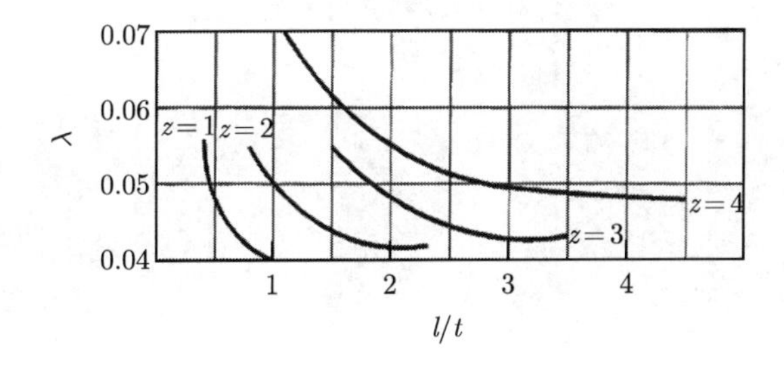

图 7-9　叶栅稠密度与空化系数的关系图

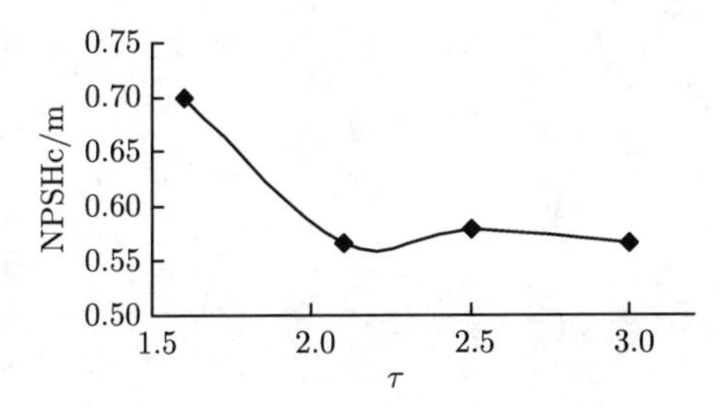

图 7-10　不同叶栅稠密度诱导轮的临界空化余量

图 7-11 为诱导轮的子午面，定义 Span 为诱导轮轮毂到轮缘之间的无量纲距离，其取值范围为 $0 \sim 1$，取 Span=0.5 研究诱导轮叶片间的空泡体积分布。图 7-12 为不同叶栅稠密度诱导轮在不同 NPSHa 时叶片间的空泡体积分布。

由图 7-12 中可以看出，诱导轮在 $\tau = 1.6$ 的情况下，靠近叶片进口轮缘稍后处首先产生空泡，并随着 NPSHa 的不断下降诱导轮流道内的空泡逐渐由叶轮进口向出口蔓延，并由吸力面向压力面扩散。而随着 τ 的不断增大，诱导轮的空泡初生

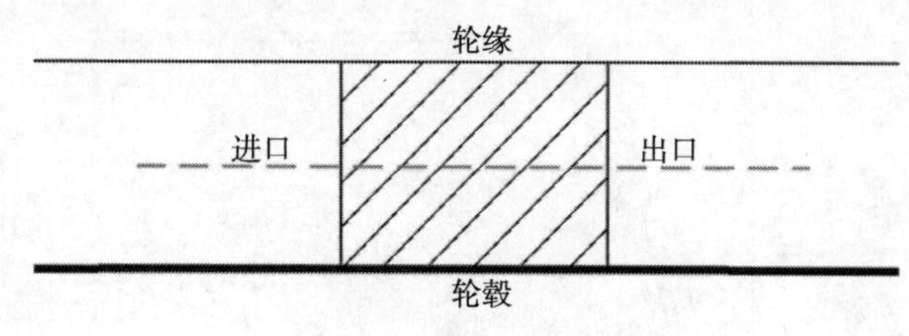

图 7-11　诱导轮子午面

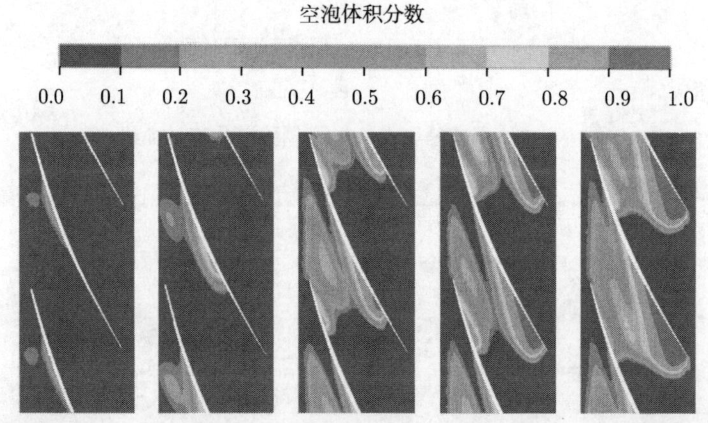

NPSHa = 1.32m　NPSHa = 0.97m　NPSHa = 0.75m　NPSHa = 0.55m　NPSHa = 0.45m

(a) $\tau = 1.6$

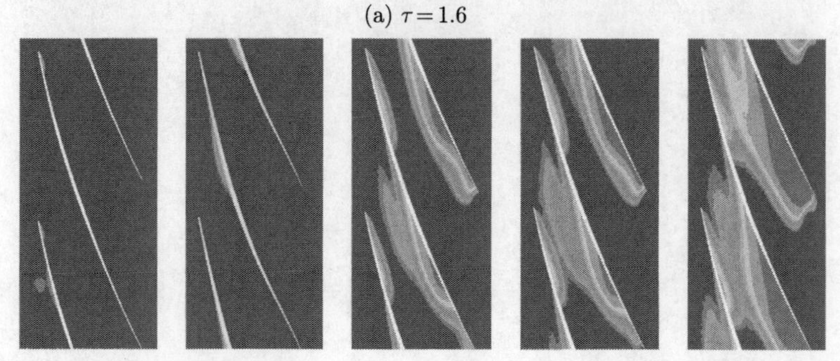

NPSHa = 1.32m　NPSHa = 0.97m　NPSHa = 0.75m　NPSHa = 0.55m　NPSHa = 0.45m

(b) $\tau = 2.1$

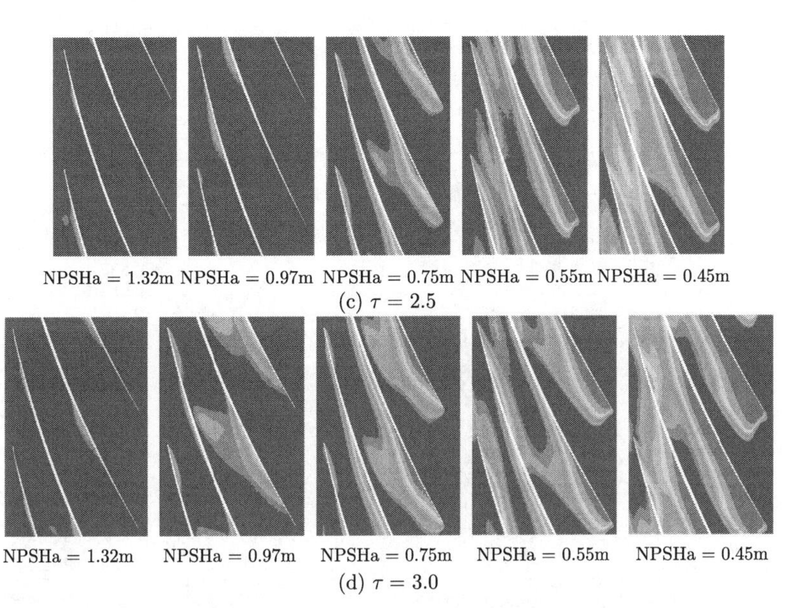

图 7-12　不同叶栅稠密度诱导轮在不同 NPSHa 时叶片间的空泡体积分布

位置发生了变化，当 $\tau > 2$ 时，空泡除了在叶片进口靠近轮缘处初生，在叶片包角约 360° 以后的区域也出现空泡初生现象，这将会严重影响诱导轮流道内的能量传递。这种现象解释了图 7-7 中，当 $\tau > 2$ 时，诱导轮扬程增加到一定程度后不再增加，继续增大 τ 时，扬程反而出现些许下降的现象，这也说明 τ 过大，将会使诱导轮的水力损失增加，并在诱导轮中后段出现低压区，发生空化现象，严重影响诱导轮的性能。

表 7-3 为以空泡体积分数 10%等值体表示不同叶栅稠密度诱导轮在不同 NPSHa 下的空化区域。从表中可以明显地观察到不同工况下诱导轮流道内空化区长度及宽度的演变情况。随着 NPSHa 的不断下降流道内空化区的长度和宽度不断增大，其

表 7-3　不同叶栅稠密度诱导轮在不同 NPSHa 下的空化区域

	$\tau=1.6$	$\tau=2.1$	$\tau=2.5$	$\tau=3.0$
NPSHa = 3.9m				
NPSHa = 1.32m				

续表

	$\tau=1.6$	$\tau=2.1$	$\tau=2.5$	$\tau=3.0$
NPSHa = 0.97m		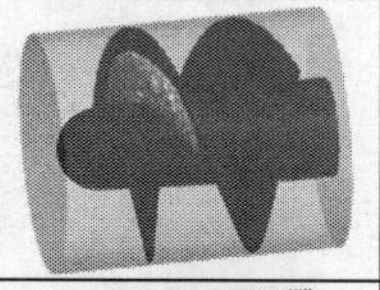	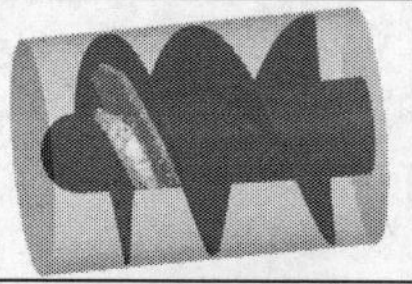	
NPSHa = 0.75m		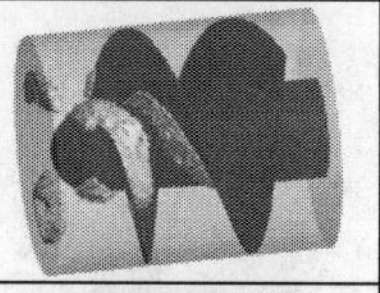		
NPSHa = 0.55m		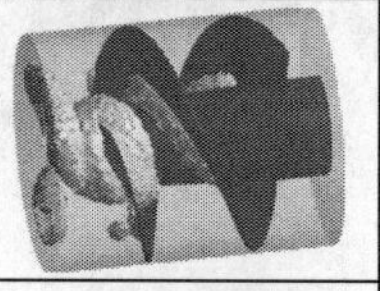		
NPSHa = 0.45m				

规律与图 7-12 一致，空泡沿着叶片前缘不断伸长并加厚，直至填充整个流道[5−7]。

7.4　角度变化系数对诱导轮空化性能的影响

在诱导轮水力设计时，可以通过角度变化系数来控制诱导轮的型线变化规律，但角度变化系数如何选择，需要进行深入的研究。

在保证叶片进出口安放角、叶片包角等参数不变的基础上，通过改变角度变化系数，分别设计了三台诱导轮，诱导轮型线的角度变化系数分别为 0.5、1 和 2，研究角度变化系数对于诱导轮性能的影响[8]。

7.4.1　计算模型

三台不同角度变化系数的诱导轮几何参数如表 7-4 所示，使用 Pro/Engineer 软件对诱导轮进行三维造型，造型如图 7-13 所示。

表 7-4　不同角度变化系数诱导轮的几何参数

d_{h1}/mm	d_{h2}/mm	D_y/mm	φ_i	Ψ/(°)	$\Delta\Psi$/(°)	τ	β_1/(°)	β_2/(°)	h_h/mm	Z
58	70	166.6	0.093	360	90	2.1	8	21.4	131.23	2

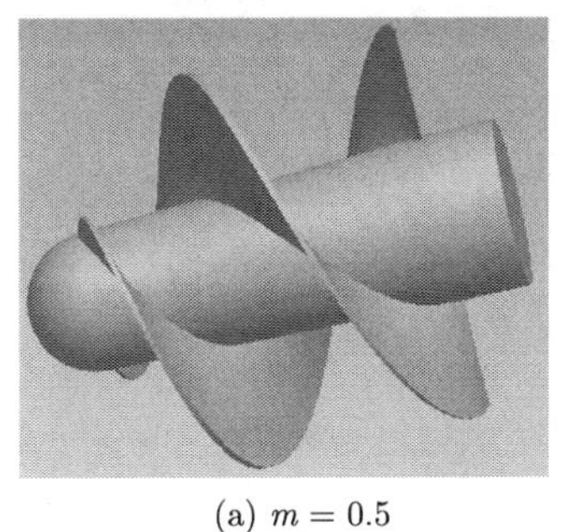

(a) $m = 0.5$

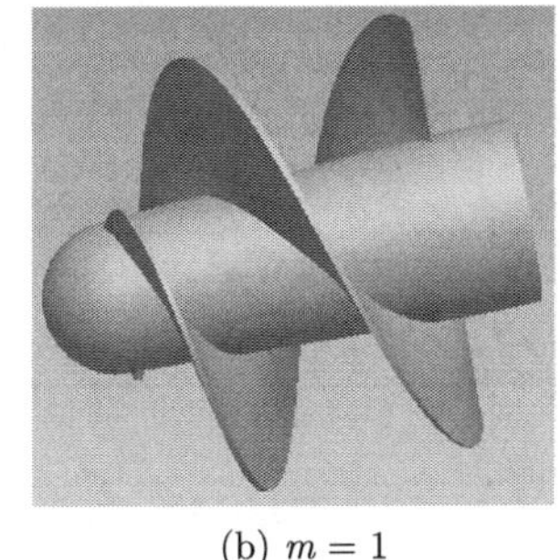

(b) $m = 1$

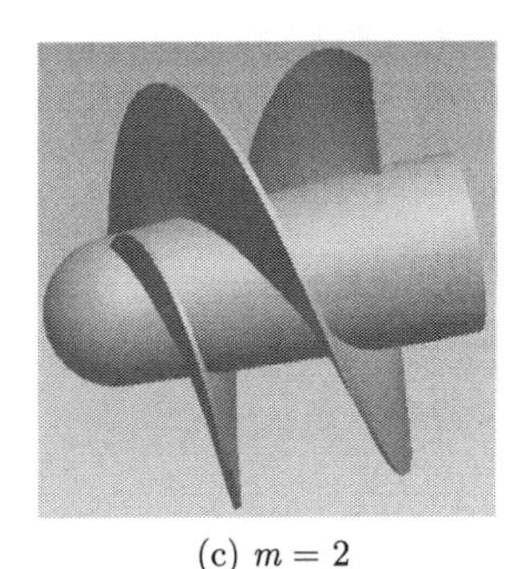

(c) $m = 2$

图 7-13 不同角度变化系数诱导轮三维造型

对三台诱导轮进行网格划分，网格划分数量如表 7-5 所示，图 7-14 为不同角度变化系数诱导轮计算区域及网格。

表 7-5 不同叶栅稠密度下诱导轮计算区域的网格划分数量

m	进口延长段	诱导轮	出口延长段	总数
0.5	161196	1238709	115080	1514985
1	161196	1147618	115080	1423894
2	161196	1014732	115080	1291008

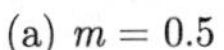

(a) $m = 0.5$

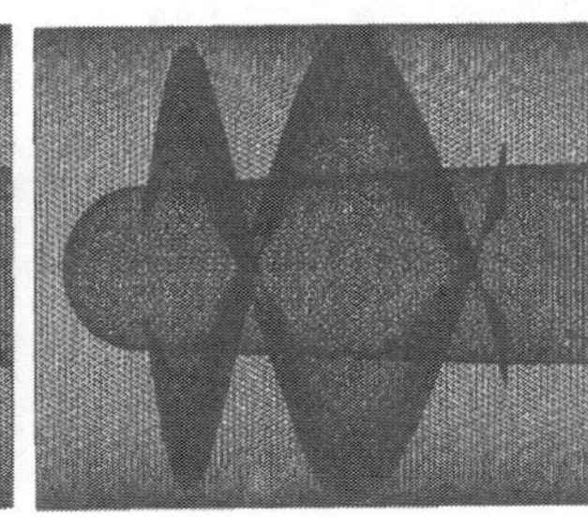

(b) $m = 1$

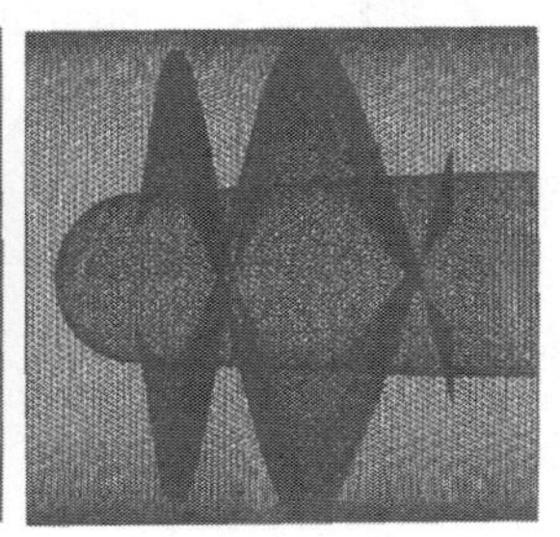

(c) $m = 2$

图 7-14 不同角度变化系数诱导轮计算区域及网格

7.4.2 能量性能分析

图 7-15 为不同角度变化系数对诱导轮能量性能的影响，由图可知，在 $m = 0.5$ 时诱导轮的扬程与效率最高，随着 m 的上升，诱导轮的扬程和效率都逐渐降低。观察式 (7-38) 的形式，诱导轮型线变化规律的角度变化数为 $(\theta/\Psi)^m$，因 θ/Ψ 为小数，则 $(\theta/\Psi)^m$ 的值随着它的幂即角度变化系数 m 的增大而减小。因此，角度变化系数 m 越小，即角度变化速率越快，诱导轮的扬程与效率越高。

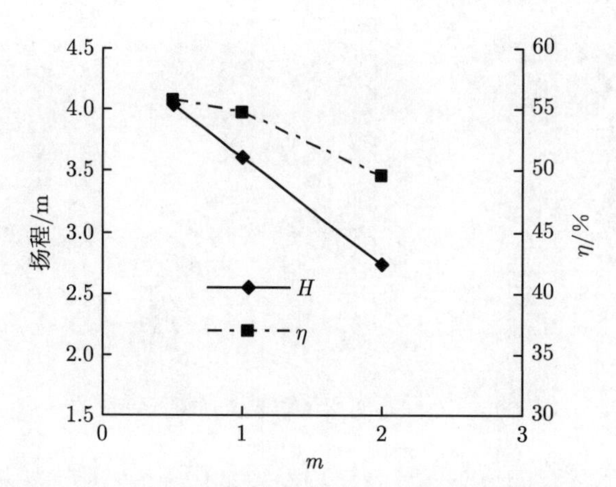

图 7-15 不同角度变化系数对诱导轮能量性能的影响

7.4.3 空化性能分析

图 7-16 为角度变化系数对诱导轮空化特性的影响，由图可知，随着角度变化系数的增加诱导轮的空化性能趋好。图 7-17 为不同角度变化系数下诱导轮的临界空化余量。图 7-18 为三种角度变化系数下，诱导轮型线安放角的变化曲线，由图可知 $m = 0.5$ 时诱导轮叶片型线的角度按凸函数进行变化，$m = 2$ 时为凹函数。通过角度变化系数进行诱导轮型线设计时，较优的能量特性位于左上方区域 (角度按凸函数进行变化)，较优的空化特性位于右下方区域 (角度按凹函数进行变化)。

图 7-19 为 Span=0.5 时不同角度变化系数下诱导轮在不同 NPSHa 时叶片间的空泡体积分布，由图可知，诱导轮首先在靠近叶片进口轮缘稍后处产生空泡，尤其在吸力面较为明显，并随着 NPSHa 的不断下降诱导轮流道内的空泡逐渐由叶轮

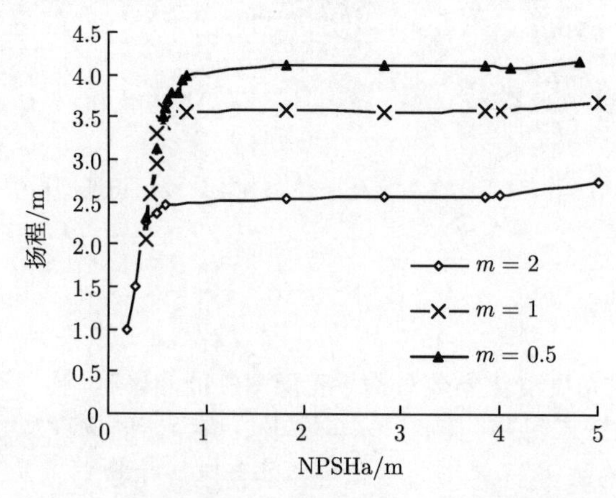

图 7-16 不同角度变化系数对诱导轮空化特性的影响

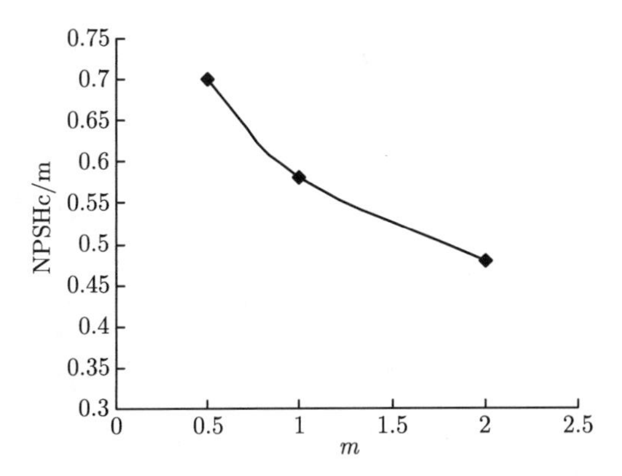

图 7-17 不同角度变化系数下诱导轮的临界空化余量

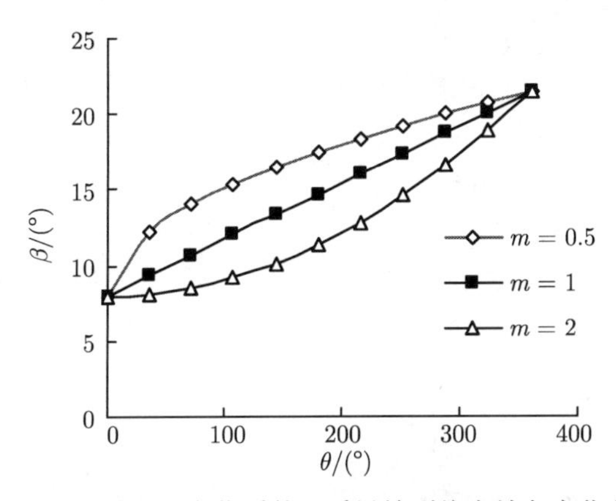

图 7-18 三种角度变化系数下诱导轮型线安放角变化曲线

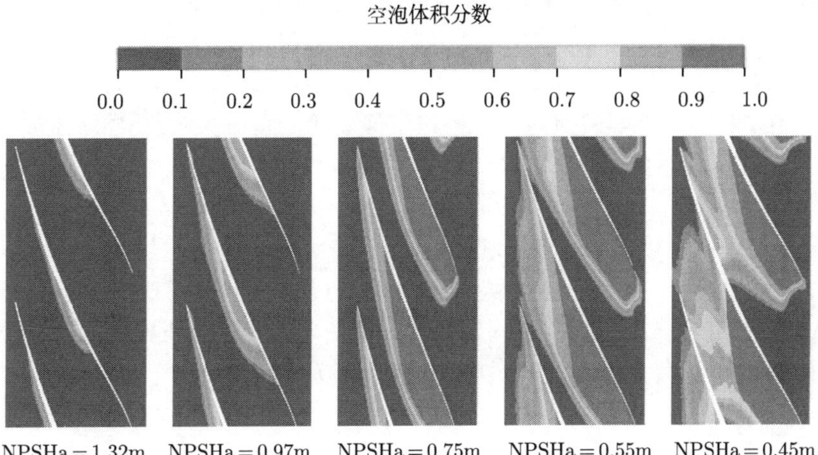

(a) $m = 0.5$

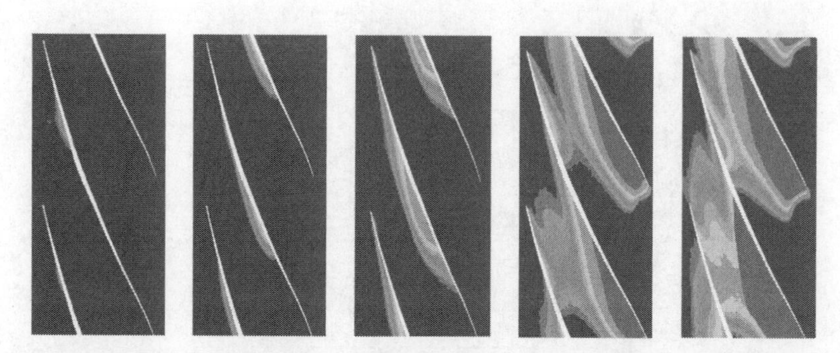

NPSHa = 1.32m NPSHa = 0.97m NPSHa = 0.75m NPSHa = 0.55m NPSHa = 0.45m

(b) $m = 1$

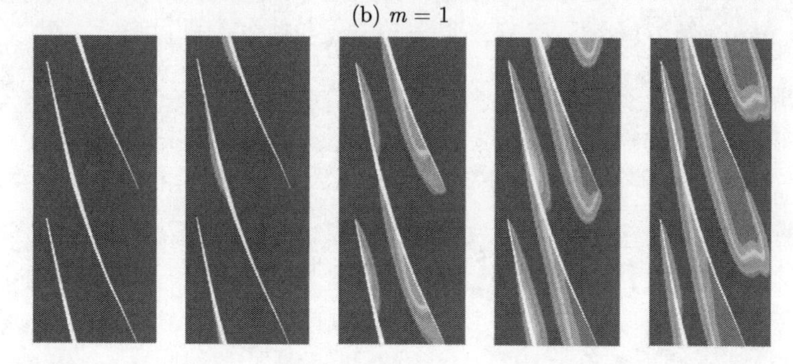

NPSHa = 1.32m NPSHa = 0.97m NPSHa = 0.75m NPSHa = 0.55m NPSHa = 0.45m

(c) $m = 2$

图 7-19 不同角度变化系数下诱导轮叶片间的空泡体积分布

进口向出口蔓延，当 NPSHa 达到某一值后，空泡开始从吸力面向压力面扩展，当空泡严重阻塞流道后，诱导轮的扬程开始下降。当诱导轮空化较为严重时，空泡的分布逐渐由进口向出口转移，这说明：在发生空化时，外缘进口产生空泡，随着流体的运动，空泡逐渐向出口扩展 (此时流道内压力较低，空泡不会破裂)，并在出口凝结[9,10]。对比三种角度变化系数下诱导轮叶片间的空泡分布，在 NPSHa = 0.55m 时，$m = 0.5$ 和 1 时诱导轮流道内已经被空泡阻塞，而 m=2 时诱导轮流道较为通畅，可以明显地观察到 $m = 2$ 时诱导轮的空化性能最优。

表 7-6 为以空泡体积分数为 10% 等值体表示不同角度变化系数诱导轮在不同 NPSHa 下的空化区域。可以明显地观察到诱导轮流道内空化区域的长度和宽度的变化情况，对比三种角度变化系数诱导轮的空泡分布，在不同工况下 $m = 2$ 时诱导轮区域的长度和宽度明显小于其他两种角度变化系数下的诱导轮，即 $m = 2$ 时诱导轮的空化性能优于其他两种角度变化系数下的诱导轮。

表 7-6　不同角度变化系数诱导轮在不同 NPSHa 下的空化区域

	$m=0.5$	$m=1$	$m=2$
NPSHa = 3.3m		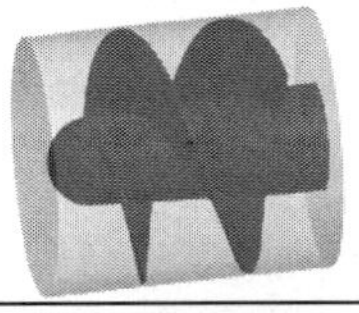	
NPSHa = 0.75m		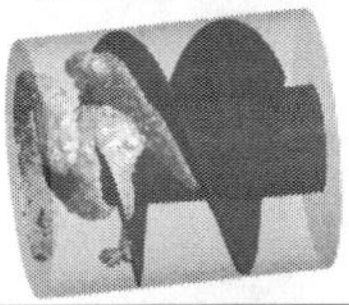	
NPSHa = 0.55m			
NPSHa = 0.45m	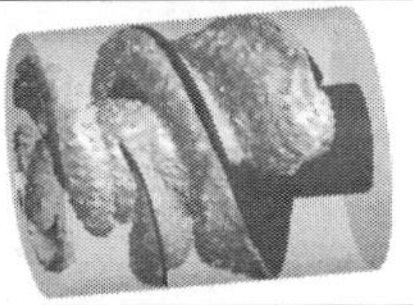		

参 考 文 献

[1] 庄宿国. 诱导轮设计方法及其在船用泵的应用 [D]. 镇江：江苏大学，2012.

[2] 袁寿其，施卫东，刘厚林. 泵理论与技术 [M]. 北京：机械工业出版社，2014.

[3] 朱祖超，王乐勤. 高速离心泵串联诱导轮的设计理论及工程实现 [J]. 工程热物理学报，2000，21(2)：182-186.

[4] Li X J，Pan Z Y，Li S，et al. Numerical simulation for influence of inducer geometric parameters on performance[C]// The 2010 Third International Conference on Information and Compution，Wuxi , 2010: 94-97.

[5] Valle J D，Braisted D M，Brennen C E. The effects of inlet flow modification on cavitation inducer performance[J]. Journal of Turbomachinery，1992，114: 360-365.

[6] 郭晓梅，朱祖超，崔宝玲，等. 诱导轮内流场数值计算及汽蚀特性分析 [J]. 机械工程学报，2010，46(4)：122-128.

[7] 李晓俊，袁寿其，潘中永，等. 诱导轮离心泵空化条件下扬程下降分析 [J]. 农业机械学报，2011，42(9)：89-93.

[8] 刘厚林，王健，王勇，等. 角度变化系数对变螺距诱导轮性能的影响 [J]. 流体机械，2013，41(10)：19-24.

[9] 丁希宁，梁武科. 两相流数值模拟分析等螺距诱导轮内空化问题 [J]. 水资源与水工程学报，2009，20(5)：170-172.

[10] 许友谊，奚伟永，杨敏官，等. 高速诱导轮三维非定常湍流数值模拟 [J]. 排灌机械，2008，26(3)：60-63.

第 8 章　诱导轮参数化软件开发及应用

为了使研究成果更具实用价值，同时也为后续诱导轮的研究提供一定的基础，本章基于第 7 章对于诱导轮水力设计方法及设计参数的深入研究，进行诱导轮二维水力设计软件 (PIND-2D 软件) 和三维造型软件 (PIND-3D 软件) 的开发，进一步提高了诱导轮二维水力设计及三维造型的效率[1]。最后，将本书的诱导轮设计方法应用于船用泵空化性能的改善和提高。

8.1　诱导轮二维水力设计软件开发

诱导轮二维水力设计 CAD 软件 (PIND-2D 软件) 采用 C++ 为编程语言、ObjectARX 2008 为二次开发工具，对 AutoCAD 2008 软件进行二次开发。

8.1.1　软件开发平台及开发工具

1. 开发平台

AutoCAD 是目前工程领域中主要的 CAD 系统，被广泛应用于机械、航天、建筑、模具、电子和服装等设计领域。AutoCAD 采用的是开放的架构体系，在这种架构体系下，可以根据各行业的专业特点，在其基础上进一步开发各种专业的应用软件，为不同行业用户提供更加全面而细致的解决方案，以满足他们的设计需求。

目前，国内已有较多行业在 AutoCAD 平台上开发出专业的工程制图软件，如水泵行业的 PCAD 软件、机械行业的大恒 CAD 系统、建筑业的天正 CAD 系统、公路行业的纬地 CAD 等。本书选用 AutoCAD 2008 作为开发平台。

2. 开发工具

1) Visual C++

Visual C++ 是 Windows 环境下最主要的 C++ 开发环境，它支持面向对象编程，并提供了可视化编程环境。面向对象程序设计方法的最大特点是能够大幅度地提高软件项目的成功率，减少日后的维护费用，提高软件的可移植性和可靠性，是一种适合机械 CAD 软件开发的方法。它将整个系统的结构建立在对象和对象类的基础上，每个对象都是一个属性与操作的封装体，对象之间只能通过发送信号相互传递信息，因而当需求变化时，一般也只涉及个别对象或对象类的修改，不会影响整个系统的结构。当产生新的需求需要增加新的对象类时，也可以方便地将它们添加到原有系统中[2]。

2) ObjectARX

ObjectARX 是以 C++ 语言为基础的面向对象的开发环境和应用程序接口，ObjectARX 程序本质上为 Windows 动态链接库 (dynamic link library, DLL) 程序，这些库与 AutoCAD 在同一地址空间内运行并能直接利用 AutoCAD 核心数据库结构和代码，使得开发者可以充分利用 AutoCAD 的开放结构，直接访问 AutoCAD 数据库结构、图形系统及 CAD 几何造型核心，能够在运行期间实时扩展 AutoCAD 的功能，同时它也是一个可扩展的编程框架，可以扩展 AutoCAD 的对象和协议，AutoCAD 自身的许多模块均是用 ObjectARX 开发的，ObjectARX 是 AutoCAD 最为强大的定制开发工具[3,4]。本书匹配 AutoCAD 2008，采用 ObjectARX 2008 作为开发工具。

8.1.2　诱导轮二维水力设计软件开发

1. 开发流程

图 8-1 为诱导轮水力设计软件开发的程序流程图，分别包含输入性能参数、轴面图绘制、径向图绘制、型线绘制及图框设置等模块。

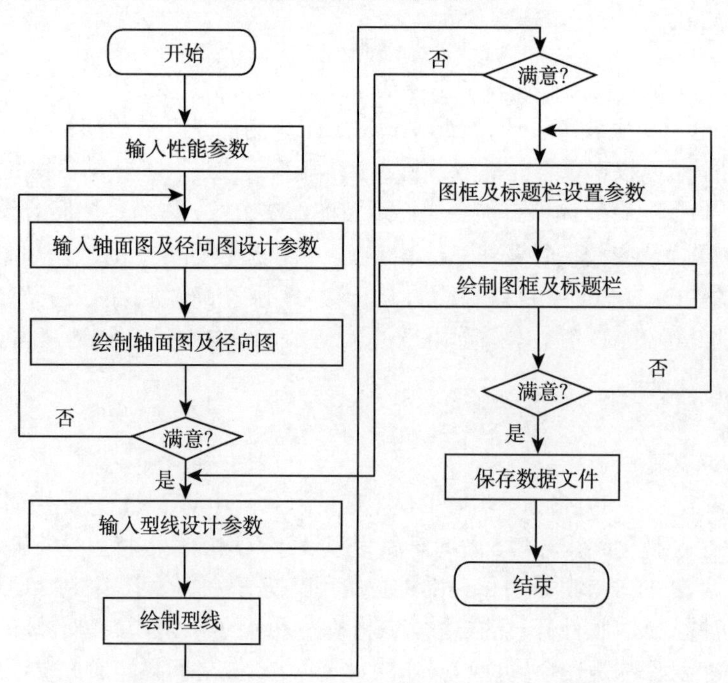

图 8-1　诱导轮水力设计软件开发的程序流程图

2. 软件开发步骤

(1) 建立 ARX 应用程序的工程文件，工程名称为 inducer，用 Visual C++ 环境的 AppWizard 向导创建 ObjectARX 应用程序框架，自动生成所建工程的文件，如 inducer.def、inducer.h、inducer.cpp、StdAfx.h、StdAfx.cpp、Resource.h、inducer.rc 等。

(2) 设置 ARX 应用程序的初始化部分。在 inducer.cpp 文件中，添加需要包含的头文件、函数声明、接口函数说明及用户程序主体函数等部分。例如，在接口函数部分中，使用了三个关键的函数，即加载函数 initApp()、卸载函数 unloadApp() 和调用函数 acrxEntryPoint。上述部分函数代码如下：

加载函数 initApp()：

```
void initApp()
{
    acedRegCmds->addCommand(_T("inducer_COMMANDS"),
        _T("ind"),
        _T("ind"),
        ACRX_CMD_TRANSPARENT,
        inducer);
}
```

卸载函数 unloadApp()：

```
void unloadApp()
{
    acedRegCmds->removeGroup(_T("inducer_COMMANDS"));
}
```

调用函数 acrxEntryPoint：

```
extern "C" AcRx::AppRetCode acrxEntryPoint(AcRx::AppMsgCode msg,
void* pkt)
{
    switch (msg)
    {
    case AcRx::kInitAppMsg:
        acrxDynamicLinker->unlockApplication(pkt);
        acrxRegisterAppMDIAware(pkt);
        initApp();
        break;
```

```
    case AcRx::kUnloadAppMsg:
        unloadApp();
        break;
    default:
        break;
    }
    return AcRx::kRetOK;
}
```

(3) 根据诱导轮水力设计方法，依次创建输入参数、轴面图和径向图、型线展开图和图纸设置等界面，分别添加各界面相应的控件，关键是定义相应的消息处理函数及各界面的初始化函数[5]。

(4) 编译、链接应用程序 (inducer.arx)，以诱导轮输入模块为例，部分函数代码如下：

诱导轮输入模块界面初始化函数：

```
BOOL CXUANXINGDLG::OnInitDialog()
{
    CDialog::OnInitDialog();// TODO:  在此添加额外的初始化
    erase();
    static BOOL d=false;
    if(d==false)
    {
        DB=1;
        ((CButton *)GetDlgItem(IDC_BIANLUOJU))->SetCheck(TRUE);
        //选上
        m_Q1=360;
       m_C1=1100;
        m_n1=1450;
        m_NPSHr1=pow(((5.62*m_n1*sqrt(m_Q1/3600))/m_C1),1.333333);
        m_NPSHa1=1;
        m_Hi1=m_NPSHr1-m_NPSHa1;
        m_Qi1=m_Q1+0.05*m_Q1;
        m_Ci1=(5.62*m_n1*sqrt(m_Qi1/3600))/pow(m_NPSHa1,0.75);
        d=true;
    }
    else
```

```
{
    getdata_xx();
    if(DB==1)
    {
       ((CButton *)GetDlgItem(IDC_BIANLUOJU))->SetCheck(TRUE);
       //选上
    }
    else if(DB==2)
    {
       ((CButton *)GetDlgItem(IDC_DENGLUOJU))->SetCheck(TRUE);
       //选上
    }
    UpdateData(FALSE);
}
Q.Format(_T("%.2f"),m_Q1);
C.Format(_T("%.0f"),m_C1);
n.Format(_T("%.0f"),m_n1);
NPSHr.Format(_T("%.2f"),m_NPSHr1);
NPSHa.Format(_T("%.2f"),m_NPSHa1);
Hi.Format(_T("%.2f"),m_Hi1);
Qi.Format(_T("%.2f"),m_Qi1);
Ci.Format(_T("%.0f"),m_Ci1);
m_Q.SetWindowText(Q);
m_C.SetWindowText(C);
m_n.SetWindowText(n);
m_NPSHr.SetWindowText(NPSHr);
m_NPSHa.SetWindowText(NPSHa);
m_Hi.SetWindowText(Hi);
m_Qi.SetWindowText(Qi);
m_Ci.SetWindowText(Ci);
SX=1;
this->SetWindowPos(NULL,0,120,0,0,SWP_NOZORDER|SWP_NOSIZE);
//移动对话框位置
return TRUE;  // return TRUE unless you set the focus to a
                 control
```

```
    // 异常: OCX 属性页应返回FALSE
}
```

诱导轮输入模块界面“诱导轮扬程”控件函数:

```
void CXUANXINGDLG::OnEnKillfocusHi()
{
    m_Hi.GetWindowText(Hi);
    m_Hi1=_wtof((LPCTSTR)Hi);
    m_Hi.SetWindowText(Hi);
}
```

诱导轮输入模块界面“下一步”控件函数:

```
void CXUANXINGDLG::OnBnClickedOk()
{
    iRadioBL=((CButton*)GetDlgItem(IDC_BIANLUOJU))->GetCheck();
    //得到变量的值, 不点击为
    iRadioDL=((CButton*)GetDlgItem(IDC_DENGLUOJU))->GetCheck();
    if(iRadioBL==1)
    {
        DB=1;
    }
    if(iRadioDL==1)
    {
        DB=2;
    }
    UpdateData(TRUE);
    savedata_xx();
    OnOK();
    CZMTCSDLG dlg;
    dlg.DoModal();
}
```

诱导轮输入模块界面“退出”控件函数:

```
void CZMTCSDLG::OnBnClickedCancel()
//退出
{
if(MessageBox(_T("真的要退出吗?"),_T("退出"),
MB_OKCANCEL|MB_ICONQUESTION)==IDOK)
```

```
        OnCancel();
    }
```

3. *加载、运行及卸载*

在 AutoCAD 2008 环境下加载 inducer.ARX 应用程序，最常用的三种方法如下：

(1) 使用 ARX 命令。在 AutoCAD 2008 命令行中键入“ARX”命令，然后键入“L”后弹出对话框，指定待装载的 inducer.ARX 应用程序即可。

(2) 使用 APPLOAD 命令。在 AutoCAD 2008 命令行中键入“APPLOAD”命令，或者从“Tools”菜单下的“Load Application”菜单命令，在弹出的对话框中指定待装载的 inducer.ARX 应用程序。

(3) 使用 AutoLISP 函数。AutoCAD 2008 中定义了使用 AutoLISP 函数 arxload 和 arxunload 装载和卸载 ObjectARX 应用程序的接口，如 arxlaod“C:\inducer\inducer\Debug\inducer.arx”。

要运行 inducer.ARX 应用程序，只需在 AutoCAD 2008 命令行中键入程序中所注册的命令名“ind”，或者单击“ind”菜单，即可运行该程序。

卸载 inducer.ARX 应用程序的方法与加载该程序的方法相对应。

4. *对话框界面及软件功能*

1) 输入模块

图 8-2 为输入模块的界面，首先用户可以根据需要进行诱导轮的选型，然后输入泵和诱导轮的相关性能参数，初步确定诱导轮的扬程、空化比转数等性能参数。

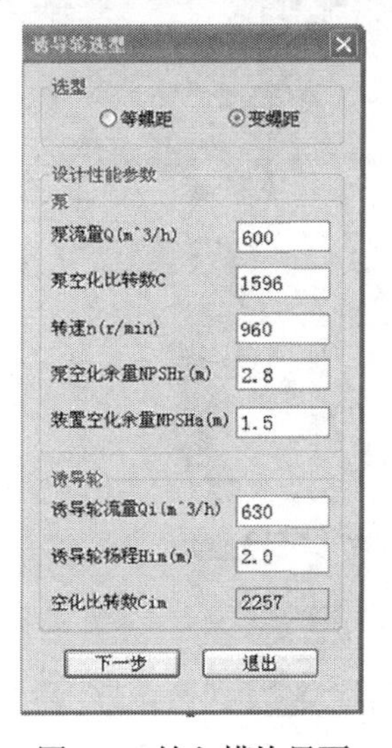

图 8-2　输入模块界面

图 8-3 为轮缘外径选择界面，用户可以根据已知的数据或者实际情况选择合适的计算准则，并相应给出诱导轮的性能参数，验证诱导轮的空化比转数、空化余量及扬程等性能参数。

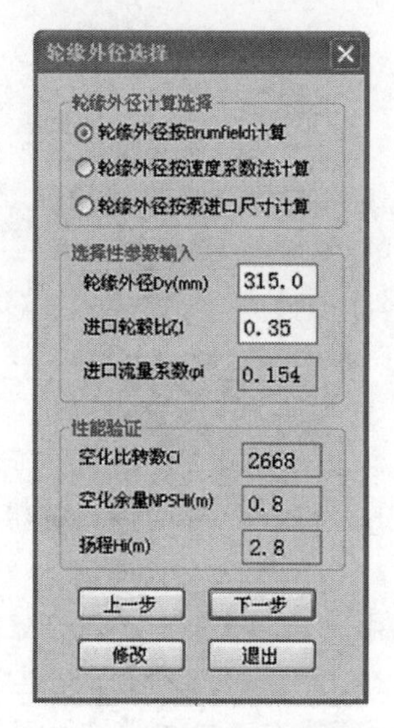

图 8-3　轮缘外径选择界面

2) 轴面图模块

图 8-4 为轴面图模块的界面。在进行设计时，界面中会默认给出各个性能参数及几何参数的优化值，用户也可以根据经验进行修改和设计。

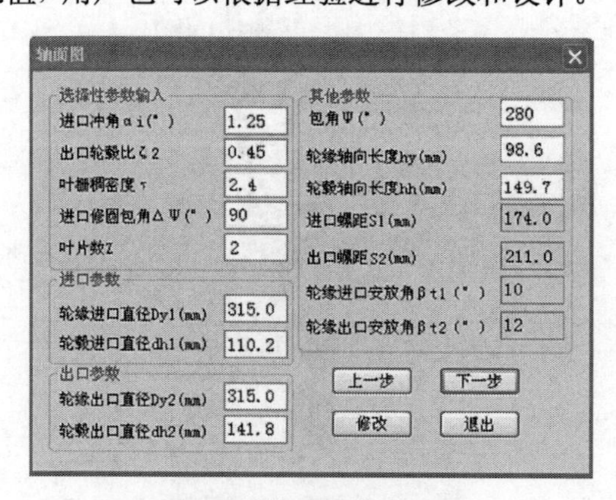

图 8-4　轴面图模块界面

3) 径向图模块

图 8-5 为径向图模块的界面。在进行设计时，用户可以根据需要选择诱导轮的转向及型线的条数。

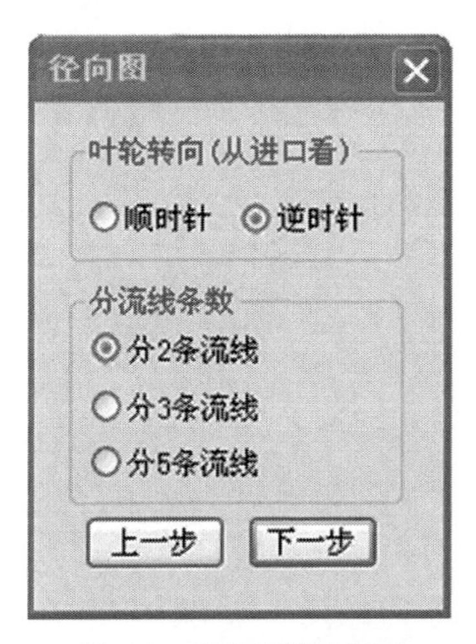

图 8-5　径向图模块界面

4) 型线展开模块

图 8-6 为型线展开模块的界面。界面中会默认给出各点型线厚度、进出口叶片安放角等参数的优化值，同样，用户也可以根据经验进行修改。

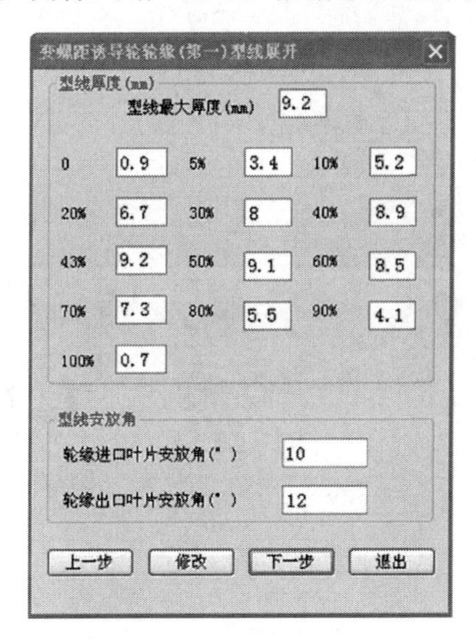

图 8-6　型线展开模块界面

5) 图纸设置模块

图 8-7 为图纸设置模块的界面。界面默认图幅大小为 A3 图框；布置方式为横置；绘图比例是根据绘制图形的大小进行自动换算。手动输入标题栏选项中的“单位名称”、“图纸名称”、“图纸编号”等，单击“确定”按钮即可为绘制的诱导轮添

加图框和标题栏。

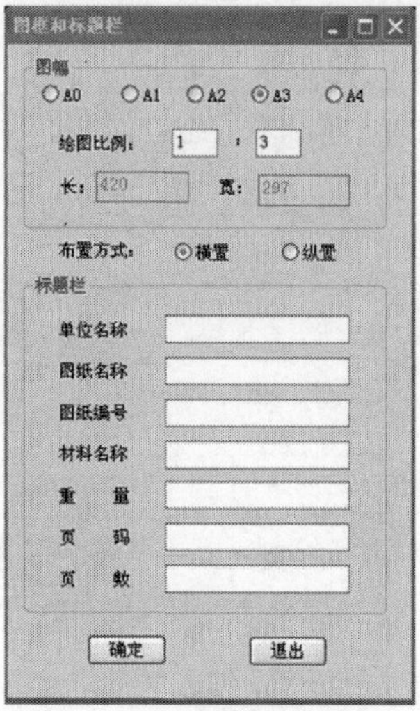

图 8-7　图纸设置模块界面

另外，软件设计完成后能够自动生成诱导轮三维参数化造型所需要的 data 数据文件。后续的三维参数化造型软件，可以通过读取该数据文件，直接生成三维模型，以诱导轮性能参数输入界面为例，保存 data 数据的程序代码如下所示：

```
void getdata_xx()
{
    FILE *fp;
    if((fp=fopen("F:\\inducer\\inducer\\dat\\xuanxing.dat","rb"))
         ==NULL)
    {
        MessageBox(NULL,_T("不能打开数据文件xuanxing.dat!"),_T("错
        误"),MB_OK|MB_ICONEX
    CLAMATION);
        return;
    }
fread (&para_xx,sizeof(struct xxdata),1,fp);
fclose(fp);
DB=para_xx.DB;
m_Q1=para_xx.m_Q1;           m_C1=para_xx.m_C1;
m_n1=para_xx.m_n1;
```

```
m_Hi1=para_xx.m_Hi1;          m_NPSHr1=para_xx.m_NPSHr1;
m_NPSHa1=para_xx.m_NPSHa1;    m_Qi1=para_xx.m_Qi1;
m_Ci1=para_xx.m_Ci1;
 }
 int savedata_xx()
 {
FILE *fp;
para_xx.DB=DB;
para_xx.m_Q1=m_Q1;            para_xx.m_C1=m_C1;
para_xx.m_n1=m_n1;
para_xx.m_Hi1=m_Hi1;          para_xx.m_NPSHr1=m_NPSHr1;
para_xx.m_NPSHa1=m_NPSHa1;    para_xx.m_Qi1=m_Qi1;
para_xx.m_Ci1=m_Ci1;
    if((fp=fopen("F:\\inducer\\inducer\\dat\\xuanxing.dat","wb"))
          ==NULL)
    {
        MessageBox(NULL,_T("xuanxing.dat 不能打开!"),_T("提示
"),MB_OK|MB_ICONEXCLAMATI
    ON);
          return 1;
    }
    if(fwrite(&para_xx,sizeof(struct xxdata),1,fp)!=1)
    {
   MessageBox(NULL,_T("xuanxing.dat 不能打开!"),_T("提示
"),MB_OK|MB_ICONEXCLAMATI
    ON);
          return 1;
    }
    fclose(fp);
    return 0;
}
```

8.1.3 诱导轮二维水力设计软件的设计实例

采用开发的软件设计一个变螺距诱导轮，其设计参数为：$Q_\mathrm{i}=360\mathrm{m}^3/\mathrm{h}$，$H_\mathrm{i}=2.11\mathrm{m}$，$n=1450\mathrm{r/min}$，$C_\mathrm{i}=2641$，设计结果如图 8-8 所示。

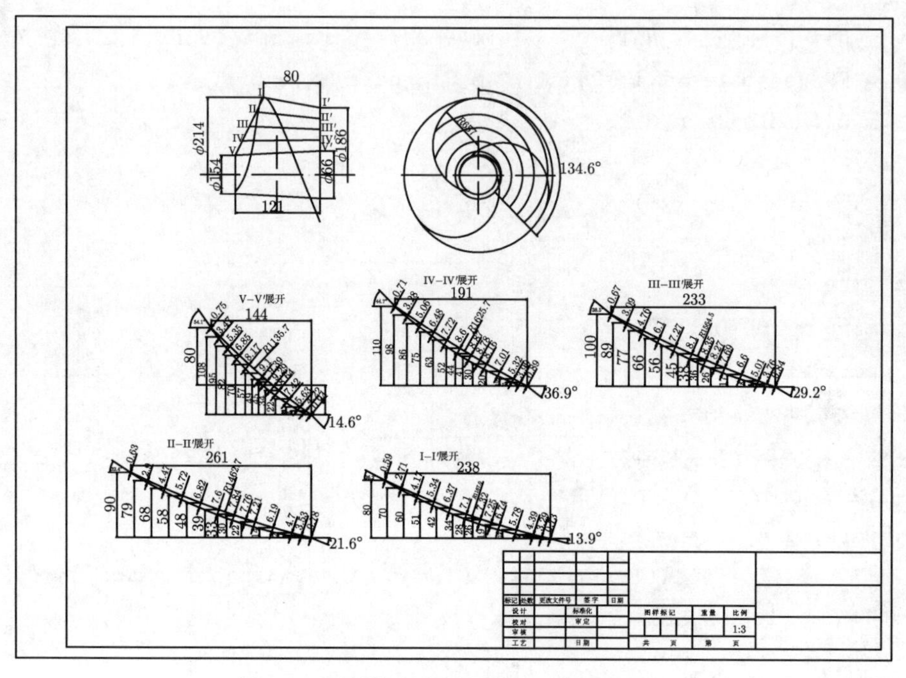

图 8-8　诱导轮水力设计结果 (单位: mm)

8.2　诱导轮三维造型软件开发

诱导轮三维造型软件 (PIND-3D 软件) 采用 C++ 为编程语言、Pro/TOOLKIT 为二次开发工具，对 Pro/Engineer Wildfire 2.0 进行二次开发。

8.2.1　软件开发平台及开发工具

1. 开发平台

目前，三维造型的软件比较多，主要有 Pro/Engineer、UG、CATIA、MDT、Solidege 等软件，其中应用最广泛的是 Pro/Engineer 软件。Pro/Engineer 软件是美国参数技术公司 (Parametric Technology Corporation，PTC) 的产品，它提供了集成产品的三维模型设计、加工、分析及绘图功能完整的 CAD/CAE/CAM 解决方案，该软件以使用方便、参数化造型和系统的全相关性而著称，并且提供了强大的二次开发功能，因此，本书在 Pro/Engineer 软件平台上进行诱导轮参数化三维造型软件开发[6−8]。

2. 开发工具

Pro/TOOLKIT 是美国 PTC 公司为 Pro/Engineer 软件提供的开发工具包，它提供了开发 Pro/Engineer 软件所需的函数库文件和头文件，其主要目的是让用户或第三方通过 C 程序代码扩充 Pro/Engineer 软件系统的功能，开发基于 Pro/Engineer 软件系统的应用程序模块，使用户编写的应用程序能够安全地控制和访问 Pro/Engineer 软件，并可以实现应用程序与 Pro/Engineer 软件系统的无缝集成。不仅如此，还可以利用 Pro/TOOLKIT 提供的 UI 对话框、菜单及 VC 的可视化界面技术，设计出方便实用的人机交互界面，从而大大提高系统的使用效率[9,10]。

8.2.2 诱导轮三维造型软件开发

1. 软件开发流程

软件的开发流程如图 8-9 所示，它包括手动输入数据和读入 PIND-3D 数据两个模块，数据满足条件后，软件会自动生成三维造型。

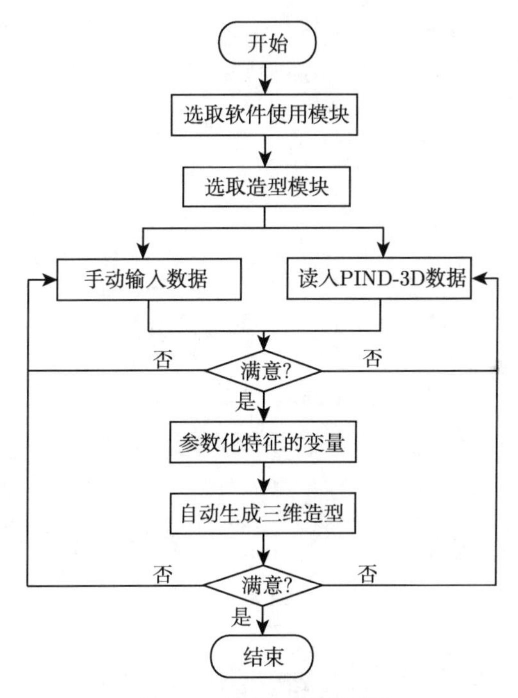

图 8-9 软件开发流程图

2. 加载、运行及卸载

1) 注册 Pro/TOOLKIT 应用程序

注册 Pro/TOOLKIT 应用程序，就是向 Pro/Engineer 软件系统提供该程序的相关信息。注册文件是一个文本文件，典型的 DLL 模式注册文件内容如下：

```
NAME        Your Application Name     <应用程序名称>
EXEC_FILE   <directory>filename.dll  <dll程序路径及名称>
```

```
TEXT_DIR    <directory>/text          <文本路径>
STARTUP     dll                       <应用程序启动方式>
ALLOW_STOP  TRUE                      <终止应用程序>
DELAY_START  TRUE                     <启动时不调用应用程序>
REVISION   2002                       <版本号>
END                                   <结束标志>
```

注册文件名为 protk.dat，保存在 < 盘符：>\ 程序子目录。

2) 运行 Pro/TOOLKIT 应用程序

选择 Pro/Engineer 软件的工具/辅助应用程序菜单项，选择“注册”按钮注册应用程序。注册成功后选择“启动”按钮运行应用程序。图 8-10 为注册 PIND-3D 应用程序的界面。如果在注册文件中包含了多个应用程序的注册内容，则在列表框中显示相应的应用程序名[6]。

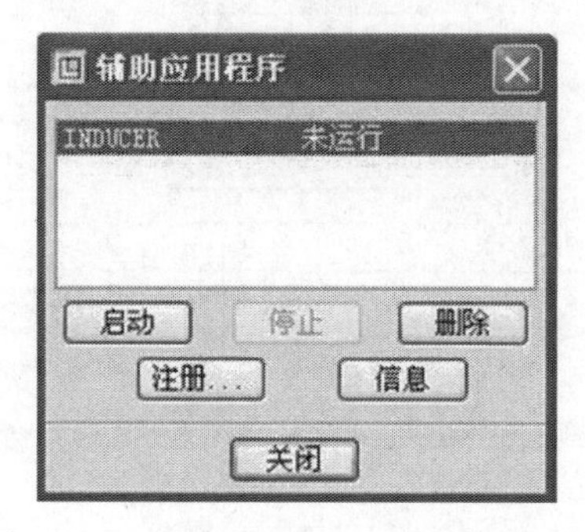

图 8-10　注册 PIND-3D 应用程序界面

3) 应用程序的卸载

如果在注册文件中设置 ALLOW_STOP 为 TRUE，可以手动终止应用程序的运行。选择需终止运行的应用程序，先选择“停止”按钮，再单击“删除”按钮，如图 8-11 所示。

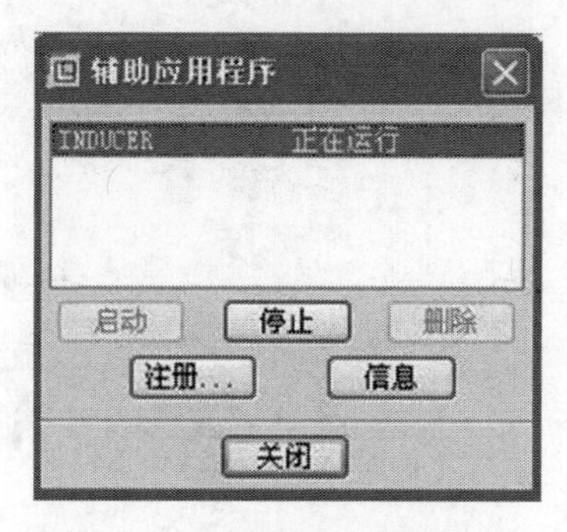

图 8-11　卸载辅助应用程序

3. 对话框界面及软件功能

1) 读取诱导轮水力设计软件的数据，生成三维造型

在应用 PIND-3D 时必须先安装诱导轮水力设计软件 PIND-2D，或者直接拷贝相应水力设计数据的文件到相应的目录里。读取 PCAD 数据的主界面如图 8-12 所示，可以实现诱导轮实体造型、水体造型、叶片阵列造型及单个叶片造型等四个功能。

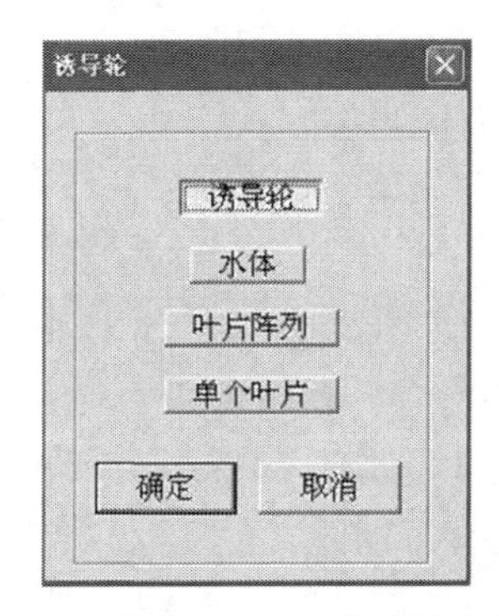

图 8-12 读取 PCAD 数据的主界面

2) 手动输入数据，直接生成三维造型

用户可以根据自己的需要，输入相应的参数，软件直接生成诱导轮三维造型。图 8-13 和图 8-14 分别为手动输入方式下，进出口直径和第一条型线展开的对话框。

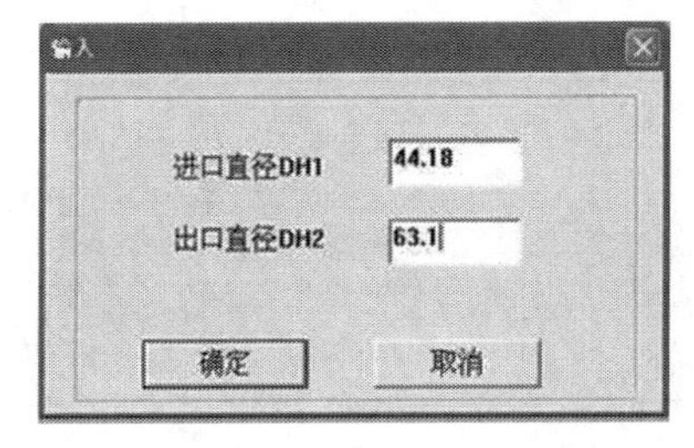

图 8-13 手动输入方式下进出口直径的对话框

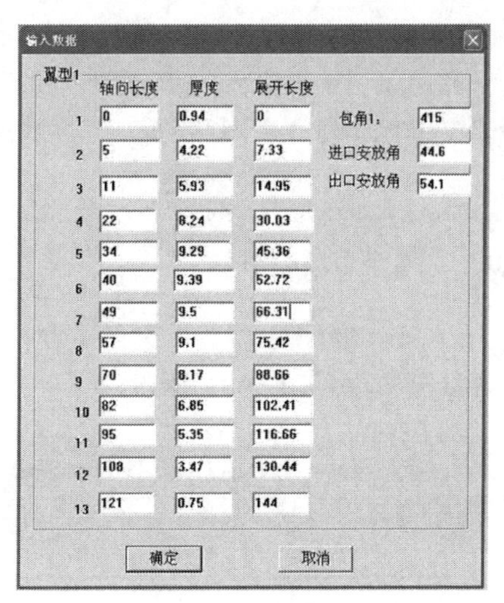

图 8-14 手动输入方式下第一条型线展开的对话框

8.2.3　诱导轮三维造型软件的设计实例

图 8-15 为使用 PIND-3D 软件的诱导轮实体和水体的三维造型。该诱导轮的设计参数如下：$Q_{\mathrm{i}} = 80\mathrm{m}^3/\mathrm{h}$，$H_{\mathrm{i}} = 2.8\mathrm{m}$，$n = 1450\mathrm{r/min}$。

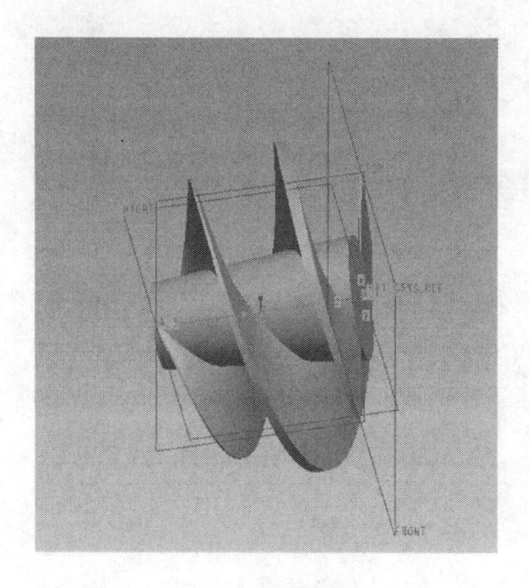

(a) 诱导轮实体

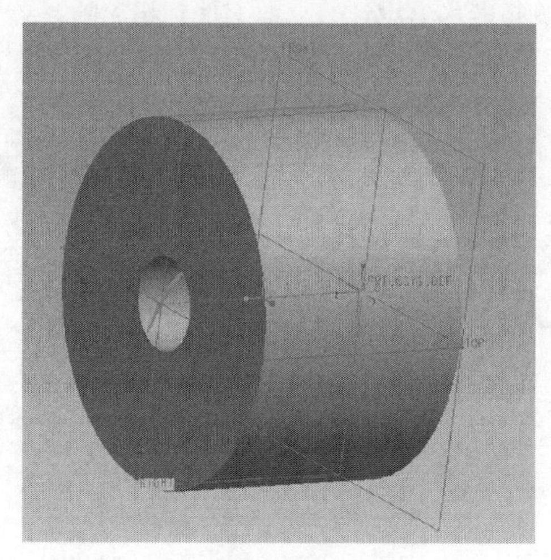

(b) 诱导轮水体

图 8-15　使用 PIND-3D 软件的诱导轮实体和水体三维造型

8.3　诱导轮在船用泵中的应用

船用泵由于其特殊的工作环境和工作性能等因素，对空化性能要求很高。本章以 JW200-100-315 型船用泵为研究对象，基于开发的设计软件将本书的诱导轮设计方法应用于船用泵空化性能的改善和提高[11]。

8.3.1　船用泵模型参数

JW200-100-315 型船用泵的主要技术指标如表 8-1 所示。叶轮和蜗壳二维水力设计如图 8-16 和图 8-17 所示。

表 8-1　JW200-100-315 型船用泵主要技术指标

$Q/(\mathrm{m}^3/\mathrm{h})$	H/m	$n/(\mathrm{r/min})$	$\eta/\%$	NPSHr/m
80	30	1450	70	1.8

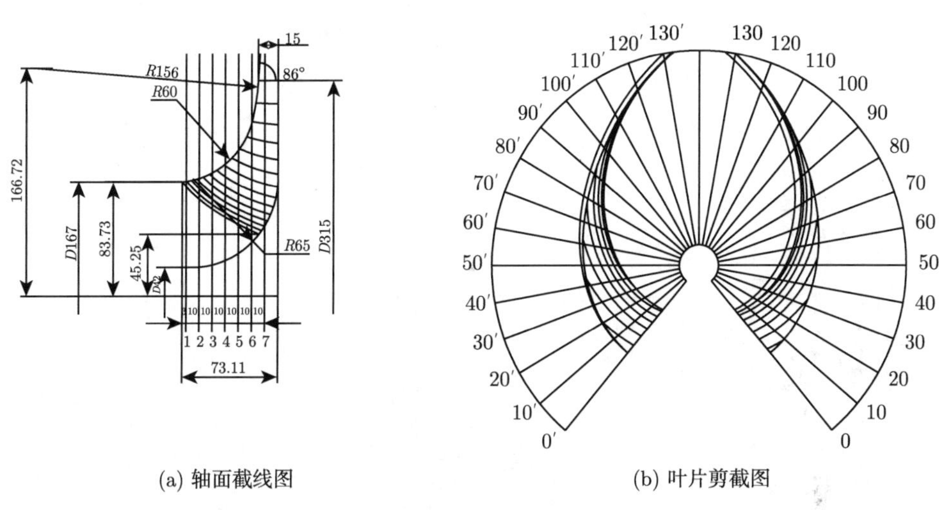

(a) 轴面截线图　　　　　　　　　　　　　　(b) 叶片剪截图

图 8-16　叶轮二维水力设计图

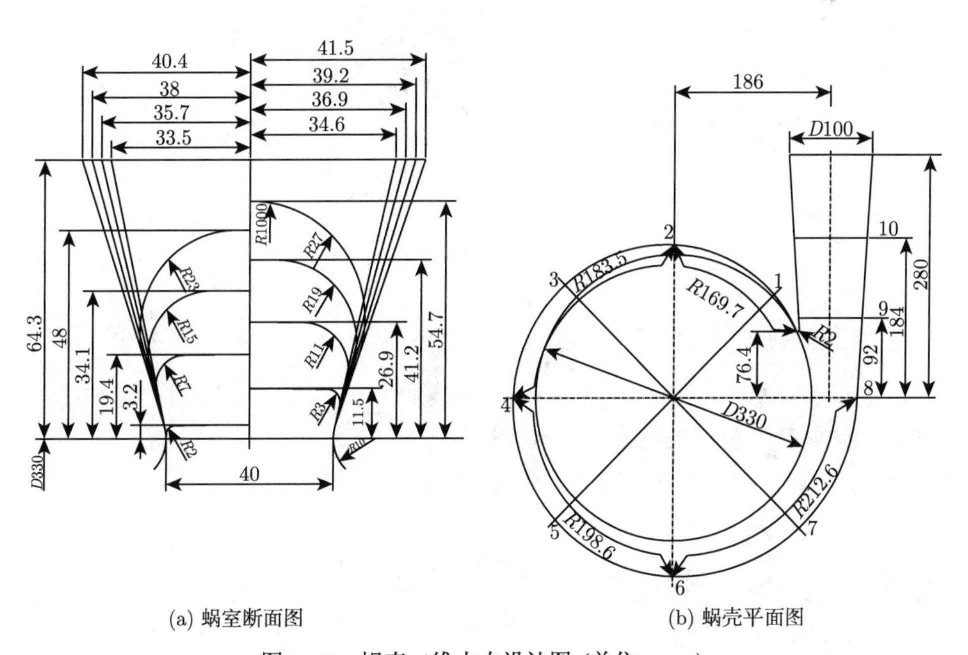

(a) 蜗室断面图　　　　　　　　　　　　　　(b) 蜗壳平面图

图 8-17　蜗壳二维水力设计图 (单位：mm)

8.3.2　诱导轮设计

基于 JW200-100-315 型船用泵，应用开发的诱导轮设计软件设计了一变螺距诱导轮。变螺距诱导轮的几何参数如表 8-2 所示，二维水力设计如图 8-18 所示。

表 8-2　变螺距诱导轮几何参数

D_y/mm	d_{h1}/mm	d_{h2}/mm	β_{y1}/(°)	β_{y2}/(°)	Ψ/(°)	Z	h_h/mm	R/mm
166.6	43	70	8.97	25.16	265.9	2	106.5	51.5

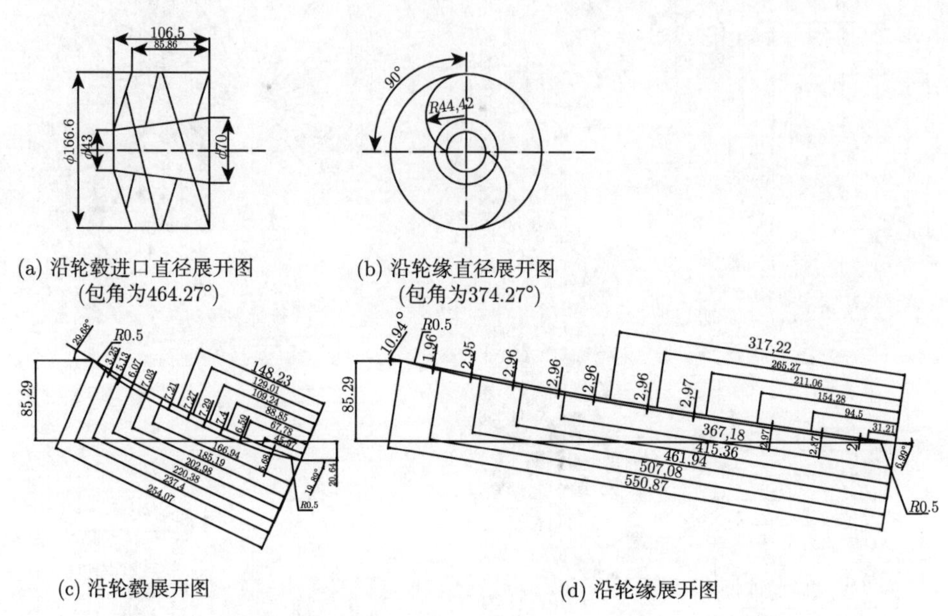

(a) 沿轮毂进口直径展开图（包角为464.27°）　(b) 沿轮缘直径展开图（包角为374.27°）

(c) 沿轮毂展开图　(d) 沿轮缘展开图

图 8-18　变螺距诱导轮二维水力设计 (单位：mm)

8.3.3　实验验证

变螺距诱导轮实物如图 8-19 所示，实验测试系统如图 8-20 所示，实验在江苏振华泵业股份有限公司的闭式实验台上进行。对 JW200-100-315 型船用泵及诱导轮进行空化实验，确保进口管路具有良好的密封性，通过真空泵控制吸入口的真空度，使泵发生空化，实验数据如表 8-3 所示。

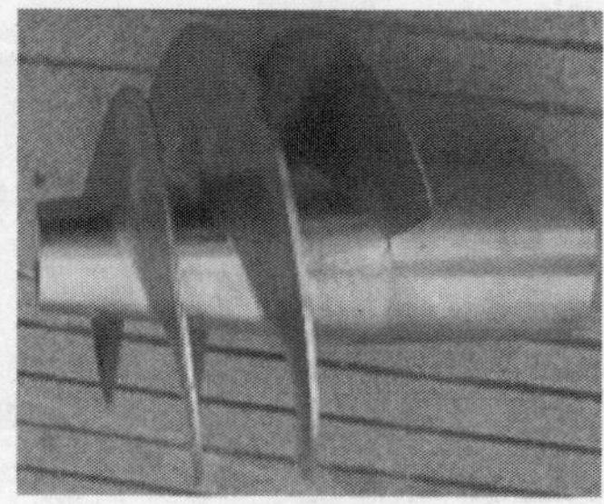

图 8-19　变螺距诱导轮实物图

图 8-20　实验测试系统

表 8-3　空化实验数据

序号	流量/(m^3/h)	扬程/m	NPSHa/m
1	78.16	31.12	0.772
2	78.02	31.03	0.687
3	78.37	30.97	0.610
4	78.35	30.94	0.540
5	78.20	30.84	0.414

经测试，配置诱导轮后船用泵必需空化余量为 0.414m，数值预测与实验结果相差仅 0.024m，泵的空化性能得到较好的改善，结果证明本书的设计方法及参数化软件在工程实践中具有较高的实用价值。

参 考 文 献

[1] 庄宿国，刘厚林，俞志君，等. 诱导轮水力设计及其 CAD 软件开发 [J]. 流体机械，2011，39(7)：50-54.

[2] 霍顿. Visual C++ 2005 入门经典 [M]. 北京：清华大学出版社，2007.

[3] 王福军，张志民，张师伟. AutoCAD 2000 环境下 C/Visual C++ 应用程序开发教程 [M]. 北京：北京希望电子出版社，2000.

[4] 秦洪现，崔惠岚，孙剑，等. Autodesk 系列产品开发培训教程 [M]. 北京：化工工业出版社，2008.

[5] 王凯. 泵吸水室水力设计软件开发及优化设计 [D]. 镇江：江苏大学，2008.

[6] 刘敏. 泵的参数化三维造型及其软件开发 [D]. 镇江：江苏大学，2006.

[7] 林清安. Pro/ENGINEER Wildfire 零件设计 —— 基础篇 [上] [M]. 北京：中国铁道出版社，2003.

[8] 林清安. Pro/ENGINEER Wildfire 零件设计 —— 基础篇 [下] [M]. 北京：中国铁道出版社，2003.

[9] 李世国. Pro/TOOLKIT 程序设计 [M]. 北京：机械工业出版社，2003.

[10] 张继春. Pro/ENGINEER 二次开发实用教程 [M]. 北京：北京大学出版社，2003.

[11] 刘厚林，庄宿国，俞志君，等. JW200-100-315 型离心泵诱导轮设计 [J]. 华中科技大学学报 (自然科学版)，2011，39(12)：14-17.

索　引